职业教育课程改革与创新系列教材

电动机继电控制电路安装与检修

主　编　杨杰忠　邹火军

副主编　余英梅　潘协龙　李仁芝

参　编　蒋智忠　吴云艳　黄　波　吴　昭

覃健强　白　伟　覃　斌　刘朝林

韦文杰　张焕平　周立刚　陈毓惠

杨宏声　姚　坚　谭俊新

主　审　黄　标

机械工业出版社

本书是依据维修电工高级国家职业资格标准编写的。本书以任务驱动教学法为基础,以应用为目的,以具体的任务为载体,主要内容包括:三相异步电动机正转控制电路的安装与检修、三相异步电动机正反转控制电路的安装与检修、位置控制与顺序控制电路的安装与检修、三相异步电动机减压起动控制电路的安装与检修、三相异步电动机制动控制电路的安装与检修、多速异步电动机制动控制电路的安装与检修、三相绕线式异步电动机控制电路的安装与检修。

本书可作为技工院校、职业院校电气运行与控制专业、电气自动化专业、机电技术应用等专业的教材,也可作为维修电工中级工、高级工的培训教材。

本书还配有助教课件,选择本书作为教材的教师可通过电话(010-88379195)索取,或登录 www.cmpedu.com 网站,注册、通过验证后免费下载。

图书在版编目(CIP)数据

电动机继电控制电路安装与检修/杨杰忠,邹火军主编. —北京:机械工业出版社,2016.6(2024.1重印)
职业教育课程改革与创新系列教材
ISBN 978-7-111-53458-7

Ⅰ.①电… Ⅱ.①杨…②邹… Ⅲ.①电动机-控制电路-安装-职业教育-教材 ②电动机-控制电路-检修-职业教育-教材 Ⅳ.①TM320.12

中国版本图书馆 CIP 数据核字(2016)第 070277 号

机械工业出版社(北京市百万庄大街22号 邮政编码100037)
策划编辑:张晓媛 责任编辑:郑振刚 责任校对:刘秀芝
封面设计:马精明 责任印制:邓 博
北京盛通数码印刷有限公司印刷
2024 年 1 月第 1 版第 5 次印刷
184mm×260mm · 16.25 印张 · 401 千字
标准书号:ISBN 978-7-111-53458-7
定价:38.00 元

前　言

为贯彻全国职业技术院校坚持以就业为导向的办学方针，实现以课程对接岗位、教材对接技能的目的，更好地适应"工学结合、任务驱动模式"教学的要求，特编写此书。本书依据国家职业标准编写，书中相关内容的各个知识点和操作技能都以任务的形式出现。本书精心选择教学内容，对专业技术理论及相关知识并没有追求面面俱到，过分强调学科的理论性、系统性和完整性，但力求涵盖了国家职业标准中必须掌握的知识和具备的技能。

本书共分为7个项目，每个项目又划分为不同的任务。在任务的选择上，以典型的工作任务为载体，坚持以能力为本位，重视实践能力的培养；在内容的组织上，整合相应的知识和技能，实现理论和操作的统一，有利于实现"理实一体化"教学，充分体现了认知规律。

本书是在充分吸收国内外职业教育先进理念的基础上，总结了众多学校一体化教学改革的经验，集众多一线教师多年的教学经验和企业实践专家的智慧完成的，在编写过程中力求达到内容通俗易懂，既方便教师教学又方便学生自学的目的。特别是操作技能部分，图文并茂，侧重于对电路安装完成后的学生自检过程、通电试车过程和故障检修内容的细化，以提高学生在实际工作中分析和解决问题的能力，实现职业教育与社会生产实际的紧密结合。

本书由广西机械高级技工学校杨杰忠、邹火军任主编。具体分工如下：广西机电技师学院黄波编写项目1的任务1，蒋智忠编写项目1的任务2，柳州九鼎机电有限公司谭俊新编写项目1的任务3，方盛车桥（柳州）有限公司姚坚编写项目1的任务4，广西机电技师学院吴昭编写项目1的任务5，刘朝林编写项目2的任务1，韦文杰编写项目2的任务2，张焕平编写项目2的任务3，上汽通用五菱汽车有限公司白伟编写项目3的任务1，广西机电技师学院李仁芝编写项目3的任务2和任务3，覃斌编写项目4的任务1，吴云艳编写项目4的任务2，覃健强编写项目4的任务3，潘协龙编写项目5的任务1，陈毓惠编写项目5的任务2，周立刚编写项目5的任务3，广西机电技师学院邹火军编写项目6的任务1，梧州市机电技工学校余英梅编写项目6的任务2，广西机电技师学院杨杰忠编写项目7的任务1和任务2，柳州工贸大厦有限公司杨宏声编写项目7的任务3，全书由黄标主审。

在本书编写过程中得到了江苏淮安技师学院、广西柳州钢铁集团、方盛车桥（柳州）有限公司、柳州九鼎机电科技有限公司的专家的大力支持，在此一并表示感谢。

由于编者水平有限，书中不妥之处在所难免，恳请读者批评指正。

编　者

目　录

项目1

三相异步电动机正转控制
电路的安装与检修

任务1 三相异步电动机手动正转控制电路的安装与检修

学习目标

知识目标

1. 掌握低压开关、低压断路器和低压熔断器等低压电器的结构、用途及工作原理和选用原则。

2. 正确理解三相异步电动机手动正转控制电路的工作原理。

能力目标

1. 能正确识读三相异步电动机手动正转控制电路的原理图、接线图和布置图。

2. 会按照工艺要求正确安装三相异步电动机手动控制正转电路。

3. 能正确选用低压电器，并进行简单检修。

4. 能根据故障现象，检修三相异步电动机手动正转控制电路。

素质目标

养成独立思考和动手操作的习惯，培养小组协调能力和互相学习的精神。

工作任务

在生产实践中，由于生产机械的工作性质不同，对三相异步电动机正转的控制要求也就不同，而所需要的低压电器类型和数量不同，所构成的控制电路也就不同。如图1-1所示就是在工厂中常被用来控制三相电风扇和砂轮机等设备的最简单的三相异步电动机手动正转控制图。

本次工作任务将学习低压开关、低压断路器和低压熔断器等低压电器的结构、用途及工作原理和选用原则，并学习三相异步电动机手动正转控制电路的安装与检修。

相关理论

一、常用低压电器的分类及常用术语

根据工作电压的高低，电器可分为高压电器和低压电器。通常把工作在交流额定电压

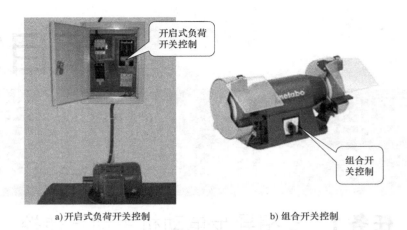

a) 开启式负荷开关控制　　　　　b) 组合开关控制

图 1-1　三相异步电动机的手动正转控制图

1200V 及以下、直流 1500V 及以下的电器称为低压电器。低压电器作为一种基本器件，广泛应用于输配电系统和电力拖动系统中，在实际生产中起着非常重要的作用。

1. 低压电器的分类

低压电器的种类繁多，分类方法也很多，常见的分类方法见表 1-1。

表 1-1　低压电器常见的分类方法

分类方法	类别	说明及用途
按用途和控制对象分	低压配电器	包括低压开关、低压熔断器等，主要用于低压配电系统及动力设备中
	低压控制器	包括接触器、继电器、电磁铁等，主要用于电力拖动及自动控制系统中
按动作方式分	自动切换电器	依靠电器本身参数的变化或外来信号的作用，自动完成接通或分断等动作的电器，如接触器、继电器等
	非自动切换电器	主要依靠外力（如手控）直接操作来进行切换的电器，如按钮、低压开关等
按执行机构分	有触头电器	具有可分离的动触头和静触头，主要利用触头的接触和分离来实现电路的接通和断开控制，如接触器、继电器等
	无触头电器	没有可分离的触头，主要利用半导体元器件的开关效应来实现电路的通断控制，如接近开关、固态继电器等

2. 低压电器的常用术语

低压电器的常用术语见表 1-2。

表 1-2　低压电器的常用术语

常用术语	常用术语的含义
通断时间	从电流开始在开关电器的一个极流过的瞬间起，到所有极的电弧最终熄灭的瞬间为止的时间间隔
燃弧时间	电器分断过程中，从触头断开（或熔体熔断）出现电弧的瞬间开始，至电弧完全熄灭为止的时间间隔
分断能力	开关电器在规定的条件下，能在给定的电压下分断的预期分断电流值
接通能力	开关电器在规定的条件下，能在给定的电压下接通的预期接通电流值
通断能力	开关电器在规定的条件下，能在给定的电压下接通和分断的预期电流值
短路接通能力	在规定的条件下，包括开关电器的出线端短路在内的接通能力
短路分断能力	在规定的条件下，包括开关电器的出线端短路在内的分断能力

（续）

常用术语	常用术语的含义
操作频率	开关电器在每小时内可能实现的最高循环操作次数
通电持续率	开关电器的有载时间和工作周期之比,常以百分数表示
电寿命	在规定的正常工作条件下,机械开关电器不需要修理或更换的负载操作循环次数

二、低压开关

低压开关主要作隔离、转换及接通和分断电路用,多数用作机床电路的电源开关和局部照明电路的开关,有时也可用来直接控制小容量电动机的起动、停止和正反转。低压开关一般为非自动切换电器,常用的有开启式负荷开关、封闭式负荷开关、组合开关和低压断路器。

1. 开启式负荷开关

开启式负荷开关又称为瓷底胶盖刀开关,简称刀开关。生产中常用 HK 系列开启式负荷开关,它适用于交流频率50Hz、额定电压单相220V 或三相380V、额定电流 10～100A 的照明、电热设备及小容量电动机控制电路中,供手动和不频繁接通和分断电路使用,并起短路保护作用。

（1）结构及符号　HK 系列开启式负荷开关由刀开关和熔断器组合而成,如图 1-2 所示。

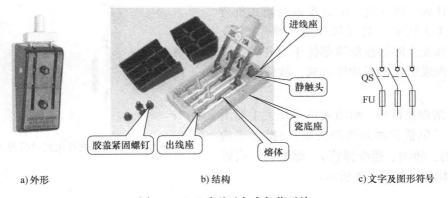

a)外形　　　　　　　　b)结构　　　　　　　c)文字及图形符号

图 1-2　HK 系列开启式负荷开关

（2）型号及含义　开启式负荷开关的型号及含义如下:

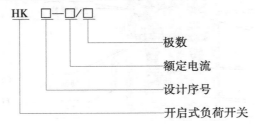

（3）选用原则

1）开启式负荷开关用于照明和电热负载时,应选用额定电压220V 或250V,额定电流不小于电路所有负载额定电流之和的两极开关。

2）开启式负荷开关用于控制电动机的直接起动和停止时，应选用额定电压 380V 或 500V，额定电流不小于电动机额定电流 3 倍的三极开关。

HK 系列开启式负荷开关的主要技术参数见表 1-3。

表 1-3　HK 系列开启式负荷开关的主要技术参数

型号	极数	额定电流/A	额定电压/V	可控制电动机最大容量/kW		配用熔体规格			
				220V	380V	熔体成分（%）			熔体线径/mm
						铅	锡	锑	
HK1—15	2	15	220	—	—	98	1	1	1.45～1.59
HK1—30	2	30	220	—	—				2.30～2.52
HK1—60	2	60	220	—	—				3.36～4.00
HK1—15	3	15	380	1.5	2.2				1.45～1.59
HK1—30	3	30	380	3.0	4.0				2.30～2.52
HK1—60	3	60	380	4.5	5.5				3.36～4.00

提示：HK 开启式负荷开关用于一般的照明电路和功率小于 5.5kW 的电动机控制电路中。另外这种开关没有专门的灭弧装置，其刀式动触头和静夹座易被电弧灼伤引起接触不良，因此不宜用于操作频繁的电路。

2. 封闭式负荷开关

封闭式负荷开关是在开启式负荷开关基础上改进设计的一种开关，HH3 系列封闭式负荷开关如图 1-3 所示。其灭弧性能、操作性能、通断能力和安全防护性能等都优于刀开关。因外壳为铸铁或用薄钢板冲压而成，故俗称为铁壳开关。

图 1-3　HH3 系列封闭式负荷开关

（1）结构及符号　封闭式负荷开关主要由触头系统（包括动触刀和静夹座）、操作机构（包括手柄、转轴、速断弹簧）、熔断器、灭弧罩和外壳构成。如图 1-4 所示。

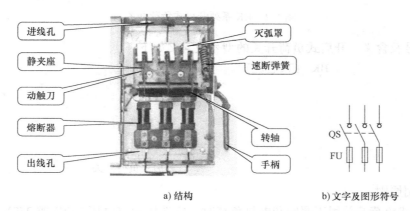

进线孔　静夹座　动触刀　熔断器　出线孔　灭弧罩　速断弹簧　转轴　手柄

QS　FU

a) 结构　　　　b) 文字及图形符号

图 1-4　封闭式负荷开关

HH 系列封闭式负荷开关的触头和灭弧有两种形式，一种是双断点楔形转动式触头，其动触刀为固定在方形绝缘转轴上的 U 形双刀片，静夹座固定在瓷质 E 形灭弧室上，两断口间还隔有瓷板；另一种是单断点楔形触头，其结构与一般刀开关相仿，灭弧室是由钢板夹上去离子栅片构成的。

封闭式负荷开关的操作机构具有以下两个特点：第一是采用储能分合闸方式，储能操作机构是一根一端装在外壳上，另一端扣在操作手柄转轴上的弹簧。当转动操作手柄使开关闭合或分断时，在开始阶段，动触刀不移动、只使弹簧被拉伸，从而储存一定的能量，一旦转轴转过了一定角度，弹簧力就使动触刀迅速地插入或离开静夹座，其分合速度与手柄操作速度无关。这样一来，大大地提高了开关的闭合和分断速度，缩短了开关的通断时间，因而在提高了开关的通断能力的同时也降低了触头系统的电气磨损，从而延长了开关的使用寿命。第二是设有联锁装置，保证开关在合闸状态时开关盖不能开启，而当开关盖开启时又不能合闸。联锁装置的采用，既有助于充分发挥外壳的防护作用，又保证工厂更换熔体等操作的安全。

（2）型号及含义 封闭式负荷开关的型号及含义如下：

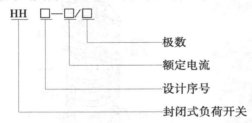

（3）选用原则

1）封闭式负荷开关的额定电压应不小于工作电路的额定电压。

2）封闭式负荷开关的额定电流应等于或稍大于电路的工作电流。

3）用于控制电动机工作时，考虑到电动机的起动电流较大，应使开关的额定电流不小于电动机额定电流的 3 倍。也可根据表 1-4 选择。

表 1-4 HH4 封闭式负荷开关技术数据

型号	额定电流/A	开关极限通断能力（在 110% 额定电压时）			熔断器极限通断能力			控制电动机最大功率/kW	熔体额定电流/A	熔体（纯铜丝）直径/mm
		通断电流/A	功率因数	通断次数/次	分断电流/A	功率因数	分断次数/次			
HH4—15/3Z	15	60			750	0.8		3.0	6	0.26
									10	0.35
			0.5						15	0.46
HH4—30/3Z	30	120		10	1000	0.7	2	7.5	20	0.65
									25	0.71
									30	0.81
HH4—60/3Z	30	240	0.4		3000	0.6		13	40	0.92
									50	1.07
									60	1.20

本任务需控制的电动机规格为 Y112M—4，4 kW、380V、8.8A、△联结，根据表 1-4 查得，满足额定电流（8.8A）3 倍，可控制电动机最大容量大于 4.4kW 的封闭式负荷开关，其型号为 HH4—30/3Z，此封闭式负荷开关的熔体额定电流为 25A，熔体（纯铜丝）直径为

0.71mm，可以满足任务需要。

> 提示：目前，由于封闭式负荷开关的体积大，操作费力，使用量有逐步减少的趋势，取而代之的是大量使用的低压断路器。

3. 组合开关

组合开关又称转换开关，它的操作手柄可以在平行于其安装面的平面内做顺时针或逆时针转动。它具有多触头、多位置、体积小、性能可靠、操作方便、安装灵活等特点，适用于交流频率50Hz、额定电压380V以下或直流电压220V及以下的电气电路中。组合开关用于手动不频繁地接通和分断电路、换接电源和负载，或控制5kW以下小容量电动机的直接起动、停止和正反转。组合开关的种类很多，常用的有HZ5、HZ10、HZ15等系列。

（1）结构及符号　组合开关按操作机构可分为无限位型和有限位型两种，其结构略有不同。图1-5所示是HZ10—10/3型组合开关。

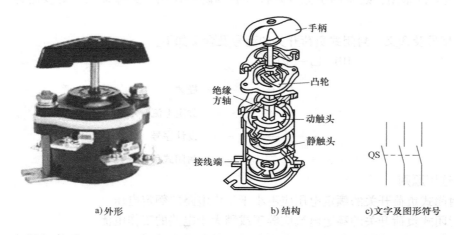

a) 外形　　　　　　　　b) 结构　　　　　c) 文字及图形符号

图1-5　HZ10—10/3型组合开关

（2）型号及含义　组合开关的型号及含义如下：

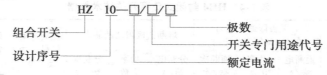

（3）选用原则

1）组合开关应根据电源种类、电压等级、所需触头数、接线方式和负载容量进行选用。

2）用于控制小型异步电动机的运转时，组合开关的额定电流一般取电动机额定电流的1.5～2.5倍。

组合开关可分为单极、双极和多极三类，主要参数有额定电压、额定电流、极数等。HZ10系列组合开关主要技术数据见表1-5。

本任务需控制的电动机规格为Y112M—4，4 kW、380 V、8.8A、△联结，根据表1-5查得，满足额定电压380V，可控制电动机最大容量大于4kW的组合开关，其型号为HZ10—60。

表 1-5 HZ10 系列组合开关主要技术数据

型号	额定电压/V		额定电流/A		380V 时可控制电动机的功率/kW
	单极	三极	单极	三极	
HZ10—10	DC 220V 或 AC 380V		6	10	1
HZ10—25			—	25	3.3
HZ10—60			—	60	5.5
HZ10—100			—	100	

4. 低压断路器

低压断路器旧称自动空气开关或自动空气断路器,简称断路器。它集控制和多种保护功能于一体,在电路工作正常时,它作为电源开关不频繁地接通和分断电路;当电路中发生短路、过载和失压等故障时,它能自动跳闸切断故障电路,保护电路和电气设备。

低压断路器具有操作安全、安装使用方便、工作可靠、动作值可调、分断能力较高、兼作多种保护、动作后不需要更换元器件等优点,因此得到广泛应用。如图 1-6 所示是常见的低压断路器。

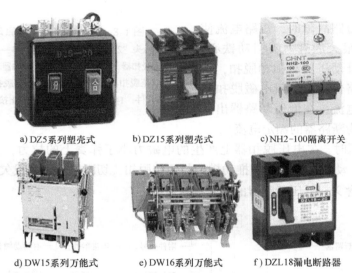

a) DZ5 系列塑壳式　　b) DZ15 系列塑壳式　　c) NH2-100 隔离开关

d) DW15 系列万能式　　e) DW16 系列万能式　　f) DZL18 漏电断路器

图 1-6　常见的低压断路器

(1) **结构及符号**　低压断路器主要由触头系统、灭弧装置、操作机构、热脱扣器、电磁脱扣器及绝缘外壳等部分组成。如图 1-7 所示为 DZ5 系列低压断路器。

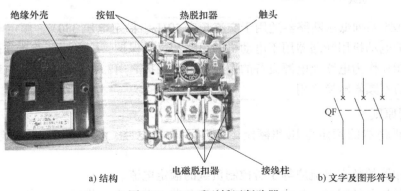

a) 结构　　　　　　　　　　　　　　　　　b) 文字及图形符号

图 1-7　DZ5 系列低压断路器

（2）低压断路器的工作原理　在电力拖动系统中常用的是 DZ 系列塑壳式低压断路器，下面以 DZ5—20 型低压断路器为例介绍低压断路器的工作原理。图 1-8 所示是低压断路器工作原理示意图。

按下绿色"合"按钮时，外力使锁扣克服弹簧的反作用力，将固定在锁扣上面的静触头与动触头闭合，并由锁扣锁住搭钩使静触头与动触头保持闭合，开关处于接通状态。

当电路过载时，过载电流流过热元件，电流的热效应使双金属片受热向上弯曲，通过杠杆推动搭钩与锁扣脱扣，在弹簧力的作用下，动、静触头分断，切断电路，完成过电流保护。

当电路发生短路故障时，短路电流使电磁脱扣器产生很大的磁力吸引动铁心，动铁心撞击杠杆推动搭钩与锁扣脱扣，切断电路，完成短路保护。一般电磁脱扣器的瞬时脱扣整定电流，在低压断路器出厂时定为 $10I_N$（I_N 为断路器的额定电流）。

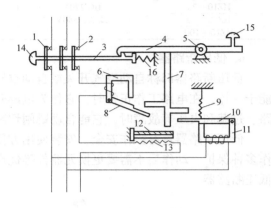

图 1-8　低压断路器工作原理示意图

1—动触头　2—静触头　3—锁扣　4—搭钩　5—转轴座
6—电磁脱扣器　7—杠杆　8—电磁脱扣器动铁心　9—拉力弹簧
10—欠电压脱扣器动铁心　11—欠电压脱扣器　12—双金属片
13—热元件　14—接通按钮　15—停止按钮　16—压力弹簧

当电路欠电压时，欠电压脱扣器上产生的电磁力小于弹簧上的拉力，在弹簧力的作用下，动铁心松脱，动铁心撞击杠杆推动搭钩与锁扣脱扣，切断电路，完成欠电压保护。

（3）型号及含义　低压断路器的型号及含义如下：

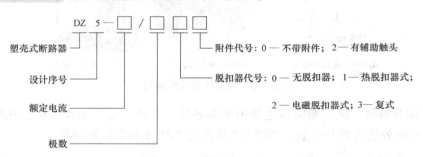

提示：DZ5 系列低压断路器适用于交流频率 50Hz、额定电压 380V、额定电流 50A 的电路中，保护电动机用断路器用于电动机的短路和过载保护；配电用断路器在配电网络中用来分配电能和作为电路及电源设备的短路和过载保护之用；也可分别作为电动机不频繁起动及电路的不频繁转换之用。

（4）选用原则

1）低压断路器的额定电压和额定电流应不小于电路、设备的正常工作电压和工作电流。

2）热脱扣器的整定电流应等于所控制负载的额定电流。

3）电磁脱扣器的瞬时脱扣整定电流应大于负载电路正常工作时的峰值电流。若用于控制电动机的断路器，其瞬时脱扣整定电流可按下式选取：

$$I_Z \geqslant KI_{st}$$

式中，K 为安全系数，可取 $1.5 \sim 1.7$；I_{st} 为电动机的起动电流。

4）欠电压脱扣器的额定电压应等于电路的额定电压。

5）断路器的极限通断能力应不小于电路的最大短路电流。

DZ5—20 型低压断路器的主要技术数据见表1-6。

表1-6　DZ5—20 型低压断路器的主要技术数据

型号	额定电压/V	主触头额定电流/A	极数	热脱扣器形式	热脱扣器额定电流/A（括号内为整定电流调节范围）	电磁脱扣器瞬时动作整定值/A
DZ5—20/330	AC 380 DC 220	20	3	复式	0.15(0.10~0.15) 0.20(0.15~0.20) 0.30(0.20~0.30) 0.45(0.30~0.45) 0.65(0.45~0.65) 1(0.65~1) 1.5(1~1.5) 2(1.5~2) 3(2~3) 4.5(3~4.5) 6.5(4.5~6.5) 10(6.5~10) 15(10~15) 20(15~20)	为电磁脱扣器额定电流的 8~12 倍(出厂时定为10倍)
DZ5—20/230			2			
DZ5—20/320	AC 380	20	3	电磁式		
DZ5—20/220	DC 220		2			
DZ5—20/310	AC 380	20	3	热脱扣器式		
DZ5—20/210	DC 220		2			
DZ5—20/230	AC 380	20	3	无脱扣器式		
DZ5—20/200	DC 220		2			

【例1-1】　用低压断路器控制一台型号为 Y132S—4 的三相异步电动机，其额定功率为 5.5kW，额定电压为380V，额定电流为11.6A，起动电流为额定电流的7倍，试选用断路器的型号和规格。

解：1）确定断路器的种类：根据电动机的额定电流、额定电压及对保护的要求，初步确定选用 DZ5—20 型低压断路器。

2）确定热脱扣器额定电流：根据电动机的额定电流查表1-6，选择热脱扣器的额定电流为15A，相应的电流整定范围为 10~15A。

3）校验电磁脱扣器的瞬时脱扣整定电流：电磁脱扣器的瞬时脱扣整定电流为 $I_Z = 10 \times 15A = 150A$，而 $KI_{st} = 1.7 \times 7 \times 11.6A \approx 138A$，满足 $I_Z \geqslant KI_{st}$，符合要求。

4）确定低压断路器的型号规格：

根据以上分析计算，首先确定是使用三极组合开关，可以排除两极组合开关 DZ5—20/230、DZ5—20/220、DZ5—20/210、DZ5—20/200，在三极组合开关里再选取既能用于过载保护又能用于短路保护的开关，DZ5—20/300 无脱扣器可不选。DZ5—20/320 是电磁式的无热脱扣器，也可不选，同理 DZ5—20/310 是热脱扣器的，无电磁脱扣器，也可不选，因此最后选取的是复式的 DZ5—20/330。

三、低压熔断器

低压熔断器是低压配电系统和电力拖动系统中的保护电器。如图 1-9 所示是几种常用的低压熔断器。在使用时，熔断器串接在所保护的电路中，当该电路发生过载或短路故障时，通过熔断器的电流达到或超过了某一规定值，其自身产生的热量将使熔体熔断而自动切断电路，起到保护作用。电气设备的电流保护有过载延时保护和短路瞬时保护两种主要形式。

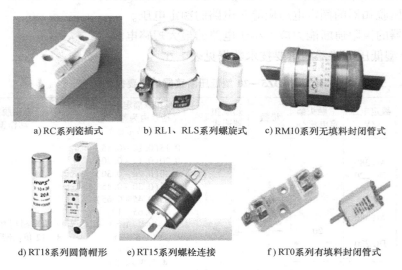

a) RC系列瓷插式　　　b) RL1、RLS系列螺旋式　　c) RM10系列无填料封闭管式

d) RT18系列圆筒帽形　　e) RT15系列螺栓连接　　f) RT0系列有填料封闭管式

图1-9　几种常用的低压熔断器

1. 结构及符号

熔断器主要由熔体、安装熔体的熔管和熔座三部分组成。熔体是熔断器的核心，常做成丝状、片状或栅状，制作熔体的材料一般有铅锡合金、锌、铜、银等，根据受保护对象的要求而定。熔管是熔体的保护外壳，用耐热绝缘材料制成，在熔体熔断时兼有灭弧作用。熔座是熔断器的底座，作用是固定熔管和外接引线。图1-10所示为RL6系列螺旋式低压断路器。

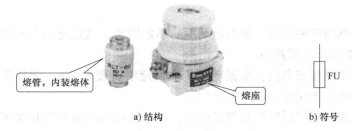

熔管，内装熔体　　　　　　　　　　熔座　　　　　　　FU

a) 结构　　　　　　　　　　　　　b) 符号

图1-10　RL6系列螺旋式低压熔断器

2. 型号及含义

熔断器型号及含义如下：

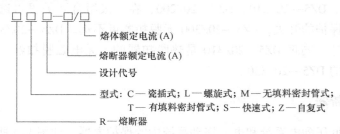

熔体额定电流(A)

熔断器额定电流(A)

设计代号

型式：C—瓷插式；L—螺旋式；M—无填料密封管式；
T—有填料密封管式；S—快速式；Z—自复式

R—熔断器

如型号 RC1A—15/10 中，R 表示熔断器，C 表示瓷插式，设计代号为 1A，熔断器的额定电流为 15A，熔体的额定电流为 10A。

3. 主要技术参数

（1）额定电压　额定电压是指熔断器长期工作所能承受的电压。如果熔断器的实际工作电压大于其额定电压，熔体熔断时可能会发生电弧不能熄灭的危险。

（2）额定电流　额定电流是指保证熔断器能长期正常工作的电流，是由熔断器各部分长期工作时的允许温升决定的。

（3）分断能力　分断能力是指在规定的使用和性能条件下，在规定电压下熔断器能分断的预期分断电流值。常用极限分断电流值来表示。

（4）电流-时间特性　电流-时间特性也称为安-秒特性或保护特性，是指在规定的条件下，表征流过熔体的电流与熔体熔断时间的关系曲线。一般低压熔断器的熔断电流与熔断时间的关系见表1-7。

表1-7　一般低压熔断器的熔断电流与熔断时间的关系

熔断电流 I_S/A	$1.25I_N$	$1.6I_N$	$2.0I_N$	$2.5I_N$	$3.0I_N$	$4.0I_N$	$8.0I_N$	$10.0I_N$
熔断时间 t/s	∞	3600	40	8	4.5	2.5	1	0.4

> 提示：由表1-7可以看出，熔断器的熔断时间随电流的增大而减小。熔断器对过载反应很不灵敏，当电气设备发生轻度过载时，熔断器将持续很长时间才熔断，有时甚至不熔断。因此，除在照明和电热设备控制电路外，低压熔断器一般不宜用作过载保护，主要用作短路保护。

常见低压熔断器的主要技术参数见表1-8。

表1-8　常见低压熔断器的主要技术参数

类别	型号	额定电压/V	额定电流/A	熔体额定电流等级/A	极限分断能力/kA	功率因数
瓷插式熔断器	RC1A	380	5	2、5	0.25	0.8
			10	2、4、6、10	0.5	
			15	6、10、15		
			30	20、25、30	1.5	0.7
			60	40、50、60	3	0.6
			100	80、100		
			200	120、150、200		
螺旋式熔断器	RL1	500	15	2、4、6、10、15	2	
			60	20、25、30、35、40、50、60	3.5	
			100	60、80、100	20	
			200	100、125、150、300	50	
	RL2	500	25	2、4、6、10、15、20、25	1	
			60	25、35、50、60	2	≥ 0.3
			100	80、100	3.5	
无填料密封管式熔断器	RM10	380	15	6、10、15	1.2	0.8
			60	15、20、25、35、45、60	3.5	0.7
			100	60、80、100	10	0.35
			200	100、125、160、200		
			350	200、225、260、300、350		
			600	350、430、500、600	12	0.35

（续）

类别	型号	额定电压 /V	额定电流 /A	熔体额定电流等级/A	极限分断 能力/kA	功率 因数
有填料密封管式熔断器	RT0	AC380 DC440	100 200 400 600	30、40、60、100 120、150、200、250 300、350、400、450 500、550、600	AC50 DC25	>0.3
有填料密封管式圆筒帽形熔断器	RT18	380	32 63	2、4、6、10、12、16、20、25、32 2、4、6、10、12、16、20、25、32、40、50、63	100	0.1~0.2
快速熔断器	RLS2	500	30 63 100	16、20、25、30 35、（45）、50、63 （75）、80、（90）、100	50	0.1~0.2

4. 选用原则

熔断器有不同的类型和规格。对熔断器的要求是：电气设备正常运行时，熔体应不熔断；出现短路故障时，应立即熔断；电流发生正常变动（如电动机起动过程）时，熔体应不熔断；用电设备持续过载时，应延时熔断。因此，对熔断器的选用主要包括熔断器类型、熔断器额定电压、熔断器额定电流和熔体额定电流的选用。

（1）**熔断器类型的选用** 根据使用环境、负载性质和短路电流的大小选用适当类型的熔断器。例如，对于容量较小的照明电路，可选用 RT 系列圆筒帽形熔断器或 RC1A 系列瓷插式熔断器；对于短路电流相当大或有易燃气体的地方，应选用 RT 系列有填料密封管式熔断器；在机床控制电路中，多选用 RL 系列螺旋式熔断器；用于半导体功率元器件及晶闸管的保护时，应选用 RS 或 RLS 系列快速熔断器。

（2）**熔断器额定电压和额定电流的选用**

1）熔断器的额定电压必须等于或大于电路的额定电压。

2）熔断器的额定电流必须等于或大于所装熔体的额定电流。

3）熔断器的分断能力应大于电路中可能出现的最大短路电流。

（3）**熔体额定电流的选用**

1）对照明和电热设备等这类电流较平稳、无冲击电流的负载短路保护，熔体的额定电流 I_{RN} 应等于或稍大于负载的额定电流 I_N。一般取 $I_{RN} = 1.1 I_N$。

2）对一台不经常起动且起动时间不长的电动机的短路保护，熔体的额定电流 I_{RN} 应大于或等于 1.5~2.5 倍电动机额定电流 I_N，即

$$I_{RN} \geq (1.5 \sim 2.5) I_N$$

3）对一台起动频繁且连续运行的电动机的短路保护，熔体的额定电流 I_{RN} 应大于或等于 2.5~3 倍电动机额定电流 I_N，即

$$I_{RN} \geq (2.5 \sim 3) I_N$$

4）对多台电动机的短路保护，熔体的额定电流应大于或等于其中最大容量电动机的额定电流 I_{Nmax} 的 1.5~2.5 倍，加上其余电动机额定电流的总和 $\sum I_N$，即

$$I_{RN} \geq (1.5 \sim 2.5) I_{Nmax} + \sum I_N$$

【**例 1-2**】 某机床电动机的型号为 Y112M—4，额定功率为 4kW，额定电压为 380V，额

定电流为 8.8A，该电动机正常工作时不需要频繁起动。若用熔断器为该电动机提供电路保护，试确定熔断器的型号规格。

解： 1）确定熔断器的类型：由于该电动机是在机床中使用，所以熔断器可选用 RL1 系列螺旋式熔断器。

2）选择熔体额定电流：由于所保护的电动机是连续运行，但不频繁起动，则熔体额定电流应取：

$$I_{RN} = (1.5 \sim 2.5)I_N = (1.5 \sim 2.5) \times 8.8A = (13.2 \sim 22)A$$

查表 1-8 得熔体额定电流为：$I_{RN} = 20A$ 或 15A，但选取时通常留有一定余量，故一般取 $I_{RN} = 20A$。

3）选择熔断器的额定电流和额定电压：查表 1-8，可选取 RL1—60/20 型熔断器，其额定电流为 60A，额定电压为 500V。

任务准备

实施本任务教学所使用的实训设备及工具材料可参考表 1-9。

表 1-9　实训设备及工具材料

序号	名称	型号规格	单位	数量	备注
1	电工常用工具		套	1	
2	万用表	MF47 型	块	1	
3	三相四线电源	380/220V、20A	处	1	
4	三相异步电动机	Y112M—4(4kW、380V、丫联结)或自定	台	1	
5	配线板	500mm×600mm×20mm	块	1	
6	开启式负荷开关	HK1—30/3、380V、30A、熔体直连	只	1	
7	组合开关	HZ10—25/3	只	1	
8	封闭式负荷开关	HH4—30/3、380V、30A、配 20A 熔体	只	1	
9	低压断路器	DZ5—20/330、复式脱扣器、380V、20A、整定 10A	只	1	
10	瓷插式熔断器	RC1A—30/20、380V、30A、配 20A 熔体	只	1	
11	木螺钉	$\phi3mm \times 20mm$、$\phi3mm \times 15mm$	个	30	
12	平垫圈	$\phi4mm$	个	30	
13	线号笔	自定	支	1	
14	主电路导线	BVR—1.5、1.5mm²(7×0.52mm)(黑色)	m	若干	
15	控制电路导线	BV—1.0、1.0mm²(7×0.43mm)	m	若干	
16	按钮线	BV—0.75、0.75mm²	m	若干	
17	接地线	BVR—1.5、1.5mm²(黄绿双色)	m	若干	
18	劳保用品	绝缘鞋、工作服等	套	1	
19	接线端子排	JX2—1015(500V、10A、15 节)或配套自定	条	1	

一、低压熔断器的识别

1）在教师的指导下，仔细观察各种不同系列、规格的低压熔断器，并熟悉它们的外形、型号规格及技术参数的意义、结构。

2）教师事先用胶布将要识别的 5 只低压熔断器的型号规格盖住，由学生根据实物写出各低压熔断器的系列名称、型号规格、文字符号，并画出图形符号，填入表 1-10 中。

表1-10 低压熔断器的识别

序号	系列名称	型号规格	文字符号	图形符号	主要结构
1					
2					
3					
4					
5					

二、手动正转控制电路的安装与调试

1. 分析工作原理，绘制电器元件布置图

（1）工作原理 图1-11所示的三相交流异步电动机手动正转控制电路是由三相电源 L1、L2、L3，开启式负荷开关（或封闭式负荷开关、组合开关、低压断路器）、低压熔断器和三相交流异步电动机构成的。当开启式负荷开关（或封闭式负荷开关、组合开关、低压断路器）闭合，三相电源经开启式负荷开关（或封闭式负荷开关、组合开关、低压断路器）、低压熔断器流入三相交流异步电动机，三相交流异步电动机运转；断开 QS 或 QF，三相电源断开，三相交流异步电动机停转。

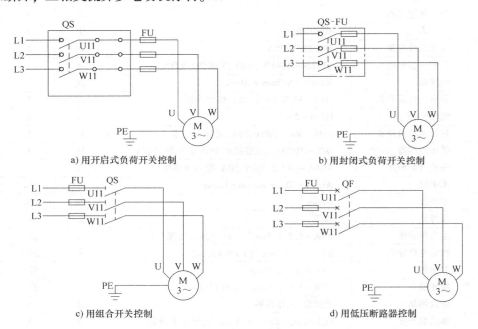

a) 用开启式负荷开关控制　　　　　　　b) 用封闭式负荷开关控制

c) 用组合开关控制　　　　　　　d) 用低压断路器控制

图1-11 三相交流异步电动机手动正转控制电路

（2）绘制电器元件布置图 电器元件布置图是根据电器元件在控制板上的实际安装位置，采用简化的外形符号（如正方形、矩形、圆形等）绘制的一种简图。它不用于表示各电器元件的具体结构、作用、接线情况以及工作原理，主要用于电器元件的布置和安装。图中各电器元件的文字符号必须与电路图和接线图的标注相一致。如图1-12所示是三相交流异步电动机手动正转控制电路的电器元件布置图。

2. 绘制接线图

接线图是根据电气设备和电器元件的实际位置和安装情况绘制的，只用来表示电气设备和电器元件的位置、配线方式和接线方式，而不明显表示电气动作原理。主要用于安装接线、电路的检查维修和故障处理。绘制接线图应遵循以下原则：

1）接线图中一般示出如下内容：电气设备和电器元件的相对位置、文字符号、端子号、导线号、导线类型、导线截面积、屏蔽和导线绞合等。

2）所有的电气设备和电器元件都按其所在的实际位置绘制在图纸上，且同一电器的各元件根据其实际结构，使用与电路图相同的图形符号，并用点划线框上，其文字符号以及接线端子的编号应与电路图中的标注一致，以便对照检查接线。

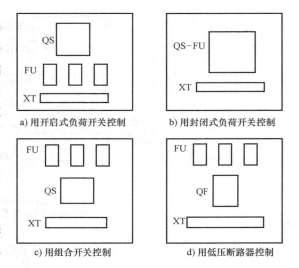

a) 用开启式负荷开关控制　　b) 用封闭式负荷开关控制

c) 用组合开关控制　　d) 用低压断路器控制

图 1-12　三相交流异步电动机手动
正转控制电路的电器元件布置图

3）接线图中的导线有单根导线、导线组（或线扎）、电缆等之分，可用连续线和中断线来表示。凡导线走向相同的可以合并，用线束来表示，到达接线端子板或电器元件的连接点时再分别画出。在用线束来表示导线组、电缆等时可用加粗的线条表示，在不引起误解的情况下也可采用部分加粗的线条表示。另外，导线及管子的型号、根数和规格应标注清楚。

根据绘制接线图的原则可绘制出三相交流异步电动机手动正转控制电路的接线图如图1-13所示。

3. 根据电器元件布置图和接线图进行控制电路的安装和调试

（1）开启式负荷开关控制电路的安装与调试

1）根据电器元件布置图和电器元件外形尺寸在控制板上划线，确定安装位置。

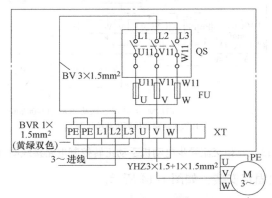

Y112M-4 4kW、△联结、8.8A、1440r/min
a) 开启式负荷开关控制电路接线图

图 1-13　三相交流异步电动机手动正转控制电路接线图

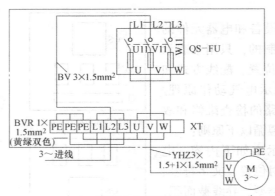

Y112M-4 4kW、△接法、8.8A、1440r/min
b) 封闭式负荷开关控制电路控制图

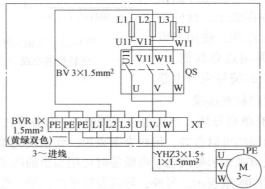

Y112M-4 4kW、△联结、8.8A、1440r/min
c) 组合开关控制电路接线图

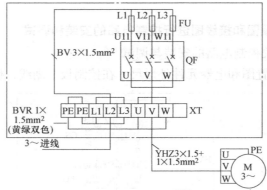

Y112M-4 4kW、△联结、8.8A、1440r/min
d) 低压断路器控制电路接线图

图1-13   三相交流异步电动机手动正转控制电路接线图（续）

2）开启式负荷开关固定安装，如图1-14所示。

操作提示：开启式负荷开关必须垂直安装在控制屏或开关板上（如图1-14所示），且合闸状态时手柄应朝上。不允许横装，更不允许倒装，以防发生误合闸事故。

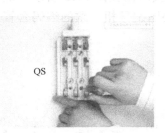

图1-14　开启式负荷开关固定安装

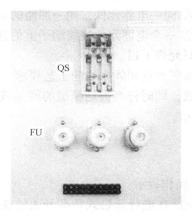

图1-15　安装完毕的控制板

3）熔断器和接线端子排的固定安装。根据电器元件布置图安装完毕的元器件控制板如图1-15所示。

操作提示：

① 用于安装使用的熔断器应完整无损，并标有额定电压、额定电流值。

② 熔断器安装时应保证熔体与夹头、夹头与夹座接触良好。瓷插式熔断器应垂直安装。螺旋式熔断器接线时，电源线应接在下接线座，以保证能安全地更换熔管。

③ 熔断器内要安装合格的熔体，不能用多根小规格的熔体并联代替一根大规格的熔体。多级保护时，上一级熔断器的额定电流等级以大于下一级熔断器的额定电流等级2级为宜。

④ 更换熔体或熔管时，必须切断电源，尤其不允许带负荷操作，以免发生电弧灼伤。管式熔断器的熔体应用专用的绝缘插拔器进行更换。

⑤ 熔断器兼作隔离器件使用时，应安装在控制开关的电源进线端；若仅作短路保护，应装在控制开关的出线端。

4）根据电路图和接线图进行板前明线布线。板前明线布线的工艺要求如下：

① 布线通道要尽可能少，同路并行导线按主、控电路分类集中，单层密排，紧贴安装面布线。

② 同一平面的导线应高低一致或前后一致，不能交叉。非交叉不可时，该根导线应在接线端子引出时，水平架空跨越，且必须走线合理。

③ 布线应横平竖直，分布均匀。变换走向时应垂直转向。

④ 布线时严禁损伤线芯和导线绝缘。

⑤ 布线顺序一般以接触器为中心，由里向外，由低至高，先控制电路，后主电路的顺序进行，以不妨碍后续布线为原则。

⑥ 在每根剥去绝缘层导线的两端套上编码套管。所有从一个接线端子（或接线桩）到另一个接线端子（或接线桩）的导线必须连续，中间无接头。

⑦ 导线与接线端子（或接线桩）连接时，不得压绝缘层、不得反圈及不得露铜过长。

⑧ 同一电器元件、同一回路的不同接点的导线间距离应保持一致。

⑨ 一个电器元件接线端子上的连接导线不得多于 2 根，每节接线端子排上的连接导线一般只允许 1 根。

按照板前明线布线的工艺要求，根据图 1-13a 所示接线图在图 1-15 所示的配电盘上进行布线，同时将剥去绝缘层的两端线头上，套上与电路图编号相一致的编码套管，如图 1-16 所示。

操作提示：

① 在进行开启式负荷开关的接线时，应把电源进线接在静触头一边的进线座，负载接在动触头一边的出线座。

② 开启式负荷开关用作电动机的控制开关时，应将开关的熔体部分用铜导线直连，并在出线端另外加装熔断器作短路保护，如图 1-17 所示。

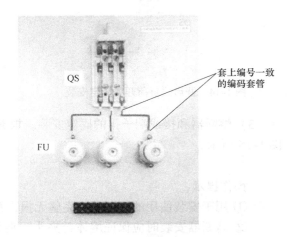

图 1-16 板前布线

5）电动机的连接。首先连接电动机的电源线，然后连接电动机和所有电器元件金属外壳的保护接地线，如图 1-18 所示。

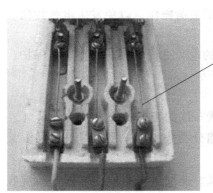

图 1-17 开启式负荷开关铜导线的直连

图 1-18 电动机电源线和保护接地线的安装

操作提示：

① 接至电动机的导线，必须穿在导线通道内加以保护，或采用坚韧的四芯橡皮线或塑料护套线进行临时通电校验。

② 保护接地线一般采用导线截面积不小于 1.5mm^2 的铜芯线（如 BVR 黄绿双色）。

6）自检。当电路安装完毕时，必须检查所安装的电路是否正确可靠。检查方法如下：

① 按电路图或接线图从电源端开始，逐段核对接线及接线端子处线号是否正确，有无漏接、错接之处。检查导线接点是否符合要求，压接是否牢固。同时注意接点接触应良好，以避免带负载运转时产生闪弧现象。

② 用万用表检查电路的通断情况。检查时，应选用倍率适当的电阻档，并进行校零，以防发生短路故障。对电路的检查，可将 2 根表笔分别依次搭在 U、L1、V、L2、W、L3 线端上，读数应为 "0"。

③ 将电动机接线盒内的中性点的连接片断开，用绝缘电阻表测量接入电动机定子绕组的三相电源电路中绝缘电阻的阻值，其阻值应不得小于 2MΩ，如图 1-19 所示。

7）通电试车。自检无误后，在教师指导和监护下通电试车。通电试车的操作步骤如下：

① 接通三相电源 L1、L2、L3，并合上控制配线板外的总电源开关，然后用验电笔进行验电。

② 合上开启式负荷开关后，观察电动机运行情况，当电动机运转平稳后，用钳形电流表测量三相电流是否平衡，如图 1-20 所示。

　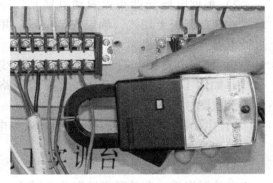

图 1-19　用兆欧表测量绝缘电阻　　　　图 1-20　钳形电流表测量三相电流是否平衡

③ 通电试车完毕后，应切断电源，然后先拆除三相电源线，再拆除电动机接线。

操作提示：在通电试车操作过程中，若发现有异常现象，应立即停车，待排除故障后方可重新通电试车。

（2）封闭式负荷开关控制电路的安装与调试

1）封闭式负荷开关安装与使用要求。

① 封闭式负荷开关必须垂直安装于无强烈振动和冲击的场合，安装高度一般离地不低于 1.3～1.5m，外壳必须可靠接地，并以操作方便和安全为原则。

② 接线时，应将电源进线接在静夹座一边的接线端子上，负载引线接在熔断器一边的接线端子上，且进出线都必须穿过开关的进出线孔。

③ 在进行分合闸操作时，要站在开关的手柄侧，不准面对开关，以免因意外使开关爆炸，铁壳飞出伤人。

2）电路的安装与调试。封闭式负荷开关控制电路的安装与调试可参照前述的操作步骤进行，在此不再赘述。

（3）组合开关控制电路的安装与调试

1）组合开关的安装与使用要求。

① HZ10系列组合开关应安装在控制箱（或壳体）内，其操作手柄最好处于控制箱的前面或侧面。开关为断开状态时应使手柄处于水平旋转位置。组合开关外壳上的接地螺钉应可靠接地。

② 若需在箱内操作，组合开关最好装在箱内右上方，并且在它的上方不要安装其他电器，否则应采取隔离或绝缘措施。

③ 组合开关的通断能力较低，不能用来分断故障电流。

④ 当操作频率过高或负载功率因数较低时，应降低组合开关的容量使用，以延长其使用寿命。

2）根据电器元件布置图和电器元件外形尺寸在控制板上划线，确定安装位置，并进行电器元件的安装。

3）根据电路图和接线图进行板前明线布线。如图1-21所示是组合开关控制电路接线示意图。

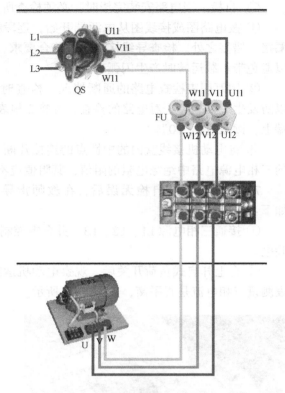

图1-21　组合开关控制电路接线示意图

4）电动机的连接。连接电动机和所有电器元件金属外壳的保护接地线。

5）自检。

6）通电试车。

自检无误后，在教师指导和监护下通电试车。

三、故障检修

1. 低压电器的故障检修

（1）开启式负荷开关常见故障分析及检修　开启式负荷开关最常见的故障是触头接触不良，造成电路开路或触头发热，可根据情况整修或更换触头。

（2）封闭式负荷开关常见故障分析及检修　封闭式负荷开关常见故障分析及检修见表1-11。

（3）组合开关常见故障分析及检修　组合开关常见故障分析及检修见表1-12。

表1-11　封闭式负荷开关常见故障分析及检修

故障现象	可能原因	检修方法
手柄带电	(1)外壳未接地或接地线松脱 (2)电源进出线绝缘损坏碰壳	(1)检查后,加固接地导线 (2)更换导线或恢复绝缘
静夹座过热或烧坏	(1)静夹座表面烧毛 (2)动触刀与静夹座压力不足 (3)负载过大	(1)用细锉修整静夹座 (2)调整静夹座压力 (3)减轻负载或更换大容量开关

表 1-12　组合开关常见故障分析及检修

故障现象	可能原因	检修方法
手柄转动后，内部触头未动	(1)手柄上的轴孔磨损变形 (2)绝缘方轴变形(由方形磨为圆形) (3)手柄与绝缘方轴，或轴与绝缘方轴配合松动 (4)操作机构损坏	(1)调换手柄 (2)更换绝缘方轴 (3)紧固松动部件 (4)修理更换
手柄转动后，动静触头不能按要求动作	(1)组合开关型号选用不正确 (2)触头角度装配不正确 (3)触头失去弹性或接触不良	(1)更换开关 (2)重新装配 (3)更换触头或清除氧化层或尘污
接线柱间短路	因铁屑或油污附着在接线柱间，形成导电层，致使胶木烧焦，绝缘损坏而形成短路	更换开关

2. 三相异步电动机手动正转控制电路常见故障分析及检修

三相异步电动机手动正转控制电路常见故障分析及检修见表 1-13。

表 1-13　三相异步电动机手动正转控制电路常见故障分析及检修

故障现象	可能原因	检修方法
送电后，电动机不能起动	(1)熔体电流等级选择过小 (2)负载侧短路或接地 (3)熔体安装时受机械损伤	(1)更换熔体 (2)排除负载故障 (3)更换熔体
熔体未熔断，但电路不通	熔体或接线座接触不良	重新连接

检查评议

对任务实施的完成情况进行检查，并将结果填入表 1-14。

表 1-14　任务测评表

序号	主要内容	考核要求	评分标准	配分	扣分	得分
1	元器件的识别	根据任务，写出熔断器的型号规格、文字符号、图形符号和主要结构	1. 写错或漏写型号，每只扣2分 2. 图形符号和文字符号，每错一个扣2分 3. 主要结构错误，酌情扣分	30		
2	电路安装调试	根据任务，按照电动机基本控制电路的安装步骤和工艺要求，进行电路的安装与调试	1. 按照图接线，不按图接线扣10分 2. 电器元件安装正确、整齐、牢固，否则一个扣2分 3. 布线整齐美观，横平竖直、高低平齐，转角90°，否则每处扣2分 4. 线头长短适合，压接圈方向正确，无松动，否则每处扣1分 5. 布线齐全，否则一根扣5分 6. 编码套管安装正确，否则每处扣1分 7. 通电试车功能齐全，否则扣40分	60		
3	安全文明生产	劳动保护用品穿戴整齐；电工工具佩带齐全；遵守操作规程；尊重老师，讲文明礼貌；考试结束要清理现场	1. 操作中，违反安全文明生产考核要求的任何一项扣2分，扣完为止 2. 当发现学生有重大事故隐患时，要立即予以制止，并每次扣安全文明生产总分5分	10		
合　计						
开始时间：			结束时间：			

问题及防治

在学生进行任务实施实训过程中，时常会遇到如下的问题。

问题：在进行开启式负荷开关控制电路的安装时，容易将开启示负荷开关横装或倒装。

后果：如果将开启示负荷开关横装或倒装，容易引起误合闸，造成触电事故。

预防措施：开启式负荷开关必须垂直安装在控制屏或开关板上（见图1-14），且合闸状态时手柄应朝上。

知识拓展

电气图形符号和文字符号的标准

我国电气图形符号和文字符号的标准有 GB/T 4728.1 ~ 4728.13—2005 ~ 2008《电气简图用图形符号》和《电气技术中的文字符号制定通则》。这些符号是电气工程技术的通用技术语言，应熟练掌握。

国家标准对图形符号的绘制尺寸没有作统一的规定，实际绘图时可按实际情况进行绘制，图形符号的布置一般采用水平或垂直方式。

在电气图中，导线、电缆线、信号通路及电器元件、设备引线均称为连接线。绘制电气图时，连接线一般应采用实线，无线电信号通路采用虚线，并且应尽量减少不必要的连接，避免线条交叉和弯折。对有直接电联系的交叉导线的连接点，应用小黑圆点表示；无直接电联系的交叉跨越导线则不画小黑圆点，如图1-22所示。

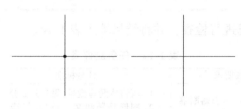

a) 交叉连接   b) 交叉跨越

图 1-22 连接线的交叉连接与交叉跨越

考证要点

根据高级工国家职业资格考试相关要求，本任务内容的考核要点见表1-15。

表 1-15 考核要点

行为领域	鉴定范围	鉴定点	重要程度
理论知识	常用低压电器	1. 低压熔断器、开启式负荷开关、组合开关和低压断路器的结构、用途、文字符号和图形符号 2. 低压断路器的工作原理 3. 低压熔断器、开启式负荷开关、组合开关和低压断路器的选用原则	★★
操作技能	低压电器的识别与电路安装	1. 低压熔断器的识别 2. 三相异步电动机手动正转控制电路的安装与调试	★★★

考证测试题

一、填空题（请将正确的答案填在横线空白处）

1. HK系列开启式负荷开关，它适用于交流频率50Hz、额定电压单相220V或三相380V、额定电流＿＿＿＿～＿＿＿＿的照明、电热设备及小容量电动机控制电路中，供手动和不频繁＿＿＿＿和＿＿＿＿电路使用，并起＿＿＿＿保护作用。

2. 组合开关适用于交流频率50Hz、额定电压380V以下、或直流电压220V及以下的电气电路中，用于手动不频繁地接通和分断电路、＿＿＿＿电源和负载，或控制＿＿＿＿kW以下小容量电动机的直接起动、停止和＿＿＿＿。

3. 熔断器在使用时应＿＿＿＿在所保护的电路中，当该电路发生＿＿＿＿或＿＿＿＿故障时，通过熔断器的电流达到或超过了某一规定值，其自身产生的＿＿＿＿使熔体熔断而自动切断电路，起到保护作用。

4. 开启式负荷开关必须＿＿＿＿安装在控制屏或开关板上，且合闸状态时手柄应＿＿＿＿。不允许＿＿＿＿，更不允许＿＿＿＿，以防发生误合闸事故。

5. 在进行开启式负荷开关的接线时，应把＿＿＿＿接在静触头一边的进线座，＿＿＿＿接在动触头一边的出线座。

6. 封闭式负荷开关必须＿＿＿＿安装于无强烈振动和冲击的场合，安装高度一般离地不低于＿＿＿＿，外壳必须可靠＿＿＿＿，并以操作方便和安全为原则。

二、选择题（将正确答案的序号填入括号内）

1. 对一台起动频繁且连续运行的电动机的短路保护，熔体的额定电流 I_{RN} 应大于或等于（　　）倍电动机额定电流 I_N。
  A. 1.5~2　　　　　B. 2.5~3　　　　　C. 3~3.5　　　　　D. 4

2. 对一台不经常起动且起动时间不长的电动机的短路保护，熔体的额定电流 I_{RN} 应大于或等于（　　）倍电动机额定电流 I_N。
  A. 1.5~2.5　　　　B. 2.5~3　　　　　C. 3~3.5　　　　　D. 4

3. 断路器的极限通断能力应（　　）电路的最大短路电流。
  A. 大于　　　　　B. 等于　　　　　C. 小于　　　　　D. 无所谓

4. 用于控制小型异步电动机的运转时，组合开关的额定电流一般取电动机额定电流的（　　）倍。
  A. 1.5~2.5　　　　B. 2.5~3　　　　　C. 3~3.5　　　　　D. 4

5. HK开启式负荷开关用于一般的照明电路和功率小于（　　）kW的电动机控制电路中。
  A. 5.5　　　　　　B. 7.5　　　　　　C. 10　　　　　　D. 15

三、简答题

1. 简述低压熔断器的选用原则。
2. 开启式负荷开关安装时应注意哪些问题？
3. 简述低压断路器的工作原理。

任务2　三相异步电动机点动正转控制电路的安装与检修

学习目标

知识目标

1. 掌握按钮的结构、图形符号、文字符号及按钮颜色的意义。
2. 掌握交流接触器的结构、用途及工作原理和选用原则。
3. 正确理解三相异步电动机点动正转控制电路的工作原理。

能力目标

1. 能正确识读三相异步电动机点动正转控制电路的原理图、接线图和布置图。
2. 能正确拆装交流接触器，并检修常见故障。
3. 会按照工艺要求正确安装三相异步电动机点动正转控制电路。

素质目标

养成独立思考和动手操作的习惯，培养小组协调能力和互相学习的精神。

工作任务

任务1介绍了三相异步电动机手动正转控制电路，其特点是结构简单，使用控制设备少，但不便于实际操作。因为如使用开启式负荷开关控制，其工作强度大且安全性差；而组合开关的通断能力低，且不能频繁通断；低压断路器又不便于实现远距离控制和自动控制。生产中常常需要频繁通断、远距离的自动控制，如电动葫芦中的起重电动机控制，车床拖板箱快速移动电动机控制等。如图1-23所示是能实现频繁通断和远距离控制的三相异步电动机点动正转控制电路。本次任务的主要内容是：通过学习，完成对三相异步电动机点动正转控制电路的安装与检修。

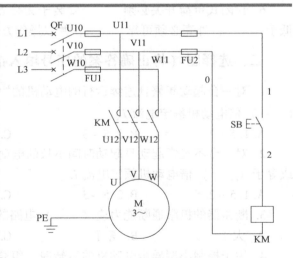

图1-23　三相异步电动机点动正转控制电路

相关理论

一、识读电路图

电路图是根据生产机械运动形式对电气控制系统的要求，采用国家统一规定的电气图形符号和文字符号，按照电气设备和电器的工作顺序排列，详细表示电路、设备或成套装置的全部基本组成和连接关系的一种简图，它不涉及电器元件的结构尺寸、材料选用、安装位置和实际配线方法。

1. 电路图的特点

电路图能充分表达电气设备和电器的用途、作用及电路的工作原理，是电气线路安装、调试和维修的理论依据。

2. 绘制和识读电路图的原则

电路图一般分为电源电路、主电路和辅助电路三部分。在绘制和识读电路图时，应遵循以下原则：

（1）电源电路 电源电路一般画成水平线，三相交流电源相序 L1、L2、L3 自上而下依次画出，保护地线 PE 则应画在相线之下。直流电源的"＋"端画在上边，"－"端在下边画出。电源开关要水平画出，如图 1-23 所示电路中低压断路器 QF 作为电源的隔离开关。

（2）主电路 主电路是指受电的动力装置及控制、保护电器的支路等。它是电源向负载提供电能的电路，它主要由主熔断器、接触器的主触头、热继电器的热元件以及电动机等组成。如图 1-24 所示就是三相异步电动机点动正转控制电路的主电路，它由熔断器 FU1、接触器主触头 KM 和电动机 M 组成。线号用大写字母表示，如 U、V、W、U10、U11 等。

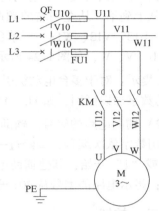

图 1-24 三相异步电动机点动正转控制电路的主电路

提示：主电路通过的是电动机的工作电流，电流比较大，因此一般在电气设备说明书所配的图纸上用粗实线垂直于电源电路绘制于电路图的左侧。

（3）辅助电路 一般包括控制主电路工作状态的控制电路、显示主电路工作状态的指示电路和提供机床设备局部照明的照明电路等。辅助电路一般由主令电器的触头、接触器（继电器）线圈和辅助触头、仪表、指示灯及照明灯等组成。

辅助电路要跨接在两相电源之间，一般按照控制电路、指示电路和照明电路的顺序，用细实线依次画在电路图的右侧，并且耗能元件（如接触器和继电器的线圈、指示灯、照明灯等）要画在电路图的下方，与下边电源线相连，而电器的触头要画在耗能元件与上边电源线之间。为了读图方便，一般应按照自左至右、自上而下的排列来表示操作顺序。如图 1-25 所示就是三相异步电动机点动正转控制电路辅助电路中的控制电路，该控制电路由熔断器 FU2、按钮 SB 和接触器线圈 KM 组成。线号用数字表示，如 1、2、3 等。

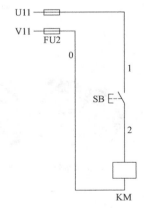

图 1-25 三相异步电动机点动正转控制电路辅助电路中的控制电路

提示：通常辅助电路通过的电流较小，一般不超过 5A。

（4）电器元件 在电路图中，电器元件不画实际的外形图，而是采用国家统一规定的电气图形符号表示。另外，同一电器的各元件不按它们的实际位置画在一起，而是按其在电路中所起的作用分别画在不同的电路中，但它们的动作是相互关联的，所以必须用同一文字

符号进行标注。若同一电路图中，相同的电器较多时，需要在其文字符号的后面加注不同的数字以示区别。

> 提示：在电路图中，各电器的触头位置都按电路未通电或电器未受外力作用时的常态位置画出，分析原理时应从触头的常态位置出发。

（5）电路图中的编号　电路图采用电路编号法，即对电路中的各个接点用字母或数字编号。

1）主电路的编号。主电路在电源开关的出线端按相序依次编号为 U11、V11、W11，然后按从上到下、从左到右的顺序，每经过一个电器元件后，编号依次递增，如 U12、V12、W12，U13、V13、W13…。单台三相交流电动机（或设备）的三根引出线，按相序依次编号为 U、V、W，如图 1-24 所示。

> 提示：对于多台电动机引出线的编号，为了不致于引起误解和混淆，可在字母前用不同的数字加以区别，如 1U、1V、1W、2U、2V、2W…。

2）辅助电路的编号。辅助电路的编号按"等电位"原则，按从上到下、从左到右的顺序，用数字依次编号，每经过一个电器元件后，编号要依次递增。控制电路的编号一般是从"0"或"1"开始，其他辅助电路编号的起始数字依次递增 100，如照明电路的编号从 101 开始；指示电路的编号从 201 开始等。

二、按钮

按钮是一种手动操作接通或分断小电流控制电路的主令电器。一般情况下按钮不直接控制主电路的通断，而是远距离发出手动指令或信号去控制接触器、继电器等电磁装置，实现主电路的分合、功能转换或电气联锁。如图 1-26 所示为几款常见按钮。

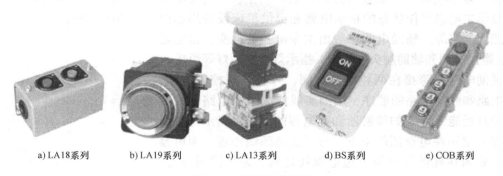

a) LA18系列　　b) LA19系列　　c) LA13系列　　d) BS系列　　e) COB系列

图 1-26　几款常见按钮

1. 按钮的结构及符号

按钮一般由按钮帽、复位弹簧、桥式动触头、外壳及支柱连杆等组成。按钮开关按静态时触头分合状况，可分为常开按钮（起动按钮）、常闭按钮（停止按钮）及复合按钮（常开、常闭组合为一体的按钮）。按钮的结构与符号见表 1-16。

2. 按钮的动作原理

对常开按钮而言，按下按钮帽时触头闭合，松开后触头自动断开复位；常闭按钮则相反，按下按钮帽时触头分断，松开后触头自动闭合复位；复合按钮是当按下按钮帽时，桥式

表 1-16　按钮的结构与符号

名称	常闭按钮（停止按钮）	常开按钮（起动按钮）	复合按钮
结构			按钮帽 复位弹簧 支柱连杆 常闭静触头 桥式动触头 常开静触头 外壳
符号	SB	SB	SB

动触头向下运动，使常闭静触头先断开，常开静触头闭合；当松开按钮帽时，则常开静触头先分断复位，常闭静触头再闭合复位。

3. 按钮颜色的含义

为了便于识别各个按钮的作用，避免误操作，通常用不同的颜色来区分按钮的作用。按钮颜色的含义见表 1-17。

表 1-17　按钮颜色的含义

颜色	含义	说明	应用举例
红色	紧急	危险或紧急情况时操作	急停
黄色	异常	异常情况时操作	干预、制止异常情况，干预、重新起动中断了的自动循环
绿色	安全	安全情况或为正常情况准备时操作	起动/接通
蓝色	强制性的	要求强制动作情况下的操作	复位功能
白色	未赋予特定含义	除急停以外的一般功能的起动①	起动/接通（优先） 停止/断开
灰色			起动/接通 停止/断开
黑色			起动/接通 停止/断开（优先）

① 如果用代码的辅助手段（如标记、形状、位置）来识别按钮，则白、灰或黑色的同一颜色可用于标注各种不同功能（如白色用于标注起动/接通和停止/断开）。

4. 按钮的型号及含义

按钮的型号及含义如下：

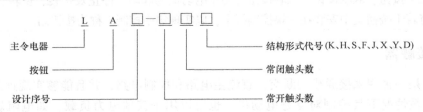

主令电器　　按钮　　设计序号　　　　　结构形式代号（K、H、S、F、J、X、Y、D）　常闭触头数　常开触头数

其中结构形式代号的含义如下：

K——开启式，适用于嵌装在操作面板上；

H——保护式，带保护外壳，可防止内部零件受机械损伤或人偶然触及带电部分；

S——防水式，具有密封外壳，可防止雨水侵入；

F——防腐式，能防止腐蚀性气体进入；

J——紧急式，带有红色大蘑菇钮头（突出在外），作紧急切断电源用；

X——旋钮式，用旋钮旋转进行操作，有通和断两个位置；

Y——钥匙操作式，用钥匙插入进行操作，可防止误操作或供专人操作；

D——光标式，按钮内装有信号灯，兼作信号指示。

5. 按钮的选用

（1）根据使用场合和具体用途选择按钮的种类　例如，嵌装在操作面板上的按钮可选用开启式；需显示工作状态的选用光标式；为防止无关人员误操作的重要场合宜用钥匙操作式；在有腐蚀性气体处要用防腐式。

（2）根据工作状态指示和工作情况要求，选择按钮或指示灯的颜色　例如，起动按钮可选用白、灰或黑色，优先选用白色，也允许选用绿色。急停按钮应选用红色。停止按钮可选用黑、灰或白色，优先用黑色，也允许选用红色。

（3）根据控制回路的需要选择按钮的数量　如单联钮、双联钮和三联钮等。

LA10 系列按钮的主要技术数据见表 1-18。

表 1-18　LA10 系列按钮的主要技术数据

型号	形式	触头数量		额定电压、电流和控制容量	按钮	
		常开	常闭		按钮数	颜色
LA10—1K	开启式	1	1		1	或黑、或绿、或红
LA10—2K	开启式	2	2		2	黑、红或绿、红
LA10—3K	开启式	3	3		3	黑、绿、红
LA10—1H	保护式	1	1		1	或黑、或绿、或红
LA10—2H	保护式	2	2	电压：AC 380V	2	黑、红或绿、红
LA10—3H	保护式	3	3	DC 220V	3	黑、绿、红
LA10—1S	防水式	1	1	电流：5A	1	或黑、或绿、或红
LA10—2S	防水式	2	2	容量：AC 300VA	2	黑、红或绿、红
LA10—3S	防水式	3	3	DC 60W	3	黑、绿、红
LA10—1F	防腐式	1	1		1	或黑、或绿、或红
LA10—2F	防腐式	2	2		2	黑、红或绿、红
LA10—3F	防腐式	3	3		3	黑、绿、红

提示：根据不同需要，可将若干单个按钮元件组合组成双联按钮、三联按钮或多联按钮，如将两个独立的按钮元件安装在同一个外壳内组成双联按钮，这里的"联"指的是同一个开关面板上有几个按钮。双联按钮、三联按钮可用于电动机的起动、停止及正转、反转、制动的控制。也可将若干按钮集中安装在一块控制板上，以实现集中控制，称为按钮站。

三、接触器

接触器是一种用来接通或切断交、直流主电路和控制电路，并且能够实现远距离控制的电器。大多数情况下其控制对象是电动机，也可以用于其他电力负载，如电阻炉、电焊机等，接触器不仅能自动地接通和断开电路，还具有控制容量大、欠电压释放保护、零压保护、操作频率高、工作可靠、使用寿命长等优点。接触器实际上是一种自动电磁式开关。触头的通断不是由手来控制，而是电动操作，属于自动切换电器。接触器按主触头通过电流的种类，分为交流接触器和直流接触器两类。如图 1-27 所示为常用交流接触器。

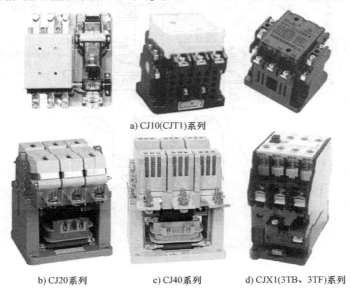

a) CJ10(CJT1)系列

b) CJ20系列 c) CJ40系列 d) CJX1(3TB、3TF)系列

图 1-27　常用交流接触器

1. 交流接触器

（1）交流接触器的结构　交流接触器主要由电磁系统、触头系统、灭弧装置和辅助部件等组成。交流接触器的结构如图 1-28 所示。

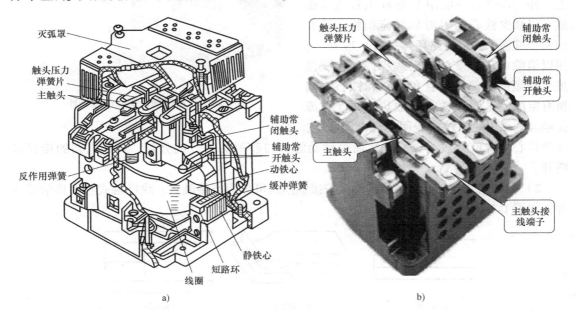

a)　　　　　　　　　　　　b)

图 1-28　交流接触器结构图

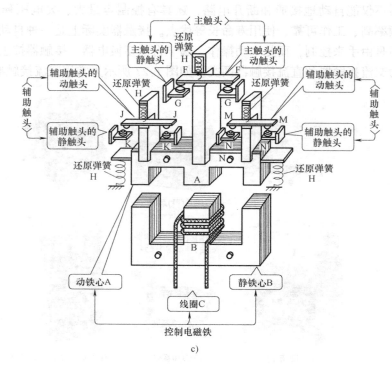

c)

图 1-28　交流接触器结构图（续）

1）电磁系统。电磁系统主要由线圈、静铁心和动铁心（衔铁）三部分组成。静铁心在下、动铁心在上，线圈装在静铁心上。静、动铁心一般用 E 形硅钢片叠压而成，以减少铁心的磁滞和涡流损耗；铁心的两个端面上嵌有短路环，如图 1-29 所示，用以消除电磁系统的振动和噪声；线圈做成粗而短的圆筒形，且在线圈和铁心之间留有空隙，以增强铁心的散热效果。交流接触器利用电磁系统中线圈的通电或断电，

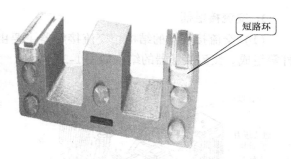

图 1-29　交流接触器铁心的短路环

使静铁心吸合或释放动铁心，从而带动动触头与静触头闭合或分断，实现电路的接通或断开。

2）触头系统。交流接触器的触头按接触形式可分为点接触式、线接触式和面接触式三种，如图 1-30 所示。

a) 点接触　　　　　　b) 线接触　　　　　　c) 面接触

图 1-30　触头的三种接触形式

按触头的结构形式可分为双断点桥式触头和指形触头两种，如图 1-31 所示。例如 CJ10 系列交流接触器的触头一般采用双断点桥式触头，其动触头用紫铜片冲压而成，在触头桥的两端镶有银基合金制成的触头块，以避免接触点由于氧化铜的产生影响其导电性能。静触头一般用黄铜板冲压而成，一端镶焊触头块，另一端为接线柱。在触头上装有触头压力弹簧，用以减小接触电阻，并消除开始接触时产生的有害振动。

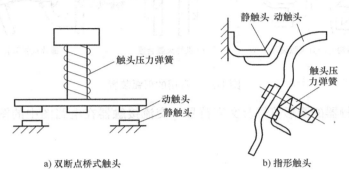

a) 双断点桥式触头   b) 指形触头

图 1-31 触头的结构形式

触头按通断能力可分为主触头和辅助触头，如图 1-28b 所示。主触头用以通断电流较大的主电路，一般由三对常开触头组成。辅助触头用以通断较小电流的控制电路，一般由两对常开和两对常闭触头组成。

> 提示：所谓触头的常开和常闭，是指电磁系统未通电动作前触头的状态。常开触头和常闭触头是联动的。当线圈通电时，常闭触头先断开，常开触头随后闭合，中间有一个很短的时间差。当线圈断电后，常开触头先恢复断开，随后常闭触头恢复闭合，中间也存在一个很短的时间差。这个时间差虽短，但对分析电路的控制原理却很重要。

3）灭弧装置。交流接触器在断开大电流或高电压电路时，会在动、静触头之间产生很强的电弧。电弧是触头间气体在强电场作用下产生的放电现象，它的产生一方面会灼伤触头，减少触头的使用寿命；另一方面会使电路切断时间延长，甚至造成弧光短路或引起火灾事故。因此触头间的电弧应尽快熄灭。

灭弧装置的作用是熄灭触头分断时产生的电弧，以减轻电弧对触头的灼伤，保证可靠的分断电路。交流接触器常采用的灭弧装置有双断口结构的电动力灭弧装置、纵缝灭弧装置和栅片灭弧装置，如图 1-32 所示。对于容量较小的交流接触器，如 CJ10 – 10 型，一般采用双断口结构的电动力灭弧装置；CJ10 系列交流接触器额定电流在 20A 及以上的，常采用纵缝灭弧装置；对于容量较大的交流接触器，多采用栅片灭弧装置。

4）辅助部件。交流接触器的辅助部件有反作用弹簧、缓冲弹簧、触头压力弹簧、传动机构及底座、接线柱等，如图 1-28a 所示。反作用弹簧安装在动铁心和线圈之间，其作用是线圈断电后，推动动铁心，带动触头复位；缓冲弹簧安装在静铁心和线圈之间，其作用是缓冲动铁心在吸合时对静铁心和外壳的冲击力，保护外壳；触头压力弹簧安装在动触头上面，其作用是增加动、静触头间的压力，从而增大接触面积，以减少接触电阻，防止触头过热损伤；传动机构的作用是在动铁心或反作用弹簧的作用下，带动动触头实现与静触头的接通或分断。

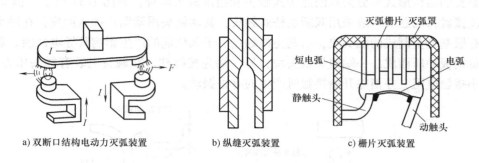

a) 双断口结构电动力灭弧装置　　　b) 纵缝灭弧装置　　　c) 栅片灭弧装置

图 1-32　常用的灭弧装置

（2）交流接触器的图形符号及文字符号　交流接触器在电路图中的图形符号及文字符号如图 1-33 所示。

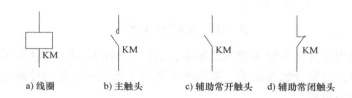

a) 线圈　　　b) 主触头　　　c) 辅助常开触头　　　d) 辅助常闭触头

图 1-33　交流接触器的图形符号及文字符号

提示：在控制电路图中，当接触器不只 1 个时，则通过在 KM 文字符号后加数字来区别。如 KM1、KM2。

（3）交流接触器的工作原理　交流接触器的工作原理示意图如图 1-34 所示，当接触器的线圈通电后，线圈中的电流产生磁场，使静铁心磁化产生足够大的电磁吸力，克服反作用弹簧的反作用力将动铁心吸合，动铁心通过传动机构带动辅助常闭触头先断开，三对常开主触头和辅助常开触头后闭合；当接触器线圈断电或电压显著下降时，由于静铁心的电磁吸力消失或过小，动铁心在反作用弹簧力的作用下复位，并带动各触头恢复到原始状态。

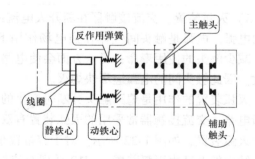

图 1-34　交流接触器的工作原理示意图

提示：交流接触器线圈的工作电压在其额定电压的 85% ~ 105% 时，能可靠地工作。电压过高，则磁路趋于饱和，线圈电流将显著增大，线圈有被烧坏的危险；电压过低，则吸不牢动铁心，导致触头跳动，不但影响电路正常工作，而且线圈电流会达到额定电流的十几倍，使线圈过热而烧坏。因此，电压过高或过低都会造成线圈发热而烧毁。

（4）交流接触器的型号及含义　交流接触器的型号及含义如下：

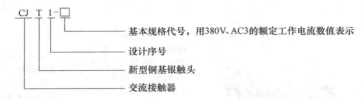

（5）几种特定用途的交流接触器　我国生产的交流接触器常用的有 CJ10、CJ12、CJX1、CJ20 等系列及其派生系列产品，CJ0 系列及其改型产品已逐步被 CJ20、CJX 系列产品取代。上述系列产品一般具有常开主触头三对，常开、常闭辅助触头各两对。除了以上常用的系列外，我国近年来还引进了一些生产线，生产了一些满足 IEC 标准的特定用途的交流接触器，见表 1-19。

表 1-19　几种特定用途的交流接触器

名称	外形图	适用场合	主要特点
CJX2—N（LC2—D）系列联锁可逆交流接触器		主要用于交流 50Hz 或 60Hz，额定工作电压至 660V，额定工作电流在 95A 以下的电路中，作电动机可逆控制用	它的联锁机构，保证了两台可逆交流接触器转换的工作可靠性
CJ19（16C）系列切换电容器接触器		主要用于交流 50Hz 或 60Hz、额定工作电压至 380V 的电力线路中，供低压无功功率补偿设备投入或切除低压并联电容器之用	接触器带有抑制涌流装置，能有效地减小合闸涌流对电容的冲击，并抑制断开时的过电压
GSC2—J 建筑用交流接触器		主要用于家用及类似用途，用于主电路为交流 50Hz（或 60Hz），额定绝缘电压为 440V，额定工作电压至 415V，使用类别 AC—7a 下额定工作电流至 63A，使用类别 AC—7b 下额定工作电流至 30A，额定限制短路电流小于或等于 6kA 的电路中	操作机构为转动式，触头为双断点；低音操作、无噪声；低功耗，高可靠性；具有触头状态指示器

（续）

名称	外形图	适用场合	主要特点
空调专用型接触器		用于交流 50Hz 或 60Hz，额定工作电压 220V，额定工作电流 25A，使用类别为 AC—7b 的电路中接通和分断电路。本产品广泛用于空调等家电器的压缩机或者电动机控制，也可用于电加热器等其他负载	采用专有的铁心吸音设计，大大降低了振动及噪声；接线方便，提供了插线端子、锁线、压着端子等多种接线方式；采用国际通用的底板设计，安装方便，互换性高
CJC20 系列自保持节能型交流接触器		CJC20 系列自保持节能型交流接触器，主要适用于交流 50Hz、额定电压到 660V、额定工作电流到 630A 的电力系统中接通和分断电路。特别适用（1）在农村总漏电保护处和漏电脉冲继电器配套使用；（2）作定时停送电的配电开关处；（3）无功补偿电容器控制柜。以上场合在电网停电时不要求接触器断开，在来电时允许自送电。类同于自动开关	交流接触器的铁心，由原硅钢片改为使用半硬磁钢，在直流励磁下，接触器吸合。断开励磁电流，铁心因剩磁仍保持在吸合位置，当用反向直流或交流去磁时，接触器释放。节能接触器在吸合运行中不通励磁电流，因而达到节能、无噪声、不烧励磁线圈的目的

2. 交流接触器的选择

交流接触器应根据负荷的类型和工作参数合理选用，具体分为以下步骤：

（1）选择交流接触器的类型　交流接触器按负荷种类一般分为一类、二类、三类和四类，分别记为 AC1、AC2、AC3 和 AC4，见表 1-20。

表 1-20　交流接触器按负荷种类的分类

负荷种类	一类	二类	三类	四类
标记符号	AC1	AC2	AC3	AC4
控制对象	无感或微感负荷，如白炽灯，电阻炉等	用于绕线式异步电动机的起动和停止	用于笼型异步电动机的运转和运行中分断	用于笼型异步电动机的起动、反接制动、反转和点动

（2）选择交流接触器的额定参数　根据被控对象和工作参数如电压、电流、功率、频率及工作制等确定交流接触器的额定参数。

1）选择交流接触器主触头的额定电压。交流接触器主触头的额定电压应大于或等于控制电路的额定电压。

2）选择交流接触器主触头的额定电流。交流接触器主触头的额定电流应大于或等于负载的额定电流。控制电动机时，可按下列经验公式计算（仅适用于 CJ10（CJT1）系列）：

$$I_C = \frac{10^3 P_N}{K U_N}$$

式中　K——经验系数，一般取 $1 \sim 1.4$；

　　　P_N——被控制电动机的额定功率（kW）；

　　　U_N——被控制电动机的额定电压（V）；

　　　I_C——交流接触器主触头电流（A）。

提示：交流接触器在选择时还应注意以下几个方面：

① 对于持续运行的设备，接触器应按最大额定电流的 67% ~ 75% 计算。即 100A 的交流接触器，只能控制最大额定电流在 65 ~ 75A 的设备。

② 对于间断运行的设备，接触器应按最大额定电流的 80% 计算。即 100A 的交流接触器，只能控制最大额定电流 80A 以下的设备。

③ 对于反复短时工作的设备，接触器应按最大额定电流的 116% ~ 120% 计算。即 100A 的交流接触器，只能控制最大额定电流在 116 ~ 120A 的设备。

3）对电动机的操作频率不高，如压缩机、水泵、风机、空调、压力机等，接触器额定电流大于负荷额定电流即可。接触器类型可选用 CJ10（CJT1）、CJ20 等。

4）对重任务型电动机，如机床主电动机、升降设备、绞盘、破碎机等，其平均操作频率超过 100 次/min，运行于起动、点动、正反向制动、反接制动等状态下，可选用 CJ10Z、CJ12 型的接触器。为了保证电寿命，可使接触器降容使用。选用时，接触器额定电流大于电动机额定电流。

5）对特种任务电动机，如印刷机、镗床等，其操作频率很高，可达 600 ~ 12000 次/h，且经常运行于起动、反接制动、反向制动等状态下，接触器大致可按电寿命及起动电流选用，接触器型号选 CJ10Z、CJ12 等。

6）交流回路中的电容器投入电网或从电网中切除时，接触器的选择应考虑电容器的合闸冲击电流。一般地，接触器的额定电流可按电容器的额定电流的 1.5 倍选取，型号选 CJ10（CJT1）、CJ20 等。

7）用接触器对变压器进行控制时，应考虑浪涌电流的大小。例如交流电弧焊机、电阻焊机等，一般可按变压器额定电流的 2 倍选取接触器，型号选 CJ10（CJT1）、CJ20 等。

8）对于电热设备，如电阻炉、电热器等，负荷的冷态电阻较小，因此起动电流相应要大一些。选用接触器时可不用考虑起动电流，直接按负荷额定电流选取。型号可选用 CJ10（CJT1）、CJ20 等。

9）由于气体放电灯起动电流大、起动时间长，对于照明设备的控制，可按额定电流 1.1 ~ 1.4 倍选取交流接触器，型号可选 CJ10（CJT1）、CJ20 等。

10）接触器额定电流是指接触器在长期工作下的最大允许电流，持续时间小于或等于 8h，且安装于敞开的控制板上，如果冷却条件较差，选用接触器时，接触器的额定电流按负荷额定电流的 110% ~ 120% 选取。对于长时间工作的电动机，由于其氧化膜没有机会清除，使接触电阻增大，导致触头发热超过允许温升。实际选用时，可将接触器的额定电流减小 30% 使用。

11）选择接触器线圈的额定电压。接触器的线圈电压，一般应低一些为好，这样可以降低对接触器的绝缘要求，使用时也较安全。当控制电路简单、使用电器较少时，可直接选用 380V 或 220V 的电压。若电路较复杂、使用电器的个数超过 5 只时，可选用 36V 或 110V

电压的线圈，以保证安全。但为了方便和减少设备，常按实际电网电压选取。

12）选择接触器触头的数量和种类。接触器的触头数量和种类应满足控制电路的要求。常用 CJT1 系列和 CJ20 系列交流接触器的技术参数分别如表 1-21 和表 1-22 所示。

表 1-21　CJT1 系列交流接触器的技术参数

产品型号		CJT1—10	CJT1—20	CJT1—40	CJT1—60	CJT1—100	CJT1—150
额定绝缘电压和工作电压/V		380	380	380	380	380	380
额定工作电流(AC1～AC2,380V)/A		10	20	40	60	100	150
控制功率/kW	220V	2.2	5.8	11	17	28	43
	380V	4	10	20	30	50	75
每小时操作循环数(次/h)		AC1、AC3 为 600，AC2、AC4 为 300，CJT1—150 为 120					
电寿命/万次		60	60	60	60	60	60
机械寿命/万次	AC3	2	2	2	1	1	0.6
	AC4	300	300	300	300	300	300
辅助触头		2 常开 2 常闭、AC 15 180V·A、DC 13 60W、I_{th} 5A					
配用熔断器		RT16—20	RT16—50	RT16—80	RT16—160	RT16—250	RT16—315
线圈消耗功率/V·A	起动功率	65	140	230	485	760	950
	保持功率	11	22	32	95	105	110

表 1-22　CJ20 系列交流接触器的技术参数

型号	极数	额定工作电压/V	接触器主触头约定发热电流 I_{th}/A	额定工作电流 I_N/A	额定操作频率(AC3)/次/h	机械寿命/万次	辅助触头	
							约定发热电流 I_{th}/A	触头组合
CJ20—10		220	10	10	1200			
		380		10	1200			
		660		5.8	600			
CJ20—16		220	16	16	1200			
		380		16	1200			
		660		13	600			
CJ20—25		220	32	25	1200			
		380		25	1200			
		660		16	600			
CJ20—40	3	220	55	40	1200	1000	10	2 常开、2 常闭
		380		40	1200			
		660		25	600			
CJ20—63		220	80	63	1200			
		380		63	1200			
		660		40	600			
CJ20—100		220	125	100	1200			
		380		100	1200			
		660		63	600			
CJ20—160		220	200	160	1200			
		380		160	1200			
		660		100	600			
CJ20—160/11		1140	200	80	300			

四、三相异步电动机点动正转控制电路工作原理分析

从如图 1-23 所示的三相异步电动机点动正转控制电路图可分析出其工作原理如下：

当电动机 M 需要点动时，先合上电源开关 QF，此时电动机 M 尚未接通电源。按下起动按钮 SB，接触器 KM 的线圈得电，使动铁心吸合，同时带动接触器 KM 的三对主触头闭合，电动机 M 便接通电源起动运转。当电动机 M 需要停车时，只要松开起动按钮 SB，使接触器 KM 的线圈失电，动铁心在反作用弹簧的作用下复位，带动接触器 KM 的三对主触头复位分断，电动机 M 失电停转。

> 提示：按下按钮电动机就得电运转，松开按钮电动机就失电停转的控制方法，称为点动控制。

任务准备

实施本任务教学所使用的实训设备及工具材料可参考表 1-23。

表 1-23 实训设备及工具材料

序号	名称	型号规格	单位	数量	备注
1	电工常用工具		套	1	
2	万用表	MF47 型	块	1	
3	三相四线电源	380/220V、20A	处	1	
4	三相异步电动机	Y112M—4(4kW、380V、丫联结)或自定	台	1	
5	配线板	500mm×600mm×20mm	块	1	
6	断路器 QF	DZ5—20/330	个	1	
7	熔断器 FU1	RL1—60/25、380V、60A、熔体配 25A	套	3	
8	熔断器 FU2	RL1—15/2	套	2	
9	接触器 KM	CJ10—20、线圈电压 380V、20A(CJX2、B 系列等自定)	只	1	
10	按钮 SB1～SB3	LA10—3H、保护式、按钮数 3	只	1	
11	木螺钉	ϕ3mm×20mm、ϕ3mm×15mm	个	30	
12	平垫圈	ϕ4mm	个	30	
13	线号笔	自定	支	1	
14	主电路导线	BVR—1.5、1.5mm²(7×0.52mm)(黑色)	m	若干	
15	控制电路导线	BV—1.0、1.0mm²(7×0.43mm)	m	若干	
16	按钮线	BV—0.75、0.75mm²	m	若干	
17	接地线	BVR—1.5、1.5mm²(黄绿双色)	m	若干	
18	劳保用品	绝缘鞋、工作服等	套	1	
19	接线端子排	JX2—1015(500V、10A、15 节)或配套自定	条	1	

任务实施

一、交流接触器的识别、拆装与检修

1. 交流接触器的识别

（1）在教师的指导下，仔细观察各种不同系列、规格的交流接触器，并熟悉它们的外形、型号规格、技术参数的意义、结构、工作原理及主触头、辅助常开触头、常闭触头以及线圈的接线柱等。

（2）教师事先用胶布将要识别的交流接触器的型号规格盖住，由学生根据实物写出各接触器的系列名称、型号规格、文字符号，并画出图形符号，最后简述交流接触器的主要结构和工作原理，填入表 1-24 中。

表1-24　交流接触器的识别

序号	系列名称	型号规格	文字符号	图形符号	主要结构	工作原理
1						
2						
3						
4						
5						
6						
7						

2. CJ10—20 交流接触器的拆装与检修

（1）拆卸步骤

1）卸下灭弧罩。

2）拉紧主触头定位弹簧夹，将主触头侧转45°后，取下主触头和触头压力弹簧。

3）松开辅助常开触头的螺钉，卸下常开触头。

4）用手按压底盖板，并卸下螺钉。

5）取下静铁心和静铁心支架及缓冲弹簧。

6）拔出线圈弹簧片，取出线圈。

7）取出反作用弹簧。

8）取出动铁心和塑料支架，并取出定位销。

（2）装配步骤

1）装上动铁心和塑料支架，并安装定位销。

2）装上反作用弹簧。

3）装上线圈，安装线圈弹簧片。

4）装上静铁心和静铁心支架及缓冲弹簧。

5）装上常开触头拧紧辅助常开触头的螺钉。

6）拉紧主触头定位弹簧夹，将主触头侧转45°后，装上主触头和触头压力弹簧。

7）用手按压底盖板，并卸下螺钉。

8）装上灭弧罩。

操作提示：

① 在拆卸过程中，应仔细保存好各个零部件和螺钉。

② 在拆装过程中，不允许硬撬元件，以免损坏电器。

③ 在装配辅助触头时，要防止卡住动触头。

（3）交流接触器的检修与调试

1）触头表面的修理。当交流接触器触头的表面因氧化造成接触不良时，可用小刀或细锉清除表面，且只需把氧化层除掉即可，不要过分地锉修触头而破坏触头的现状。另外，如果是因为触头的积垢而造成接触不良时，只需用棉花浸汽油或四氯化碳溶液进行清洗即可，注意不能用润滑液涂拭。

操作提示：银或银合金触头在分断时，会产生分断电弧使触头表面形成一层黑色氧化膜。这层氧化膜接触电阻很小，不会造成接触不良的现象。因此，为了提高触头的使用寿命，可不必锉修。

2）触头的整形修理。当电路中出现电流过大、灭弧装置失效、触头容量过小或触头弹簧损坏，初压力过小等情况时，触头闭合或断开电路时会产生电弧。在电弧的作用下，触头表面会形成许多凹凸不平的麻点。如果电弧比较大，或者触头闭合时跳动的厉害，可使触头烧毛，严重的电弧会使触头熔化，并使动、静触头焊在一起，造成触头熔焊。其整形修理的方法如下：

①　修理时，应首先分析产生电弧的原因，予以故障排除后再对触头进行修理。

②　烧毛的触头表面会形成凹凸不平的斑痕或飞溅的金属熔渣，造成接触器的接触不良。修理时，可将触头拆下来，用细锉先清理掉凸出的部分及金属熔渣。

③　用小锤将凹凸不平处轻轻敲平，然后再用细锉将表面锉平，经整形变成原来的形状。

操作提示：在触头的整形修理时，不要求修的过分光滑，重要的是平整。另外，还要注意触头不要锉得太多，否则将影响使用寿命。

3）触头的更换。若是镀银的触头，当触头中的银层被磨损而露铜，或触头严重磨损超过厚度的 1/2 以上时，应更换新的触头。更换后的触头要重新调整开距、超程、压力，使之保持在规定的范围内。

4）触头的开距、超程、压力的测量与调整。接触器修理以后，一般应根据技术要求进行开距、超程、压力的检查与调整。

①　主触头、联锁触头开距与超程的测量与调整。触头的开距是指在完全分开时，动、静触头之间的最短距离。触头开距的调整主要考虑电弧熄灭的可靠性、闭合与断开的时间、断开时运动部分的弹回距离以及打开位置的绝缘间隙等因素。

触头超程是指触头完全闭合后，动触头继续发生的位移。超程的作用是保证触头磨损以后仍能可靠地接触。它的大小与触头的电寿命有关。对于单断点的铜触头其超程一般取动静触头厚度之和的 1/3 ~ 1/2；对于银或银基触头，一般取动静触头厚度之和的 1/2 ~ 1。

直动式双断点桥式触头的开距与超程，如图 1-35 所示，可用直尺、卡尺、内卡钳等量具测量。对于转动式指形触头的测量可参照上述方法进行。

完全分开位置　　　　刚接触位置　　　　完全闭合位置

图 1-35　直动式双断点桥式触头的开距与超程

②　测量主触头与联锁触头的初压力和终压力。触头的初压力是动、静触头刚接触时作用于触头的压力；触头的终压力是触头完全闭合后作用于触头上的压力。触头的终压力主要取决于触头的材料、导体允许温升以及电动稳定性，一般为 0.15 ~ 0.25N/A，银或银基触头和小电流接触器选小值，铜或铜基触头和大电流接触器选大值。触头的初压力，对于交流接

触器按终压力的 65% ~90% 调整。

测量桥式触头终压力的示意图如图 1-36 所示。测量时要注意拉力方向应垂直于触头接触线方向。每一触头的终压力为指示灯刚熄灭时砝码重量的一半。指形触头也可用这种方法测量，但触头的终压力为指示灯刚熄灭时砝码的重量。

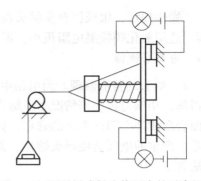

图 1-36　测量桥式触头终压力的示意图

在实际中，测量触头压力还常用弹簧秤进行。在支架与动触头之间夹一张厚度不大于 0.05mm，宽度与触头宽度相当的纸条。纸条在弹簧的作用下被压紧。在动触头上仿照上述方法装一弹簧秤。一手拉弹簧秤，一手轻轻拉纸条。当纸条刚可以拉出时，即可以按上述方法求得触头的初压力。同样，当接触器通电吸合后，将纸条夹在动、静触头之间，用同样的方法拉弹簧秤和纸条，当纸条刚可以拉出时，即可求得触头的终压力。

操作提示：在调整触头压力时，注意不要损坏接触器的主触头。

5）电磁机构的修理。电磁机构常发生的故障及修理方法如下：

① 因机构的棱角和转轴的磨损，导致转动部分失灵或卡死，需修复或换新。

② 因反作用弹簧反作用力过大，使动铁心不能完全吸合，可调整反作用弹簧的反作用力。

③ 交流接触器短路环断裂，或动铁心与铁心极面不平，或有油垢，引起动铁心振动而产生噪声，可更换短路环，或修磨平整动铁心和铁心的极面，并清洁表面。

④ 交流接触器 E 型铁心的中间柱应有 0.1 ~0.2mm 的间隙，因两侧铁心磨损而间隙消失时，动铁心会发生"粘住"现象，可修磨 E 型铁心的中间柱平面。

⑤ 动铁心歪斜、铁心松动，可校正动铁心的歪斜现象，紧固松动的铁心。

⑥ 动铁心卡死、吸合不严、电压过高或过低都会导致线圈过热烧毁，应首先分析原因，检查并排除故障，然后再更换线圈。

操作提示：各种故障要对症检修。修理时，可拆下线圈进行检查、修理。当发现运动系统有卡阻等不灵活现象时，应加以调整，使其运动灵活。

6）灭弧罩的修理。正常情况下，接触器分断电路时触头间产生的电弧，会很快进入灭弧罩中而迅速熄灭。从电弧开始到熄灭，只有 0.01 ~0.02s 的时间。如果发生灭弧罩受潮、灭弧罩炭化或破碎、磁吹线圈匝间短路、熄弧角脱落、灭弧栅片脱落等故障时，灭弧时间就会延长，甚至不灭弧。其后果会把触头烧坏，甚至可能引起相间弧光短路而产生爆炸事故。

正常情况下，接触器分断电路瞬间，电弧喷出灭弧罩的范围很小，常听到一声清脆的声音。如果电弧喷射范围很大，听到一种软弱无力的"噗"声，便是灭弧的时间延长了，这将使触头严重烧毛，灭弧罩烧焦，需要进行适当的修理。具体的检修方法如下：

① 检修时，首先取下灭弧罩。观察灭弧罩的损坏情况，然后根据受损的情况对症修理。

② 如果是灭弧罩受潮，烘干后还可以继续使用。

③ 如果是灭弧罩炭化，当采用的是石棉水泥灭弧罩时，可用细锉或小刀将烧焦的部分除掉，但要保证表面光洁（因表面不光洁会增大电弧运动的阻力，不利于灭弧），并将修理

好的灭弧罩清理干净。

④ 如果是灭弧罩破碎，可以黏合或更换，没有灭弧罩的接触器（小容量的除外）绝对不能使用，应立即配置新的灭弧罩。

⑤ 如果是磁吹线圈短路，将短路匝拨正消除后即可。

⑥ 如果熄弧角脱落，重新装好即可，如果已遗失，可用纯铜按原来形状配作一个来代替。

⑦ 如果灭弧栅片脱落，可以用铁片配做一个补上，但不能用铜片或铝片制作，因为只有导磁的铁片才能把电弧吸入灭弧室而分割灭弧。

（4）交流接触器检修后的要求

1）交流接触器的吸合电压为额定电压值的85%时能可靠吸合；释放电压值约为额定电压值的30%～40%之间时能可靠释放。

2）当电源电压在接触器额定电压值的65%～105%（直流）和85%～115%（交流）范围内，能可靠地工作。

3）接触器的主触头通断时，三相触头应保证同时通断，其先后误差不得超过0.5ms。

操作提示：在通电校验过程中，必须有教师监护，以确保安全。

二、三相异步电动机点动正转控制电路的安装与调试

1. 绘制电器元件布置图和接线图

通过电路图绘制出电器元件布置图和接线图如图1-37所示。

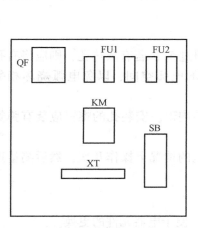

a) 电器元件布置图

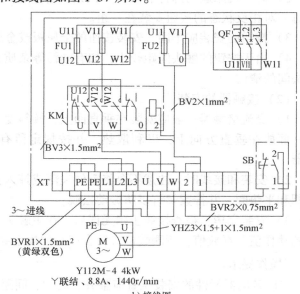

b) 接线图

图1-37　三相异步电动机点动正转控制电路的电器元件布置图和接线图

2. 元器件型号规格、质量检查

1）根据表1-23中的实训设备及工具材料明细表，检查其各元器件、耗材与表中的型号与规格是否一致。

2）检查各元器件的外观是否完整无损，附件、备件是否齐全。

3）用仪表检查各元器件和电动机的有关技术数据是否符合要求。

4）接触器、按钮安装前的检查：

① 检查接触器铭牌与线圈的技术数据（如额定电压、电流、操作频率等）是否符合实际使用要求。

② 检查接触器外观，应无机械损伤；用手推动接触器可动部分时，接触器应动作灵活，无卡阻现象；灭弧罩应完整无损，固定牢固。

③ 将铁心极面上的防锈油脂或粘在极面上的铁垢用煤油擦净，以免多次使用后动铁心被粘住，造成断电后不能释放。

④ 测量接触器的线圈电阻和绝缘电阻。绝缘电阻的阻值要大于 $0.5M\Omega$，不同的接触器线圈电阻有差异，但线圈电阻的电阻值一般为 $1.5k\Omega$。

⑤ 检查按钮外观，应无机械损伤；用手按动按钮帽时，按钮应动作灵活，无卡阻现象。

⑥ 按动按钮，检查按钮常开、常闭的通断情况。

3. 根据电器元件布置图安装固定低压电器元件

当电器元件检查完毕后，按照如图 1-37a 所示的电器元件布置图安装和固定电器元件。低压电器元件的安装与使用要求如下：

（1）按钮的安装与使用维护要求

1）按钮安装在面板上时，应布置整齐，排列合理，如根据电动机的起动先后顺序，从上到下或从左到右排列。

2）同一机床运动部件有几种不同的工作状态时（如上、下；前、后；松、紧等），应使每一对相反状态的按钮安装在一组。

3）按钮的安装应牢固，安装按钮的金属板或金属按钮盒必须可靠接地。

4）由于按钮的触头间距较小，如有油污等杂质便极易发生短路故障，所以应注意保持触头间的清洁。

（2）接触器的安装

1）交流接触器一般应安装在垂直面上，倾斜度不得超过 5°；若有散热孔，则应将有孔的一面放在垂直方向上，以利散热，并按规定留有适当的电弧空间，以免电弧烧坏相邻电器。

2）安装和接线时，注意不要将零件失落或掉入接触器内部。安装孔的螺钉应装有弹簧垫圈和平垫圈，并拧紧螺钉以防振动松脱。

3）安装完毕，检查接线正确无误后，在主触头不带电的情况下操作几次，然后测量产品的动作值和释放值，所测数值应符合产品的规定要求。

操作提示：

① 各电器元件的安装位置应整齐、均匀，间距合理，便于电器元件的更换。

② 紧固电器元件时，用力要均匀，紧固程度适当。

4. 根据电路图和接线图进行板前明线布线

当电器元件安装完毕后，按照如图 1-23 所示的电路图和如图 1-37b 所示的接线图进行板前明线布线，布线后的效果示意图如图 1-38 所示。布线的工艺要求如下：

1）布线通道要尽可能少，同路并行导线按主、控电路分类集中，单层密排，紧贴布线板的安装面布线。

2）同一平面的导线应高低一致或前后一致，不能交叉。非交叉不可时，交叉的导线应在接线端子引出时就水平架空跨越，并且走线合理。

3）布线时，应横平竖直，高低平齐，转角应成90°。

4）布线时，线头的长短合适，线耳方向正确，不得出现压绝缘层或反圈现象。

5）布线时，根据电气原理图和接线图套上相应的编码套管。

操作提示：布线的顺序一般以接触器为中心，由里向外，由低至高，先控制电路，后主电路的顺序进行，以不妨碍后续布线为原则。

5. 电动机的连接

按照电动机铭牌上的接线方法，正确连接接线端子，然后将定子绕组的电源引入线接到配线板的接线端子的 U11、V11 和 W11 的端子上，最后连接电动机的保护接地线。电动机连接示意图如图 1-39 所示。

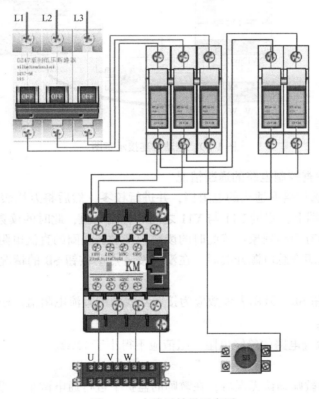

图 1-38　布线后效果示意图

6. 自检

当电路安装完毕后，在通电试车前必须经过自检，并经指导教师确认无误后方可通电试车。自检的方法如下：

（1）用观察法检查　首先按电路图或接线图从电源端开始，逐段核对接线及接线端子处线号是否正确，有无漏接、错接之处。然后检查导线接点是否符合要求，压接是否牢固。同时注意接点接触应良好，以避免带负载运转时产生闪弧现象。

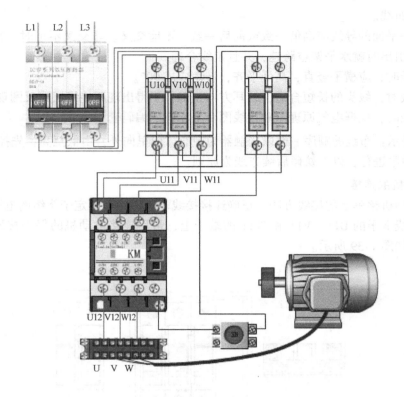

图 1-39　电动机连接示意图

（2）用万用表检查控制电路的通断情况

1）检查时，应选用倍率适当的电阻档，并进行校零，然后将万用表的 2 根表笔分别搭接在 U11、V11 接线端上，测量 U11 与 V11 之间的直流电阻，此时的读数应为"∞"。若读数为零，则说明电路有短路现象；若此时的读数为接触器线圈的直流电阻值，则说明电路接错，电路接错会造成闭合总电源开关后，在没有按下点动按钮 SB 的情况下，接触器 KM 直接获电动作。

2）按下点动按钮 SB，万用表读数应为接触器线圈的直流电阻值。松开点动按钮后，此时的读数应为"∞"。

（3）用兆欧表检查电路的绝缘电阻　阻值应不得小于1MΩ。

7. 通电试车

学生通过自检和教师确认无误后，在教师的监护下进行通电试车。通电试车的操作步骤如下：

1）接上三相电源 L1、L2、L3，并合上 QF，然后用验电笔进行验电，电源正常后，进行下一步操作。

2）按下点动按钮 SB，接触器得电吸合，电动机起动运转；松开点动按钮 SB，接触器失电复位，电动机脱离电源停止运行。反复操作几次，以观察电路的可靠性。

3）通电试车完毕后，应先切断电源，然后再拆线。拆线时，应先拆三相电源线，后拆电动机接线。

操作提示：在通电试车过程中，注意观察电路功能是否符合要求，电器元件的动作是否灵活，有无卡阻及噪声过大等现象。

检查评议

对任务实施的完成情况进行检查，并将结果填入表1-25。

表1-25 任务测评表

序号	主要内容	考核要求	评分标准	配分	扣分	得分
1	接触器的识别	根据任务,写出各接触器的系列名称、型号规格、文字符号、图形符号和主要结构及工作原理	1. 写错或漏写型号,每只扣2分 2. 图形符号和文字符号,每错一个扣1分 3. 主要结构和工作原理错误,酌情扣分	10		
2	接触器的拆装	根据任务,进行交流接触器的拆装、检修、校验及调整触头压力	1. 拆装方法不正确或不会拆装扣10分 2. 损坏,丢失或漏装零件每件扣5分 3. 未进行检修或检修方法不正确扣5分 4. 不能进行通电校验的扣10分 5. 通电时有振动或噪声扣5分 6. 校验方法和结果不正确扣5分 7. 不会调整触头压力大小扣5分	20		
3	电路安装调试	根据任务,按照电动机基本控制电路的安装步骤和工艺要求,进行电路的安装与调试	1. 按照图接线,不按图接线扣10分 2. 电器元件安装正确、整齐、牢固,否则一个扣2分 3. 布线整齐美观,横平竖直、高低平齐,转角90°,否则每处扣2分 4. 线头长短合适,压接圈方向正确,无松动,否则每处扣1分 5. 布线齐全,否则一根扣5分 6. 编码套管安装正确,否则每处扣1分 7. 通电试车功能齐全,否则扣40分	60		
4	安全文明生产	劳动保护用品穿戴整齐;电工工具佩带齐全;遵守操作规程;尊重老师,讲文明礼貌;考试结束要清理现场	1. 操作中,违反安全文明生产考核要求的任何一项扣2分,扣完为止 2. 当发现学生有重大事故隐患时,要立即予以制止,并每次扣安全文明生产总分5分	10		
		合 计				
	开始时间:		结束时间:			

问题及防治

在学生进行任务实施实训过程中，经常会遇到以下问题：

问题：在进行按钮的接线时，误将点动按钮 SB 的常开触头接成常闭触头。

后果：若误将点动按钮 SB 的常开触头接成常闭触头，会造成闭合电源开关后，接触器线圈直接获电，电动机直接起动运转。

预防措施：在进行按钮接线前，应通过万用表确认常开触头后，再进行接线。

考证要点

根据高级工国家职业资格考试相关要求，本任务内容的考核要点见表1-26。

表1-26　考核要点

行为领域	鉴定范围	鉴 定 点	重要程度
理论知识	常用低压电器	1. 按钮和交流接触器的结构、用途、文字符号和图形符号 2. 交流接触器的工作原理 3. 交流接触器的选用原则	★★
操作技能	低压电器的拆装与电路安装	1. 交流接触器的拆装、检修与调试 2. 三相异步电动机点动正转控制电路的安装与调试	★★★

考证测试题

一、填空题（请将正确的答案填在横线空白处）

1. 按钮的触头容量一般不超过____A，一般情况下不用它直接控制_____的通断，而是在_____中发出指令信号去控制_____、_____等电器，再由它们去控制_____的通断、功能转换或电气联锁。

2. 按钮一般由_____、_____、_____、_____、支柱连杆及外壳等部分组成。按照在不受外力作用时触头的分合状态划分，按钮分为_____、____和_____。

3. 起动按钮可选用____色、____色或____色，优先选用____色；急停按钮的红色不应依赖于其_____。

4. 交流接触器的电磁系统主要由_____、_____和_____三部分组成。

5. 为了减小工作过程中交变磁场在铁心中产生的_____及_____损耗，避免铁心过热，交流接触器的铁心和动铁心一般用_____压叠而成。

6. 交流接触器触头的常见故障有_____、_____和_____。

二、选择题（将正确答案的序号填入括号内）

1. 按下复合按钮时（　　　）。

A. 常开触头先闭合　　　B. 常闭触头先断开　　　C. 常开、常闭触头同时动作

2. 按钮帽的颜色和符号标志是用来（　　　）。

A. 注意安全　　　　　　B. 引起警惕　　　　　　C. 区分功能

3. （　　　）系列按钮只有一对常开触头和一对常闭触头。

A. LA18　　　　　　　　B. LA19　　　　　　　　C. LA20

4. 停止按钮应优先选用（　　　）。

A. 红色　　　　　　B. 白色　　　　　　C. 黑色　　　　　　D. 棕色

5. 当电路较复杂，使用电器超过（　　　）个时，从人身和设备安全角度考虑，接触器

线圈的电压要选低一些。

    A. 2　　　　　　　　B. 5　　　　　　　　C. 10　　　　　　　　D. 15

6. 如果交流接触器动铁心吸合不紧，工作气隙较大，将导致（　　　）。

    A. 铁心涡流增大　　　B. 线圈电感增大　　　C. 线圈电流增大

7. 交流接触器 E 型铁心中柱端面留 0.1~0.2mm 的气隙是为了（　　　）。

    A. 减小振动　　　　　B. 减小剩磁影响　　　C. 利于散热

8. 交流接触器的铁心端面装有短路环的目的是（　　　）。

    A. 减小铁心振动　　　B. 增大铁心磁通　　　C. 减缓铁心冲击

三、判断题（在下列括号内，正确的打"√"，错误的打"×"）

1. 按下复合按钮时，其常开触头和常闭触头同时动作。　　　　　　　　　　（　　　）

2. LA18 电路按钮的触头数目可根据需要拼装。　　　　　　　　　　　　　（　　　）

3. 起动按钮优先选用白色。　　　　　　　　　　　　　　　　　　　　　　（　　　）

4. 当按下常开按钮然后在松开时，按钮便自锁接通。　　　　　　　　　　　（　　　）

5. 常闭按钮可作停止按钮。　　　　　　　　　　　　　　　　　　　　　　（　　　）

6. 按下复合按钮时，其常开触头和常闭触头同时动作。　　　　　　　　　　（　　　）

7. 接触器除了用来通断大电流外，还具有欠电压和过电压保护功能。　　　　（　　　）

8. 接触器按线圈通过的电流种类，分为交流接触器和直流接触器两种。　　　（　　　）

9. 所谓触头的常开和常闭是指电磁系统通电动作后的触头状态。　　　　　　（　　　）

10. 接触器线圈通电时，常开触头先闭合，常闭触头再断开。　　　　　　　（　　　）

11. 银或银基合金触头表面的氧化层对触头的接触性能影响不大，维修时可不作处理。

                                                    （　　　）

12. 触头间的接触面越光滑，其接触电阻越小。　　　　　　　　　　　　　（　　　）

13. 修整触头时，不允许使用砂布或砂轮。　　　　　　　　　　　　　　　（　　　）

13. 交流接触器在线圈电压小于 85% U_N 时也能正常工作。　　　　　　　　（　　　）

四、简答题

1. 什么是触头熔焊？交流接触器主触头熔焊的原因有那些？

2. 绘出三相异步电动机点动正转控制电路的电路图，并写出其控制原理。

任务3　三相异步电动机接触器自锁控制电路的安装与检修

学习目标

知识目标

1. 掌握热继电器的结构、用途及工作原理和选用原则。

2. 正确理解三相异步电动机接触器自锁控制电路的工作原理。

能力目标

1. 能正确识读三相异步电动机接触器自锁控制电路的原理图、接线图和布置图。
2. 会按照工艺要求正确安装三相异步电动机接触器自锁控制电路。
3. 初步掌握热继电器的校验步骤和工艺要求。
4. 能根据故障现象，检修三相异步电动机接触器自锁控制电路。

素质目标

养成独立思考和动手操作的习惯，培养小组协调能力和互相学习的精神。

工作任务

在任务 2 中所介绍的点动正转控制电路特点是，手必须按在起动按钮上电动机才能运转，手松开按钮后，电动机则停转，它实现的是电动机的断续控制。这种控制电路对于生产中电动机的短时间控制十分有效，如果生产中电动机需要控制时间较长，手必须始终按在按钮上，这样操作人员的一只手便被固定，不方便其他操作，劳动强度大。并且在现实中的许多生产过程，往往需要采用按下起动按钮后，电动机起动运转，松开按钮，电动机仍然会继续运行的连续控制方式，如生产中的 CA6140 车床主轴电动机的控制就是采用的这种控制方式。如图 1-40 所示就是三相异步电动机接触器自锁控制电路。

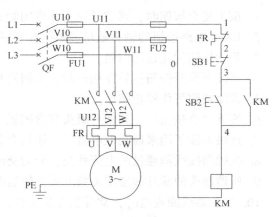

图 1-40　三相异步电动机接触器自锁控制电路

本次任务的主要内容是：通过学习，完成对三相异步电动机接触器自锁控制电路的安装与检修，同时掌握热继电器的校验方法及步骤。

相关理论

一、热继电器

热继电器是利用流过继电器的电流所产生的热效应而反时限动作的自动保护电器。所谓反时限动作，是指电器的延时动作时间随通过电路电流的增加而缩短。热继电器主要与接触器配合使用，用作电动机的过载保护、断相保护、电流不平衡运行的保护及其他电气设备发热状态的控制。

1. 热继电器的分类

热继电器的形式有多种，主要有双金属片式和电子式，其中双金属片式应用最多。按极数划分有单极、两极和三极三种，其中三极的又包括带断相保护装置的和不带断相保护装置的；按复位方式分有自动复位式和手动复位式。如图 1-41 所示为几款常见双金属片式热继电器。

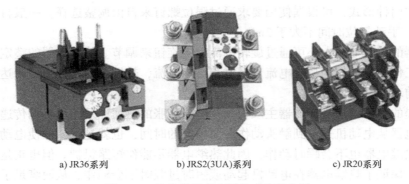

a) JR36系列　　　　　b) JRS2(3UA)系列　　　　　c) JR20系列

图 1-41　几款常见双金属片式热继电器

> 提示：每一系列的热继电器一般只能和相适应系列的接触器配套使用，如 JR36 系列热继电器与 CJ10 系列接触器配套使用；JR20 系列热继电器与 CJ20 系列接触器配套使用；JRS2 系列热继电器与 CJX1 系列接触器配套使用等。

2. 热继电器的结构、工作原理及符号

（1）**结构**　如图 1-42 所示为三极双金属片热继电器，它主要由热元件、传动机构、常闭触头、电流整定旋钮和复位按钮等组成。热继电器的热元件由双金属片和绕在外面的电阻丝组成。双金属片是由两种热膨胀系数不同的金属片复合而成。

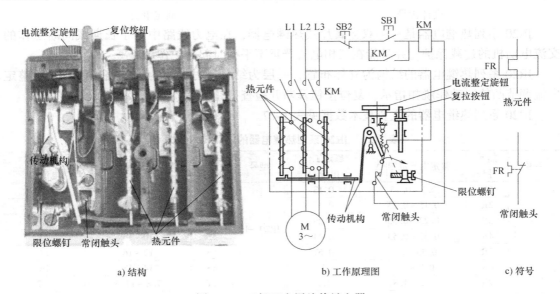

a) 结构　　　　　　　　　　b) 工作原理图　　　　　　　　c) 符号

图 1-42　三极双金属片热继电器

（2）**工作原理**　热继电器使用时，需要将热元件串联在主电路中，常闭触头串联在控制电路中，如图 1-42b 所示。当电动机过载时，流过电阻丝的电流超过热继电器的整定电流，电阻丝发热增多，温度升高，由于两种金属片的热膨胀程度不同而使主双金属片向右弯曲，通过传动机构推动常闭触头断开，分断控制电路，再通过接触器切断主电路，实现对电动机的过载保护。

当电源切除后，热元件的主双金属片逐渐冷却恢复原位。热继电器的复位机构有手动复位和自动复位两种形式，可根据使用要求通过限位螺钉来自由调整选择。一般自动复位时间不大于 5min，手动复位时间不大于 2min。

热继电器的整定电流大小可通过旋转电流整定旋钮来调节。热继电器的整定电流是指热继电器连续工作而不动作的最大电流。超过其整定电流，热继电器将在负载未达到其允许的过载极限之前动作。

值得一提的是，由于热继电器主双金属片受热膨胀的热惯性及传动机构传递信号的机械惰性，热继电器从电动机过载到触头动作需要一定的时间，也就是说，即使电动机严重过载甚至短路，热继电器也不会瞬时动作，因此热继电器不能作短路保护。但也正是这个热惯性和机械惰性，保证了热继电器在电动机起动或短时过载时不会动作，从而满足了电动机的运行要求。

（3）符号 热继电器在电路图中的文字符号用"FR"表示，其图形符号如图 1-42c 所示。

3. 型号含义及主要技术数据

热继电器的型号及含义如下：

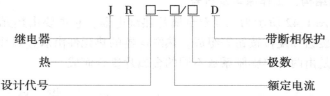

JR20 系列热继电器是一种双金属片式热继电器，在电力线路中用于长期或间断工作的交流电动机的过载保护，并且能在三相电流严重不平衡时起保护作用。

JR20 系列热继电器的结构为立体布置，一层为结构，另一层为主电路。前者包括整定电流调节凸轮、动作脱扣指示、复位按钮及断开检查按钮。

JR20 系列热继电器的主要技术数据见表 1-27。

表 1-27　JR20 系列热继电器的主要技术数据

型号	热元件号	整定电流范围/A	额定工作电流/A	型号	热元件号	整定电流范围/A	额定工作电流/A
JR20—10	1R	0.1~0.15	0.13	JR20—16	1S	3.6~5.4	4.5
	2R	0.15~0.23	0.19		2S	5.4~8	6.7
	3R	0.23~0.35	0.29		3S	8~12	10
	4R	0.35~0.53	0.44		4S	10~14	12
	5R	0.53~0.8	0.67		5S	12~16	14
	6R	0.8~1.2	1		6S	14~18	16
	7R	1.2~1.8	1.5	JR20—10	1T	7.8~11.6	9.7
	8R	1.8~2.6	2.2		2T	11.6~17	14.3
	9R	2.6~3.8	3.2		3T	17~25	21
	10R	3.2~4.8	4		4T	21~29	25
	11R	4~6	5	JR20—63	1U	16~24	20
	12R	5~7	6		2U	24~36	30
	13R	6~8.4	7.2		3U	32~47	40
	14R	7~10	8.6		4U	40~55	47
	15R	8.6~11.6	10		5U	47~62	55

（续）

型号	热元件号	整定电流范围/A	额定工作电流/A	型号	热元件号	整定电流范围/A	额定工作电流/A
JR20—63	6U	55 ~ 71	62	JR20—160	8W	130 ~ 170	150
JR20—160	1W	33 ~ 47	40		9W	144 ~ 176	160
	2W	47 ~ 63	55	JR20—250	1X	130 ~ 195	160
	3W	63 ~ 84	74		2X	167 ~ 250	200
	4W	74 ~ 98	86	JR20—400	1Y	200 ~ 300	250
	5W	85 ~ 115	100		2Y	267 ~ 400	335
	6W	100 ~ 130	115	JR20—630	1Z	320 ~ 480	400
	7W	115 ~ 150	132		2Z	420 ~ 680	525

4. 热继电器的选用

选择热继电器时，主要根据所保护电动机的额定电流来确定热继电器的规格和热元件的整定电流等级。

（1）根据电动机的额定电流选择热继电器的规格   一般应使热继电器的额定电流略大于电动机的额定电流。

（2）根据电动机起动运行状态选择热元件整定电流等级

1）对于单台电动机连续运行，但不频繁起动，其热元件的整定电流 $I_整$ 为电动机额定电流 I_N 的 0.95 ~ 1.05 倍。即

$$I_整 = (0.95 ~ 1.05)I_N$$

2）对于单台电动机连续运行，且又频繁起动，其热元件的整定电流 $I_整$ 为电动机额定电流 I_N 的 1.15 ~ 1.5 倍。即

$$I_整 = (1.15 ~ 1.5)I_N$$

（3）根据电动机定子绕组的联结方式选择热继电器的结构型式   在安全条件下，Y联结的电动机可采用两相热元件的热继电器。△联结的电动机必须采用三相热元件的热继电器，在潮湿、粉尘等恶劣条件下使用的电动机必须采用三相热元件并带断相保护的热继电器。

【例1-3】 某机床电动机型号为 Y112M—4，定子绕组为△联结，额定功率为4kW，额定电流为8.8A，额定电压为380V，要对该电动机进行过载保护，试选用热继电器的型号、规格。

解：由于电动机的定子绕组为△联结，应选用带断相保护装置的热继电器。根据电动机的额定电流值8.8A，查表1-30可知，应选择额定电流为10A的热继电器，其整定电流值可取电动机的额定电流8.8A，热元件号为14R的整定电流调节范围为7 ~ 10A。应选择型号为JR20—10的热继电器，热元件号选14R。

二、三相异步电动机的接触器自锁控制电路分析

1. 工作原理

通过对如图1-40所示的三相异步电动机接触器自锁控制电路分析，其工作原理如下：先合上电源开关 QF。

（1）起动控制

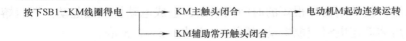

（2）停止控制

按下SB2→KM线圈失电 ——→ KM主触头分断 ——→ 电动机M失电停转
　　　　　　　　　　 ——→ KM辅助常开触头分断

当松开起动按钮后，接触器通过自身的辅助常开触头使其线圈保持得电的作用叫做自锁。与起动按钮并联起自锁作用的辅助常开触头叫做自锁触头。

2. 保护分析

1）欠电压保护："欠电压"是指电路电压低于电动机应加的额定电压。欠电压保护是指当电路电压下降到低于某一数值时，电动机能自动切断电源停转，避免电动机在欠电压下运行的保护。采用三相异步电动机接触器自锁控制电路就可避免电动机欠电压运行。因为当电路电压下降到低于额定电压的85%时，接触器线圈两端的电压也同样下降到此值，从而使接触器线圈磁通减弱，产生的电磁吸力减少，当电磁吸力减少到小于反作用弹簧的拉力时，动铁心被迫释放，主触头、自锁触头同时分断，自动切断主电路和控制电路，电动机失电停转，达到欠电压保护。

2）失压保护：失压保护是指电动机在正常运行中，由于外界某种原因引起突然断电时，能自动切断电动机电源；当重新供电时，保证电动机不能自动起动的保护。三相异步电动机接触器自锁控制电路也可实现失压保护。因为接触器自锁触头和主触头在电源断电时已经断开，使主电路和控制电路都不能接通，所以在电源恢复供电时，电动机就不会自动起动运转，保证了人身和设备的安全。

3）短路保护：FU1起主电路的短路保护作用，FU2起控制电路的短路保护作用。

4）过载保护：所谓过载保护就是指当电动机出现过载时，能自动切断电动机的电源，使电动机停转的保护。

电动机运行过程中，如果长期负载过大，或起动操作频繁，或者缺相运行，都可能使电动机定子绕组的电流过大，超过其额定值。而在这种情况下，熔断器往往并不熔断，从而引起定子绕组过热，使温度持续升高。若温度超过允许温升，就会造成绝缘损坏，缩短电动机的使用寿命，严重时甚至会烧毁电动机的定子绕组。因此，对电动机必须采取过载保护措施。

本任务控制电路采用的是常用的热继电器作为过载保护电器，它的热元件串接在三相主电路中，常闭触头串接在控制电路中。若电动机运行过程中，由于过载或其他原因使电动机定子绕组的电流超过其额定值，经过一定的时间运行后，串接在主电路中的热元件会因受热发生弯曲，通过传动机构使串接在控制电路中的常闭触头分断，切断控制电路，接触器KM线圈失电，其主触头和自锁触头分断，电动机M失电停转，实现过载保护。

提示：

① 在照明、电加热等电路中，熔断器既可作短路保护，也可作过载保护。但对于三相异步电动机控制电路来说，熔断器只能用作短路保护。因为三相异步电动机的起动电流很大（全压起动时的起动电流一般是额定电流的4~7倍），若用熔断器作过载保护，则额定电流就应等于或稍大于电动机的额定电流，可是电动机在起动时，由于起动电流大大超过了熔断器的额定电流，使熔断器在很短的时间内熔断，造成电动机无法起动。所以熔断器只能作短路保护，熔体额定电流应取电动机额定电流的1.5~2.5倍。

② 热继电器在三相异步电动机控制电路中也只能作过载保护，不能用作短路保护。这是因为热继电器的热惯性大，即热继电器的双金属片受热膨胀弯曲需要一定的时间。当电动机发生短路时，由于短路电流很大，热继电器还没有来得及动作，供电电路和电源设备可能就已经损坏。而在电动机起动时，由于起动时间很短，热继电器还未动作，电动机已起动完毕。总之，热继电器和熔断器两者所起的作用不同，不能相互代替使用。

任务准备

实施本任务教学所使用的实训设备及工具材料可参考表1-28。

表1-28 实训设备及工具材料

序号	名称	型号规格	单位	数量	备注
1	电工常用工具		套	1	
2	万用表	MF47 型	块	1	
3	三相四线电源	380/220V、20A	处	1	
4	三相异步电动机	Y112M—4(4kW、380V、△联结)或自定	台	1	
5	接触式调压器	TDGC2—5/0.5	台	1	
6	小型变压器	DG—5/0.5	台	1	
7	开启式负荷开关	HK1—30/2	只	1	
8	电流互感器	HL24、100/5	只	1	
9	指示灯	220V、15W	只	1	
10	配线板	500mm×600mm×20mm	块	1	
11	三相断路器	规格自定	只	1	
12	熔断器 FU1	RL1—60/25、380V、60A、熔体配25A	套	3	
13	熔断器 FU2	RL1—15/2	套	2	
14	接触器 KM1	CJ10—20、线圈电压380V、20A(CJX2、B 系列等自定)	只	1	
15	热继电器	JR20—10	只	1	
16	按钮	LA10—3H、保护式、按钮数3	只	1	
17	木螺钉	ϕ3mm×20mm、ϕ3mm×15mm	个	30	
18	平垫圈	ϕ4mm	个	30	
19	线号笔	自定	支	1	
20	主电路导线	BVR—1.5、1.5mm²(7×0.52mm)(黑色)	m	若干	
21	控制电路导线	BV—1.0、1.0mm²(7×0.43mm)	m	若干	
22	按钮线	BV—0.75、0.75mm²	m	若干	
23	接地线	BVR—1.5、1.5mm²(黄绿双色)	m	若干	
24	劳保用品	绝缘鞋、工作服等	套	1	
25	接线端子排	JX2—1015(500V、10A、15 节)或配套自定	条	1	

任务实施

一、热继电器的校验

1. 校验步骤及工艺要求

（1）观察热继电器的结构和原理 将热继电器的后绝缘盖板卸下，仔细观察它的结构，指出其热元件、传动机构、电流整定旋钮、复位按钮及常闭触头的位置，叙述它们的作用以及热继电器的工作原理。

（2）热继电器的校验和调整 热继电器更换热元件后应进行校验和调整，具体的方法和步骤如下：

1）按照如图 1-43 所示连接好校验电路。将接触式调压器的输出调至零位置。将热继电器置于手动复位状态，并将电流整定旋钮置于额定值处。

2）经教师检查同意后，合上电源开关 QS，指示灯 HL 亮。

3）将接触式调压器输出电压从零升高，使热继电器通过的电流升至额定值，1h 内热继电器应不动作；若 1h 内热继电器动作，则应将电流整定旋钮向整定值大的方向旋动。

4）接着将电流升至 1.2 倍额定电流，热继电器应在 20min 内动作，指示灯 HL 熄灭；若 20min 内热继电器不动作，则应将电流整定旋钮向整定值小的方向旋动。

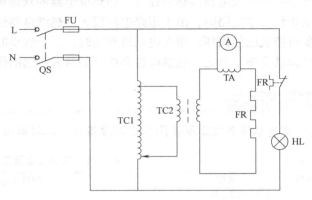

图 1-43　热继电器校验电路图

5）将电流降至零，待热继电器冷却并手动复位后，再调升电流至 1.5 倍额定值，热继电器应在 2min 内动作。

6）再将电流降至零，待热继电器冷却并手动复位后，快速调升电流至 6 倍额定值，分断 QS 再随即合上，其动作时间应大于 5s。

（3）复位方式的调整　热继电器出厂时，一般都置于手动复位。如果需要自动复位，可将限位螺钉顺时针旋转 3~4 圈，并拧紧即可。自动复位时应在热继电器动作后 5min 内自动复位；手动复位时，在动作 2min 后，按下手动复位按钮，热继电器应复位。

2. 校验注意事项

1）校验时的环境温度应尽量接近工作环境温度，连接导线长度一般不应小于 0.6m，连接导线的截面积应与实际使用情况相同。

2）校验过程中电流变化较大，为使测量结果准确，校验时注意选择电流互感器的合适倍率。

3）通电校验时，必须将热继电器、电源开关等固定在校验板上，并有指导教师监护，以确保用电安全。

4）电流互感器通电过程中，电流表回路不可开路，接线时应充分注意。

二、三相异步电动机接触器自锁控制电路的安装与调试

1. 绘制电器元件布置图和接线图

具有过载保护的接触器自锁控制电器元件布置图和接线图如图 1-44 所示。

2. 元器件规格、质量检查

1）根据表 1-28 中的实训设备及工具材料明细表，检查其各元器件、耗材与表中的型号与规格是否一致。

2）检查各元器件的外观是否完整无损，附件、备件是否齐全。

3）用仪表检查各元器件和电动机的有关技术数据是否符合要求。

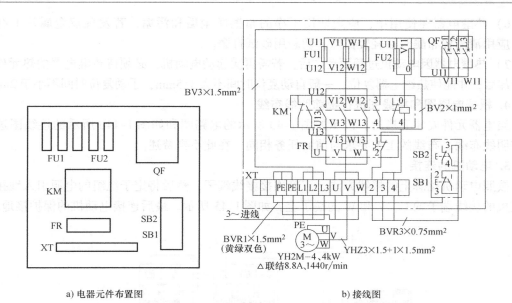

a) 电器元件布置图　　　　　　　　　　　　　　　b) 接线图

图1-44　具有过载保护的接触器自锁控制电器元件布置图和接线图

3. 根据电器元件布置图安装固定低压电器元件

当电器元件检查完毕后，按照如图1-44a所示的电器元件布置图安装和固定电器元件。安装和固定电器元件的步骤和方法与前面任务基本相同，在此仅就热继电器的安装与使用进行介绍。

热继电器的安装与使用要求如下：

1）热继电器必须按照产品说明书中规定的方式安装。安装处的环境温度应与电动机环境温度基本相同。当与其他电器安装在一起时，应注意将热继电器安装在其他电器的下方，以免其受到其他电器发热的影响而产生误动作。

2）热继电器在安装前应先清除触头表面的尘垢，以免因接触电阻过大或电路不通而影响热继电器的动作性能。

3）热继电器出线端的连接导线，应按表1-29的规定选用。这是因为导线的粗细和材料将影响到热元件端接点传导到外部热量的多少。导线过细，轴向导热性差，热继电器可能提前动作；若导线过粗，轴向导热快，热继电器可能滞后动作。

表1-29　JR20系列热继电器的主要技术数据

热继电器的额定电流/A	连接导线截面积/mm²	连接导线种类
10	2.5	单股铜芯塑料线
20	4	单股铜芯塑料线
60	16	多股铜芯橡皮线

4）使用中的热继电器应定期通电校验。此外，当发生短路事故后，应检查热元件是否已发生永久变形。若已变形，则需通电校验。若因热元件变形或其他原因导致动作不准确时，只能调整其可调部件，而绝不能弯折热元件。

5）热继电器在出厂时均调整为手动复位方式，如果需要自动复位，只要将限位螺钉沿顺时针方向旋转3~4圈，并稍微拧紧即可。

6）热继电器在使用中，应定期用干净的布擦净尘垢和污垢，若发现双金属片上有锈斑，应用清洁棉布蘸汽油轻轻擦除，切忌用砂纸打磨。

7）热继电器因电动机过载而动作后，若需再次起动电动机，必须待热继电器的热元件完全冷却后，才能使热继电器复位。一般自动复位时间不大于5min，手动复位时间不小于2min。

4. 根据电路图和接线图进行板前明线布线

当电器元件安装完毕后，按照如图1-40所示的电路图和如图1-44b所示的接线图进行板前明线布线。布线的工艺要求与前面任务相同，在此不再赘述。

5. 电动机的连接

按照电动机铭牌上的接线方法，正确连接接线端子，然后将定子绕组的电源引入线接到配线板的接线端子的U、V和W的端子上，如图1-45所示。最后连接电动机的保护接地线。

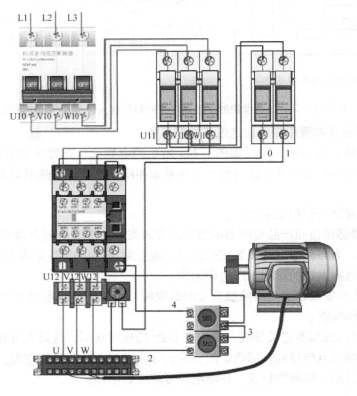

图1-45 效果示意图

6. 自检

当电路安装完毕后，在通电试车前必须经过自检，并经指导教师确认无误后方可通电试车。自检的方法如下：

（1）用观察法检查 首先按电路图或接线图从电源端开始，逐段核对接线及接线端子处线号是否正确，有无漏接、错接之处。然后检查导线接点是否符合要求，压接是否牢固。同时注意接点接触应良好，以避免带负载运转时产生闪弧现象。

（2）用万用表检查控制电路的通断情况

1）起停控制电路的检查。检查时，应选用万用表倍率适当的电阻档，并进行校零，然后将万用表的 2 根表笔分别搭接在 U11、V11 接线端上，测量 U11 与 V11 之间的直流电阻，此时的读数应为"∞"。若读数为零，则说明电路有短路现象；若此时的读数为接触器线圈的直流电阻值，则说明电路接错，电路接错会造成合上总电源开关后，在没有按下起动按钮 SB2 的情况下，接触器 KM 会直接获电动作。

　　按下起动按钮 SB2，万用表读数应为接触器线圈的直流电阻值。松开起动按钮后，此时的读数应为"∞"。再按下起动按钮 SB2，万用表读数应为接触器线圈的直流电阻值，然后按下停止按钮 SB1 后，此时的读数应为"∞"。

　　2）自锁控制回路的检查。将万用表的 2 根表笔分别搭接在 U11、V11 接线端上，压下接触器的辅助常开触头（或用导线短接触头），此时万用表读数应为接触器线圈的直流电阻值；然后再按下停止按钮 SB1 此时的读数应为"∞"。若按下停止按钮后，万用表读数仍为接触器线圈的直流电阻值，则说明 KM 的自锁触头已将停止按钮短接，将造成电动机起动后，无法停车的错误，如图 1-46 所示。

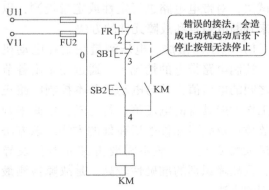

图 1-46　自锁控制回路的错误接法

（3）用兆欧表检查电路的绝缘电阻的阻值应不得小于 1MΩ

7. 通电试车

　　学生通过自检和教师确认无误后，在教师的监护下进行通电试车。通电试车的操作步骤如下：

　　1）接上三相电源 L1、L2、L3，并合上 QF，然后用验电笔进行验电，电源正常后，进行下一步操作。

　　2）按下起动按钮 SB2，接触器 KM 得电吸合，电动机起动运转；松开 SB2，接触器 KM 自锁保持得电状态，电动机连续运行，按下停止按钮 SB1 后，接触器 KM 线圈断电，铁心释放，主、辅触头断开复位，电动机断电停止运行。反复操作几次，以观察电路的可靠性。

　　3）通电试车完毕后，应先切断电源，将完好的控制电路配线板留作故障检修用。

三、三相异步电动机接触器自锁控制电路的故障分析及检修

1. 电动机基本控制电路故障检修的常用方法

　　电动机基本控制电路故障检修的常用方法有：直观法（外观检查法）、通电试验法、逻辑分析法（原理分析法）、量电法、电阻测量法（通路法）。

　　（1）直观法（外观检查法）　直观法是指通过直接观察电气设备是否有明显的外观灼伤痕迹；熔断器是否熔断；保护电器是否脱扣动作；接线有无脱落；触头是否烧蚀或熔焊；线圈是否过热烧毁等现象来判断故障点的方法。

　　（2）通电试验法　通电试验法是指首先利用通电试车的方法来观察故障现象，再根据原理分析来判断故障范围的方法。例如，按下起动按钮后，电动机不运行，判断故障范围的方法是：首先利用通电试车的方法观察接触器是否动作，再利用原理分析来判断，若接触器能动作则说明故障在主电路中，接触器不能动作则说明故障在控制电路中。

（3）逻辑分析法（原理分析法）　逻辑分析法是指根据故障现象利用原理分析来判断故障范围的方法。例如，本应连续运行控制的电动机出现了点动（断续）控制现象，通过分析控制电路工作原理可将故障最小范围缩小在接触器自锁回路和自锁触头上，如图 1-47 所示。

（4）量电法　量电法主要包括电压测量法和验电笔测试法。它是电动机基本控制电路在带电的情况下，通过采用电压测量法和验电笔测试法，对带电电路进行定性或定量检测，以此来判断故障点和故障元件的方法。

1）电压测量法。电压测量法是在电动机基本控制电路带电的情况下，通过测量出各节点之间的电压值，并与电动机基本控制电路正常工作时应具有的电压值进行比较，以此来判断故障点及故障元件的所在处的方法。该方法的最大特点是，一般不需要拆卸元器件及导线，且故障识别的准确性较高，是故障检测最常用的方法。

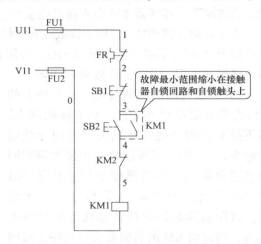

图 1-47　逻辑分析法判断故障最小范围

应用实例 1：如图 1-48 所示电路，当按下起动按钮 SB2 后，接触器 KM1 不吸合，用电压测量法进行故障检测。

实例说明：在正常的电路中，电源电压总是降落在耗能元件（负载）上，而导线和触头上的电压为零，若电路中出现了断点，则电压全部降落到断点两端。测量方法是：在使用电压测量法检测故障时，首先通过逻辑分析法确定发生故障的最小范围，并记录预计存在故障的电路及各点编号，清楚电路的走向、元器件位置，同时明确电路正常时应有的电压值，然后将万用表的转换开关拨至合适的电压倍率档，将测量值与正常值进行比较，作出判断。本实例的检测方法如下：

① 通过逻辑分析法确定按下起动按钮 SB2 后，接触器 KM1 不吸合的故障最小范围，如图 1-49 所示。

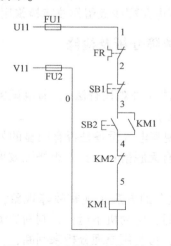

图 1-48　电压测量法应用实例

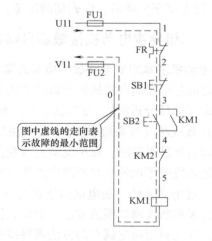

图 1-49　故障的最小范围

② 将万用表的转换开关拨至交流电压 500V 的档位上，然后按表 1-30 的测量方法和步骤进行故障检测并查找故障点。

表 1-30 电压测量法查找故障点

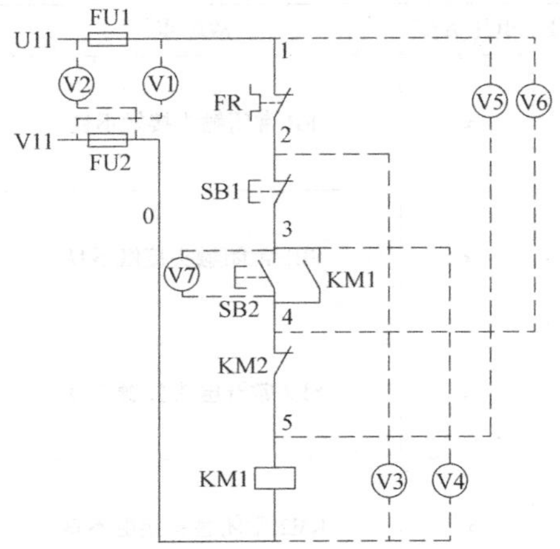

检测步骤	测试状态	测量标号	电压数值	故障点
	电压交叉测量	1-V11	0V	FU1 熔体断
		U11-0	0V	FU2 熔体断
	电压分阶测量	2-0	0V	FR 常闭触头接触不良
		3-0	0V	SB1 常闭触头接触不良
		5-1	0V	KM1 线圈断路
		4-1	0V	KM2 常闭触头接触不良
		3-4	380V	SB2 常开触头接触不良

提示：该方法在理论上的分析无懈可击，但在实际的机床电气检测时应注意在测量"2-0"之间电压时，应把机床的床身作为"零电位"参考点，即将万用表的一支表笔与机床的床身搭接，而另一支表笔搭接在与停止按钮 SB1 连接的 2 号接线柱上。这是因为在实际的机床电气控制电路中的按钮是安装在机床电气控制箱的外部，而电气控制配电盘是安装在电气控制箱内，两者之间存在一定的距离，因此，如果按照表 1-30 所示测量图中的"2-0"之间的电压是不切合实际的。

2）验电笔测试法。低压验电笔是检验导线和电气设备是否带电的一种常用的检测工具，其特点是测试操作与携带较为方便，能缩短确定故障最小范围的时间。但其只适用于检测对地电压高于验电笔氖管启辉电压（60～80V）的场所，只能作定性检测，不能作定量检测，为此具有一定的局限性。如在检修机床局部照明线路故障时，由于所有的机床局部照明线路采用的是低压安全电压 24V（或 36V），而低压验电笔无法对 60～80V 以下的电路进行定性检测，因此，采用验电笔测试法无法进行检修。遇到这种情况时，一般多采用电压测量法进行定量检测，能准确的缩小故障范围并找出故障点。

（5）电阻测量法（通路法） 电阻测量法是在电路切断电源后用仪表测量两点之间的电阻值，通过对电阻值的对比，进行电路故障检测的一种方法。当电路存在断路故障时，利用电阻测量法对电路中的断线、触头虚接、导线虚焊等故障进行检测，可以找到故障点。

采用电阻测量法的优点是安全，缺点是测量的电阻值不准确时易产生误判断，快速性和准确性低于电压测量法。

应用实例 2：如图 1-48 所示电路，当按下起动按钮 SB2 后，接触器 KM1 不吸合，用电阻测量法进行故障检测。

实例说明：采用电阻测量法进行故障检测时，首先必须切断被测电路的电源，然后将万用表的转换开关旋至欧姆 R×100（或 R×1k）档，若测得电路阻值为零则电路或触头导通，若测得电路阻值为无穷大则电路或触头不通。本实例通过逻辑分析法确定按下起动按钮 SB2 后，接触器 KM1 不吸合的故障最小范围，如图 1-49 所示。电阻测量法查找故障点如表 1-31 所示。

表 1-31　电阻测量法查找故障点

检测步骤		测试状态	测量标号	电压数值	故障点
U11 FU1 FR Ω1 V11 FU2 0 SB1 Ω2 SB2 Ω3 KM2 Ω4 KM1 Ω5		电阻分段测量	1-2	∞	FR 常闭触头接触不良
			2-3	∞	SB1 常闭触头接触不良
			3-4 按下 SB2	∞	SB2 常开触头接触不良
			4-5	∞	KM2 常闭触头接触不良
			5-0	∞	KM1 线圈断路

　　提示：电阻测量法检测电路故障时应注意，检测故障时必须断开电源；如被测电路与其他电路并联时，应将该电路与其他并联电路断开，否则会产生误判断；测量高电阻值的元器件时，万用表的选择开关应拨至合适的电阻档。

2. 接触器自锁控制电路的故障分析及检修

（1）主电路的故障分析及检修

【故障现象】按下起动按钮 SB2 后，电动机转子未动或旋转的很慢，并发出"嗡嗡"声。

【故障分析】采用逻辑分析法对故障现象进行分析可知，当按下起动按钮 SB2 后，主轴电动机 M 转得很慢甚至不转，并发出"嗡嗡"声，说明接触器 KM 已吸合，电气故障为典型的电动机缺相运行，因此故障范围应在电动机控制的主回路上，通过逻辑分析法可用虚线画出该故障的最小范围，如图 1-50 所示。

【检修方法】当试机时，发现是电动机缺相运行，应立即按下停止按钮 SB1，使接触器 KM 主触头处于断开状态，然后根据如图 1-50 所示的故障最小范围，分别采用电压测量法和电阻测量法进行故障检测。具体的检测方法及实施过程如下：

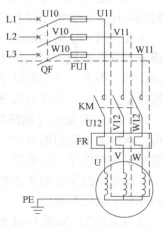

图 1-50　电动机缺相运行的故障最小范围

1）首先以接触器 KM 主触头为分界点，在主触头的上方采用电压测量法，即采用万用表交流 500V 档分别检测接触器 KM 主触头输入端三相电压 U_{U11V11}、U_{U11W11}、U_{V11W11} 的电压值，如图 1-51 所示。若三相电压值正常，就切断低压断路器 QF 的电源，在主触头的下方采用电阻测量法，借助电动机三相定子绕组构成的回路，用万用表 R×100（或 R×1k）档分别检测接触器 KM 主触头输出端的三相回路（即 U12 与 V12 之间、U12 与 W12 之间、V12 与 W12 之间）是否导通，若三相回路正常导通，则说明故障在接触器的主触头上。

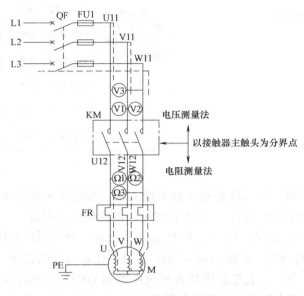

图 1-51　主电路的测试方法

2）若检测出接触器 KM 主触头输入端三相电压值不正常，则说明故障范围在接触器主触头输入端上方。具体的检修过程见表 1-32。若检测出接触器 KM 主触头输出端三相回路导通不正常，则说明故障范围在接触器主触头输出端下方。具体的检修过程见表 1-33。

表 1-32　电压测量法查找故障点

检测步骤	测试状态	测量标号	电压数值	故障点
	电压测量法	U11-V11	正常	故障出在 W11 相支路上
		U11-W11	异常	
		V11-W11	异常	
		U11-V11	异常	故障在 U11 的连线上
		U11-W11	异常	
		V11-W11	正常	
		U11-V11	异常	故障在 V11 的连线上
		U11-W11	正常	
		V11-W11	异常	

表 1-33　电阻测量法查找故障点

检测步骤		测试状态	测量标号	电压数值	故障点
		断开低压断路器 QF，采用电阻测量法	U12-V12	正常	故障出在 W12 与 W 之间的连线上和 FR 的 W 相的热元件及定子绕组和星点上，然后用电阻测量法查找出故障点
			U12-W12	异常	
			V12-W12	异常	
			U12-V12	异常	故障出在 U12 与 U 之间的连线上和 FR 的 U 相的热元件及定子绕组和星点上，然后用电阻测量法查找出故障点
			U12-W12	异常	
			V12-W12	正常	
			U12-V12	异常	故障出在 V12 与 V 之间的连线上和 FR 的 V 相的热元件及定子绕组和星点上，然后用电阻测量法查找出故障点
			U12-W12	正常	
			V12-W12	异常	

（检测步骤图示说明）
KM 　电压测量法
以接触器主触头为分界点
电压测量法
U12　V12　W12
Ω1　Ω2
Ω3
FR
U　V　W
PE　M

提示：

① 在采用电压测量法检测接触器主触头输入端三相电源电压是否正常时，应将万用表的转换开关拨至交流 500V 档，方可进行测量，以免烧毁万用表。

② 如果电压 U_{U11V11} 正常，U_{U11W11} 和 U_{V11W11} 不正常，则说明接到接触器主触头上方的 U、V 两相的电源没有问题，故障出在 W 相；此时可任意将万用表的一支表笔固定在 U11 或 V11 的接线柱上，另一支表笔则搭接在低压断路器 QF 输出端的 W11 接线柱上，若测得的电压值正常，再将表笔搭接在低压断路器 QF 输出端的 W10 接线柱上，若测得的电压值不正常，则说明 W 相的熔断器 FU 中的熔体烧断。

③ 在采用电阻测量法检测接触器主触头输出端三相回路是否导通正常时，应先切断低压断路器 QF，然后将万用表的转换开关拨至 R×100（或 R×1k）档，方可进行测量，以免操作错误烧毁万用表或发生触电事故。

（2）控制电路的故障分析及检修

【故障现象1】按下起动按钮 SB2 后，接触器 KM 不吸合，电动机 M 转子不转动。

【故障分析】采用逻辑分析法对故障现象进行分析可知，故障范围应在控制电路上。其故障最小范围可用虚线表示，如图 1-52 所示。

【检修方法】根据如图 1-52 所示的故障最小范围，可以采用电压测量法或者采用验电笔测量法进行检测。

1）电压测量法检测。采用电压测量法进行检测时，先将万用表的选择开关拨至交流 500V 档，具体检测过程详见表 1-34。

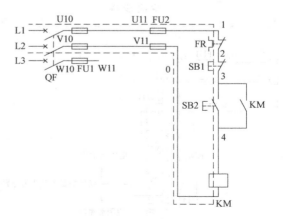

图 1-52　故障最小范围

表 1-34 　电压测量法查找故障点

测量标号	电压数值	故 障 点	测量标号	电压数值	故 障 点
U11-V11	正常	故障在控制回路上	1-0	异常	V 相的 FU2 熔体断
U11-V11	异常		V11-1	正常	
U11-V10	正常	V 相的 FU1 熔体断	1-0	异常	U 相的 FU2 熔体断
U10-V11	异常		U11-0	正常	
U11-V11	异常		1-0	正常	热继电器 FR 常闭触头接触不良
U11-V10	异常	U 相的 FU1 熔体断	0-2	异常	
U10-V11	正常		1-0	正常	停止按钮 SB1 接触不良
U11-V11	异常		0-2	正常	
U10-V11	异常	断路器 QF 的 U 相触点接触不良	0-3	异常	接触器 KM 线圈断路或接触不良
L1-V11	正常		1-0	正常	
U11-V11	异常		1-4	异常	起动按钮 SB2 接触不良
U10-V10	异常	断路器 QF 的 V 相触点接触不良	3-4	正常	
L2-U11	正常				

2）验电笔测试法检测。在进行该故障检测时，也可用验电笔测试法进行检测，而且检测的速度较电压测量法要快，具体的检测方法如下：以熔断器 FU2 为分界点，如图 1-53 所示。首先用验电笔分别检测 0 与 1 之间的熔断器 FU2 两端是否有电（验电笔氖管的亮度是否正常），来判断故障点的最小范围位置。

3）用验电笔分别检测 0 与 1 之间的熔断器 FU2 两端，两端有电正常的故障最小范围如图 1-54 所示。

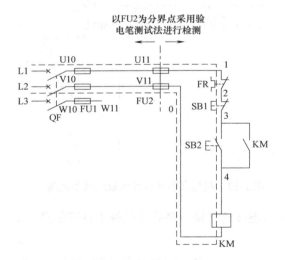

图 1-53 　验电笔测试法

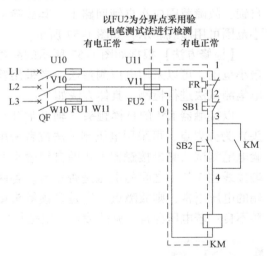

图 1-54 　0 与 1 之间的熔断器 FU2 两端有电正常的故障最小范围

4）用验电笔分别检测 0 与 1 之间的熔断器 FU2 两端，两端无电异常的故障最小范围如图 1-55 所示。

5）当用验电笔分别检测 0 与 1 之间的熔断器 FU2 两端，两端无电异常，而 U11 与 V11 之间的熔断器 FU2 两端有电正常时，则故障点是 FU2 的熔体熔断或接触不良，如图 1-56 所示。

当用验电笔检测法，以 FU2 为分界点判断出故障的最小范围后，然后用验电笔顺着故障电路的电流路径进行检测，直到找出故障点为止。具体检测在此不再赘述，读者可自行操作。

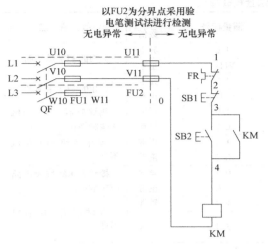

图 1-55 0 与 1 之间的熔断器 FU2 两端无电异常的故障最小范围

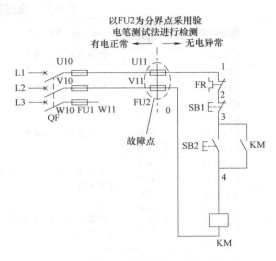

图 1-56 FU2 的熔体熔断或接触不良判断方法

【故障现象 2】按下起动按钮 SB1 后，接触器 KM 吸合，电动机 M 转动，松开起动按钮后，接触器 KM 断电，电动机 M 停止。

【故障分析】采用逻辑分析法对故障现象进行分析可知，该现象典型的接触器不能自锁，故障范围应在自锁回路上。其故障最小范围可用虚线表示，如图 1-57 所示。

【检修方法】根据如图 1-57 所示的故障最小范围，可以采用电压测量法或者采用验电笔测试法进行检测。具体方法如下：

以接触器 KM 的自锁触头（辅助常开触头）为分界点，可采用电压测试法或者采用验电笔测试法测量接触器 KM 的自锁触头两端接线柱 3 与 4 之间的电压是否正常。若两端的电压正常，则故障点一定是自锁触头接

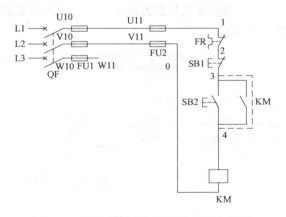

图 1-57 接触器不能自锁的故障最小范围

触不良；若电压异常，则故障点一定是与自锁触头连接的自锁回路导线接触不良或断路。

检查评议

对任务实施的完成情况进行检查，并将结果填入表 1-35。

表 1-35 任务测评表

序号	主要内容	考核要求	评分标准	配分	扣分	得分
1	热继电器校验	按照热继电器的校验步骤及工艺要求，进行热继电器的校验	1. 不能根据图纸接线，扣 10 分 2. 互感器量程选择不当，扣 5 分 3. 操作步骤错误，每步扣 2 分 4. 电流表未调零或读数不准确，扣 2 分 5. 不会调整电流整定值，扣 5 分	10		

（续）

序号	主要内容	考核要求	评 分 标 准	配分	扣分	得分
2	电路安装调试	根据任务,按照电动机基本控制电路的安装步骤和工艺要求,进行电路的安装与调试	1. 按图接线,不按图接线扣 10 分 2. 电器元件安装正确、整齐、牢固,否则一个扣 2 分 3. 布线整齐美观,横平竖直、高低平齐,转角 90°,否则每处扣 2 分 4. 线头长短合适,压接圈方向正确,无松动,否则每处扣 1 分 5. 布线齐全,否则一根扣 5 分 6. 编码套管安装正确,否则每处扣 1 分 7. 通电试车功能齐全,否则扣 40 分	50		
3	电路故障检修	人为设置隐蔽故障 2 个,根据故障现象,正确分析故障原因及故障范围,采用正确的检修方法,排除电路故障	1. 不能根据故障现象,画出故障最小范围扣 10 分 2. 检修方法错误扣 5～10 分 3. 故障排除后,未能在电路图中用"×"标出故障点,扣 10 分 4. 故障排除完全。只能排除 1 个故障扣 15 分,2 个故障都未能排除扣 30 分	30		
4	安全文明生产	劳动保护用品穿戴整齐;电工工具佩带齐全;遵守操作规程;尊重老师,讲文明礼貌;考试结束要清理现场	1. 操作中,违反安全文明生产考核要求的任何一项扣 2 分,扣完为止 2. 当发现学生有重大事故隐患时,要立即予以制止,并每次扣安全文明生产总分 5 分	10		
合计						
开始时间:			结束时间:			

问题及防治

在进行三相异步电动机接触器自锁控制电路的安装、调试与检修实训过程中，时常会遇到如下问题：

问题 1：在进行接触器自锁控制电路的接线时，误将 KM 的常开触头接成常闭触头。

后果：会造成当合上电源开关 QF 后，还未按下起动按钮 SB2，接触器会交替接通和分断，造成电动机时转时停，无法正常控制。

预防措施：在进行按钮接线前，应通过万用表确认为常开触头后，再进行接线。

问题 2：在检测电动机 M 缺相运行的电气故障时，没有按下停止按钮 SB1，直接在接线端子排上测量电动机 U、V、W 之间的三相电压是否正常。

后果：会造成电动机长时间缺相运行，严重时会损坏电动机。

预防措施：当发现电动机 M 缺相运行的电气故障时，应立即按下停止按钮 SB1，使接触器 KM 主触头处于断开状态，断开主轴电动机 M 三相定子绕组的电源，然后在接触器 KM 主触头输入端采用电压测量法进行检测，接着断开总电源，在接触器 KM 主触头输出端采用电阻测量法进行检测。

知识拓展

一、热继电器常见故障及处理方法

热继电器常见故障及处理方法见表1-36。

表1-36 热继电器常见故障及处理方法

故障现象	故障原因	维修方法
热元件烧断	(1)负载侧短路,电流过大 (2)操作频率过高	(1)排除故障,更换热继电器 (2)更换合适参数的热继电器
热继电器不动作	(1)热继电器的额定电流值选用不合适 (2)整定值偏大 (3)动作触头接触不良 (4)热元件烧断或脱焊 (5)动作机构卡阻 (6)导板脱出	(1)按保护容量合理选用 (2)合理调整整定电流值 (3)消除触头接触不良因素 (4)更换热继电器 (5)消除卡阻因素 (6)重新放入导板并调试
热继电器动作 不稳定,时快时慢	(1)热继电器内部机构某些部件松动 (2)在检修中弯折了双金属片 (3)通电电流波动太大,或接线螺钉松动	(1)紧固松动部件 (2)用两倍电流预试几次或将双金属片拆下来热处理(一般约240℃)以去除内应力 (3)检查电源电压或拧紧接线螺钉
热继电器动作太快	(1)整定值偏小 (2)电动机起动时间过长 (3)连接导线太细 (4)操作频率过高 (5)使用场合有强烈冲击和振动 (6)可逆转换频繁 (7)安装热继电器处与电动机处环境温差太大	(1)合理调整整定值 (2)按起动时间要求,选择具有合适的可返回时间的热继电器或在起动过程中将热继电器短接 (3)选用标准导线 (4)更换合适型号的热继电器 (5)采取防振动措施或选用带防冲击振动的热继电器 (6)改用其他保护方式 (7)按两地温差情况配置适当的热继电器
主电路不通	(1)热元件烧断 (2)接线螺钉松动或脱落	(1)更换热元件或热继电器 (2)紧固接线螺钉
控制电路不通	(1)触头烧坏或动触头片弹性消失 (2)可调整式旋钮转到不合适的位置 (3)热继电器动作后未复位	(1)更换触头或弹簧片 (2)调整旋钮或螺钉 (3)按动复位按钮

二、JL系列电子热继电器简介

JL系列电子热继电器是以金属电阻电压效应原理实现电动机保护的,区别于双金属片式热继电器的金属电阻热效应原理。常见电子热继电器如图1-58所示。

其优点是:

1)体积小,方便实现与双金属片式热继电器互换。

2)不存在双金属片式热继电器容易出现的热疲劳及技术参数难以恢复初始状态的问题,保护参数稳定,重复性好。

3)具有多种保护功能、使用寿命长等优点。

图 1-58　常见电子热继电器

考证要点

根据高级工国家职业资格考试相关要求，本任务内容的考核要点见表 1-37。

表 1-37　考核要点

行为领域	鉴定范围	鉴定点	重要程度
理论知识	常用低压电器	1. 热继电器的结构、用途、文字符号和图形符号 2. 热继电器的工作原理 3. 热继电器的选用原则	★★
操作技能	低压电器的校验与电路安装、调试与故障检修	1. 热继电器的校验 2. 三相异步电动机接触器自锁控制电路的安装、调试及检修	★★★

考证测试题

一、填空题（请将正确的答案填在横线空白处）

1. 欠电压保护是指当电路____下降到低于某一数值时，电动机能自动切断电源停转，避免电动机在____下运行的一种保护。

2. 失电压保护是指电动机在正常运行中，由于外界某种原因引起突然____时，能自动切断电动机电源；当重新____时，保证电动机不能自动起动的一种保护。

3. 热继电器是利用流过继电器的____所产生的热效应而____动作的自动保护电器。

4. 热继电器使用时，需要将热元件____在主电路中，常闭触头____在控制电路中。

二、选择题（将正确答案的序号填入括号内）

1. 一般情况下，热元件的整定电流为电动机额定电流的（　　）倍。

A. 0.95~1.05　　　　B. 1.5~2.5　　　　C. 2~2.5　　　　D. 2.5~3

2. 热继电器产生误动作的原因是（　　）。

A. 热元件损坏　　　　B. 整定电流值偏大　　C. 整定电流值偏小

3. 当热继电器与其他电器安装在一起时，应注意将热继电器安装在其他电器的（　　），以免其动作特性受到其他电器发热的影响。

A. 上方　　　　　　B. 下方　　　　　　C. 中间　　　　　D. 左边或者右边

4. 热继电器因电动机过载动作后，若需再次起动电动机，必须待热元件冷却后，才能使热继电器复位，一般自动复位时间不大于（　　　）min。

A. 2 　　　　　　　　　B. 3 　　　　　　　　　C. 5 　　　　　　　　　D. 10

三、简答题

1. 简述双金属片式热继电器的工作原理。它的热元件和常闭触头如何接入电路中？
2. 如何选用热继电器？
3. 热继电器能否作短路保护？为什么？

任务4　三相异步电动机点动与连续混合控制电路的安装与检修

学习目标

知识目标

掌握三相异步电动机点动与连续混合控制电路的工作原理。

能力目标

1. 能正确识读三相异步电动机点动与连续混合控制电路的原理图、接线图和布置图。
2. 会按照工艺要求正确安装三相异步电动机点动与连续混合控制电路。
3. 能根据故障现象，检修三相异步电动机点动与连续混合控制电路。

素质目标

养成独立思考和动手操作的习惯，培养小组协调能力和互相学习的精神。

工作任务

在实际生产中，常常需要电动机既能实现点动控制，又能实现自锁控制，即在需要点动控制时，电路实现点动控制；在正常运行时，又能保持电动机连续运行的自锁控制。这种电路称为点动与连续混合控制电路。常见的点动与连续混合正转控制电路有两种电路：一是手动开关控制的点动与连续混合正转控制电路；二是复合按钮控制的点动与连续混合正转控制电路。如图 1-59 所示。

本次任务的主要内容是：通过学习，完成对三相异步电动机点动与连续混合控制电路的安装与检修。

相关理论

1. 手动开关控制的点动与连续混合正转控制电路

手动开关控制的点动与连续混合正转控制电路如图 1-59a 所示。其电路特点是在自锁控制回路上加装手动开关 SA，通过手动开关 SA 的分断来选择电动机的点动与连续控制。其控制原理如下：

（1）点动控制　当需要进行电动机的点动控制时，首先将手动开关 SA 打到分断的位置。然后闭合总电源开关 QF。

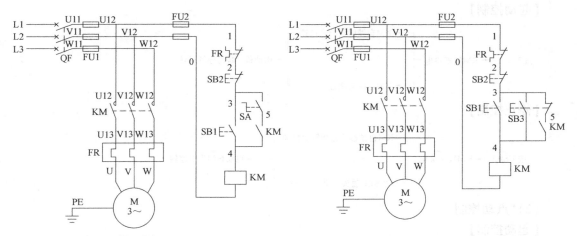

a) 手动开关控制的点动与连续混合正转控制电路　　b) 复合按钮控制的点动与连续混合正转控制电路

图 1-59　三相异步电动机点动与连续混合控制电路

【起动控制】

【停止控制】

（2）连续控制　首先将手动开关 SA 打到闭合（接通）的位置。

【起动控制】

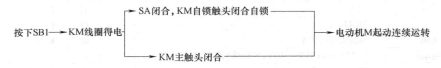

【停止控制】

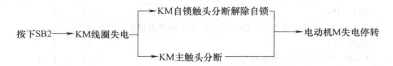

2. 复合按钮控制的点动与连续混合正转控制电路

复合按钮控制的点动与连续混合正转控制电路如图 1-59b 所示。其控制原理如下：

（1）连续控制

【起动控制】

【停止控制】

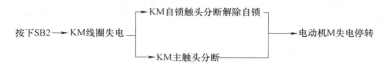

（2）点动控制

【起动控制】

【停止控制】

任务准备

实施本任务教学所使用的实训设备及工具材料可参考表1-38。

表1-38　实训设备及工具材料

序号	名　　称	型 号 规 格	单位	数量	备注
1	电工常用工具		套	1	
2	万用表	MF47 型	块	1	
3	三相四线电源	380/220V、20A	处	1	
4	三相异步电动机	Y112M—4(4kW、380V、Ｙ联结)或自定	台	1	
5	配线板	500mm×600mm×20mm	块	1	
6	三相断路器	规格自定	只	1	
7	熔断器 FU1	RL1—60/25、380V、60A、熔体配 25A	套	3	
8	熔断器 FU2	RL1—15/2	套	2	
9	接触器 KM1	CJ10—20、线圈电压 380V、20A（CJX2、B 系列等自定）	只	1	
10	热继电器	JR20—10	只	1	
11	按钮	LA10—3H、保护式、按钮数 3	只	1	
12	手动开关	1TL1—2	只	1	
13	木螺钉	φ3mm×20mm、φ3mm×15mm	个	30	
14	平垫圈	φ4mm	个	30	

（续）

序号	名　　称	型 号 规 格	单位	数量	备注
15	线号笔	自定	支	1	
16	主电路导线	BVR—1.5、1.5mm²（7×0.52mm）（黑色）	m	若干	
17	控制电路导线	BV—1.0、1.0mm²（7×0.43mm）	m	若干	
18	按钮线	BV—0.75、0.75mm²	m	若干	
19	接地线	BVR—1.5、1.5mm²（黄绿双色）	m	若干	
20	劳保用品	绝缘鞋、工作服等	套	1	
21	接线端子排	JX2—1015（500V、10A、15节）或配套自定	条	1	

任务实施

一、手动开关控制的点动与连续混合正转控制电路的安装与调试

1. 绘制电器元件布置图和接线图

手动开关控制的点动与连续混合正转控制电路电器元件布置图和接线图如图1-60所示。

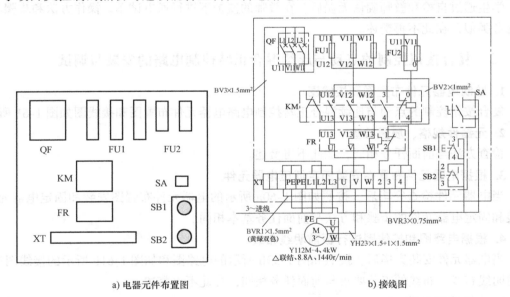

a) 电器元件布置图　　　　　　　　　　　　b) 接线图

图1-60　手动开关控制的点动与连续混合正转控制电路电器元件布置图和接线图

2. 元器件规格、质量检查

1）根据表1-41中的实训设备及工具材料明细表，检查其各元器件、耗材与表中的型号与规格是否一致。

2）检查各元器件的外观是否完整无损，附件、备件是否齐全。

3）用仪表检查各元器件和电动机的有关技术数据是否符合要求。

3. 根据电器元件布置图安装固定低压电器元件

当电器元件检查完毕后，按照如图1-60a所示的电器元件布置图安装和固定电器元件。安装和固定电器元件的步骤和方法与前面任务基本相同。

4. 根据电路原理图和接线图进行板前明线布线

当电器元件安装完毕后，按照如图 1-59a 所示的电路图和如图 1-60b 所示的接线图进行板前明线布线。配线的工艺要求与前面任务相同，在此不再赘述。

5. 电动机的连接

按照电动机铭牌上的接线方法，正确连接接线端子，然后将定子绕组的电源引入线接到配线板的接线端子的 U、V 和 W 的端子上，最后连接电动机的保护接地线。

6. 自检

当电路安装完毕后，在通电试车前必须经过自检，并经指导教师确认无误后方可通电试车。自检的方法及步骤如下：

1）将手动开关置于 SA 分断位置，然后按照三相异步电动机点动正转控制电路的检查方法进行检查。

2）将手动开关置于 SA 闭合位置，然后按照具有过载保护的三相异步电动机接触器自锁控制电路的检查方法进行检查。

7. 通电试车

学生通过自检和教师确认无误后，在教师的监护下进行通电试车。操作方法和步骤与前面任务类似，在此不再赘述。

二、复合按钮控制的点动与连续混合正转控制电路的安装与调试

1. 绘制电器元件布置图和接线图

复合按钮控制的点动与连续混合正转控制电路电器元件布置图和接线图如图 1-61 所示。

2. 元器件规格、质量检查

检查方法与前面任务相同，在此不再赘述。

3. 根据电器元件布置图安装固定低压电器元件

当电器元件检查完毕后，按照如图 1-60a 所示的电器元件布置图安装和固定电器元件。安装和固定电器元件的步骤和方法与前面任务基本相同。

4. 根据电路图和接线图进行板前明线布线

当电器元件安装完毕后，按照如图 1-59b 所示的电路图和如图 1-61b 所示的接线图进行板前明线布线。布线的工艺要求与前面任务相同，在此不再赘述。

5. 电动机的连接

按照电动机铭牌上的接线方法，正确连接接线端子，然后将定子绕组的电源引入线接到配线板的接线端子的 U、V 和 W 的端子上，最后连接电动机的保护接地线。

6. 自检

当电路安装完毕后，在通电试车前必须经过自检，并经指导教师确认无误后方可通电试车。自检的方法及步骤可参照前面任务所述，读者自行分析，在此不再赘述。

7. 通电试车

学生通过自检和教师确认无误后，在教师的监护下进行通电试车。操作方法和步骤与前面任务类似，在此不再赘述。通电试车完毕后，应先切断电源，将完好的控制电路配电盘留作故障检修用。

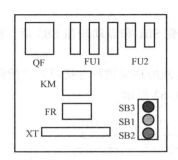

a) 电器元件布置图

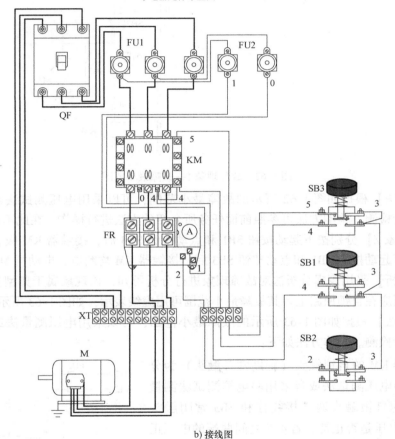

b) 接线图

图1-61 复合按钮控制的点动与连续混合正转控制电路电器元件布置图和接线图

三、复合按钮控制的点动与连续混合正转控制电路的故障分析及检修

1. 主电路的故障分析及检修

由于该电路的主电路与前面任务接触器自锁控制电路都属于电动机的单向运行控制电路，都是由1个接触器的主触头来进行控制，因此，其主电路的故障分析及检修方法与前面任务相同，读者可参照前面任务所述的方法，在此仅就控制电路的故障及检修方法进行

介绍。

2. 控制电路的故障分析及检修

【故障现象1】分别按下起动按钮 SB1 和点动按钮 SB3 后，接触器 KM 均不吸合，电动机 M 转子不转动。

【故障分析】采用逻辑分析法对故障现象进行分析可知，故障范围应在控制回路上。其故障最小范围可用虚线表示，如图 1-62 所示。

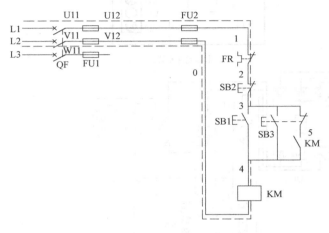

图 1-62　故障现象 1—故障最小范围

【检修方法】根据如图 1-62 所示的故障最小范围，可以采用电压测试法或者采用验电笔测试法进行检测。检测方法可参照前面任务所介绍的方法进行操作，在此不再赘述。

【故障现象2】分别按下起动按钮 SB1 和点动按钮 SB3 后，接触器 KM 吸合，电动机 M 转动，但松开起动按钮 SB1 和点动按钮 SB3 后，接触器 KM 均断电，电动机 M 停止。

【故障分析】采用逻辑分析法对故障现象进行分析可知，该现象属于典型接触器不能自锁，故障范围应在自锁回路上。其故障最小范围可用虚线表示，如图 1-63 所示。

【检修方法】根据如图 1-63 所示的故障最小范围，可以采用电压测量法或者采用验电笔测试法进行检测。具体方法如下：

以接触器 KM 的自锁触头（辅助常开触头）为分界点，可采用电压测量法或者采用验电笔测试法测量接触器 KM 的自锁触头两端接线柱和 SB3 常闭触头 3-4-5 之间的电压是否正常。若 4-5 之间两端的电压正常，则故障点一定是自锁触头接触不良；若电压异常，则故障点一定是与自锁触头连接的 SB3 常闭触头接触不良、自锁回路的导线接触不良或断路。

【故障现象3】分别按下起动按钮 SB1 后，接触器 KM 不吸合，电动机 M 不转动，但按下点动按钮 SB3 后，接触器 KM 吸合，电动机 M 转动，松开点动按钮 SB3 后，接触器 KM 断电，电动机 M 停止。

【故障分析】采用逻辑分析法对故障现象进行分

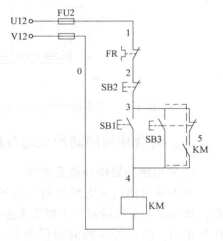

图 1-63　故障现象 2—故障最小范围

析可知，故障范围应在起动按钮 SB1 回路上。其故障最小范围可用虚线表示，如图 1-64 所示。

【检修方法】 根据如图 1-64 所示的故障最小范围，可以采用电压测量法或者采用验电笔测试法进行检测。具体方法如下：

以起动按钮 SB1 常开触头为分界点，可采用电压测量法或者采用验电笔测试法测量起动按钮 SB1 常开触头两端接线柱 3 与 4 之间的电压是否正常。若两端的电压正常，则故障点一定是起动按钮 SB1 常开触头接触不良；若电压异常，则故障点一定是与起动按钮 SB1 常开触头连接的起动回路导线接触不良或断路。

【故障现象4】 按下起动按钮 SB1 后，接触器 KM 吸合，电动机 M 转动，但按下点动按钮 SB3 后，接触器 KM 不吸合，电动机 M 不转动。

【故障分析】 采用逻辑分析法对故障现象进行分析可知，故障范围应在点动按钮 SB3 回路上。其故障最小范围可用虚线表示，如图 1-65 所示。

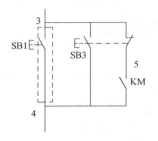

图 1-64　故障现象 3—故障最小范围　　　　图 1-65　故障现象 4—故障最小范围

【检修方法】 根据如图 1-65 所示的故障最小范围，可以采用电压测量法或者采用验电笔测试法进行检测。具体检修方法可参照【故障现象 3】的检修方法，所不同的是以点动按钮 SB3 常开触头为分界点，可采用电压测量法或者采用验电笔测试法测量起动按钮 SB1 常开触头两端接线柱 3 与 4 之间的电压是否正常，来达到判断故障点的位置。

检查评议

对任务实施的完成情况进行检查，并将结果填入表 1-39。

表 1-39　任务测评表

序号	主要内容	考核要求	评分标准	配分	扣分	得分
1	电路安装调试	根据任务,按照电动机基本控制电路的安装步骤和工艺要求,进行电路的安装与调试	1. 按图接线,不按图接线扣 10 分 2. 电器元件安装正确、整齐、牢固,否则一个扣 2 分 3. 布线整齐美观,横平竖直、高低平齐,转角 90°,否则每处扣 2 分 4. 线头长短合适,压接圈方向正确,无松动,否则每处扣 1 分 5. 布线齐全,否则一根扣 5 分 6. 编码套管安装正确,否则每处扣 1 分 7. 通电试车功能齐全,否则扣 40 分	60		

（续）

序号	主要内容	考核要求	评 分 标 准	配分	扣分	得分
2	电路故障检修	人为设置隐蔽故障2个，根据故障现象，正确分析故障原因及故障范围，采用正确的检修方法，排除电路故障	1. 不能根据故障现象，画出故障最小范围扣10分 2. 检修方法错误扣5～10分 3. 故障排除后，未能在电路图中用"×"标出故障点，扣10分 4. 故障排除完全。只能排除1个故障扣15分，2个故障都未能排除扣30分	30		
3	安全文明生产	劳动保护用品穿戴整齐；电工工具佩带齐全；遵守操作规程；尊重老师，讲文明礼貌；考试结束要清理现场	1. 操作中，违反安全文明生产考核要求的任何一项扣2分，扣完为止 2. 当发现学生有重大事故隐患时，要立即予以制止，并每次扣安全文明生产总分5分	10		
		合计				
	开始时间：			结束时间：		

问题及防治

在学生进行复合按钮控制的点动与连续混合正转控制电路的安装、调试与检修实训过程中，时常会遇到如下问题：

问题：在进行点动按钮 SB3 的接线时，误将 SB3 的常开触头接成常闭触头，而将常闭触头接成常开触头，如图 1-66 所示。

后果：会造成当合上电源开关 QF 后，还未按下起动按钮 SB1 和点动按钮 SB3 时，接触器 KM 线圈会直接获电动作，电动机直接起动运行，而按下点动按钮 SB3 时，接触器 KM 线圈反而断电；起动按钮 SB1 失效。

预防措施：在进行按钮接线前，应通过万用表确认点动按钮 SB3 的常开触头后，再进行接线。

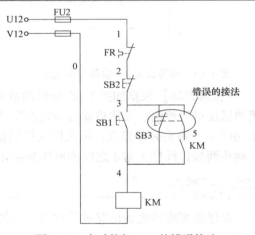

图 1-66　点动按钮 SB3 的错误接法

考证要点

根据高级工国家职业资格考试相关要求，本任务内容的考核要点见表 1-40。

表 1-40　考核要点

行为领域	鉴 定 范 围	鉴 定 点	重要程度
理论知识	三相异步电动机点动与连续混合控制电路分析	三相异步电动机点动与连续混合控制电路的工作原理	★★
操作技能	低压电路安装、调试与故障检修	三相异步电动机点动与连续混合控制电路的安装、调试与检修	★★★

考证测试题

一、填空题（请将正确的答案填在横线空白处）

常见的点动与连续混合正转控制电路有两种电路：一是_____控制的点动与连续混合正转控制电路；二是_____控制的点动与连续混合正转控制电路。

二、简答题

1. 简述复合按钮控制的点动与连续混合正转控制电路的工作原理。

2. 在进行复合按钮控制的点动与连续混合正转控制电路的接线时，误将 SB3 的常开触头接成常闭触头，而将常闭触头接成常开触头后会造成什么样的后果？

任务5　三相异步电动机多地控制电路的安装与检修

学习目标

知识目标

掌握三相异步电动机多地控制电路的工作原理。

能力目标

1. 能正确识读三相异步电动机多地控制电路的原理图、接线图和布置图。

2. 会按照工艺要求正确安装三相异步电动机多地控制电路。

3. 能根据故障现象，检修三相异步电动机多地控制电路。

素质目标

养成独立思考和动手操作的习惯，培养小组协调能力和互相学习的精神。

工作任务

能在两地或两地以上控制同一台电动机的控制方式，称为电动机的多地控制。如图1-67所示就是三相异步电动机两地控制电路。

本次任务的主要内容是：通过学习，完成对三相异步电动机两地控制电路的安装与检修。

相关理论

三相异步电动机两地控制电路的工作原理分析

首先合上总电源开关 QF，然后分别对电动机进行甲、乙两地控制，其控制原理如下：

1. 甲地控制

【起动控制】

按下SB1 ──→ KM线圈得电 ┬─→ KM主触头闭合 ──────→ 电动机M起动连续运转
　　　　　　　　　　　　└─→ KM自锁触头闭合自锁

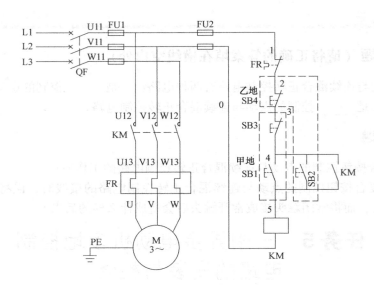

图 1-67 三相异步电动机两地控制电路

【停止控制】

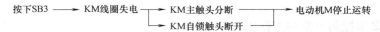

按下SB3 ⟶ KM线圈失电 ⟶ KM主触头分断 ⟶ 电动机M停止运转
                    ⟶ KM自锁触头断开 ⟶

2. 乙地控制

【起动控制】

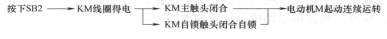

按下SB2 ⟶ KM线圈得电 ⟶ KM主触头闭合 ⟶ 电动机M起动连续运转
                    ⟶ KM自锁触头闭合自锁 ⟶

【停止控制】

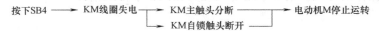

按下SB4 ⟶ KM线圈失电 ⟶ KM主触头分断 ⟶ 电动机M停止运转
                    ⟶ KM自锁触头断开 ⟶

任务准备

实施本任务教学所使用的实训设备及工具材料可参考表 1-41。

表 1-41 实训设备及工具材料

序号	名 称	型 号 规 格	单位	数量	备注
1	电工常用工具		套	1	
2	万用表	MF47 型	块	1	
3	三相四线电源	380/220V、20 A	处	1	
4	三相异步电动机	Y112M—4(4kW、380V、丫联结)或自定	台	1	
5	配线板	500mm×600mm×20mm	块	1	
6	三相断路器	规格自定	只	1	
7	熔断器 FU1	RL1—60/25、380V、60A、熔体配 25A	套	3	
8	熔断器 FU2	RL1—15/2	套	2	
9	接触器 KM	CJ10—20、线圈电压 380V、20A(CJX2、B 系列等自定)	只	1	
10	热继电器	JR20—10	只	1	

（续）

序号	名　称	型　号　规　格	单位	数量	备注
11	按钮	LA10—2H、保护式、按钮数2	只	2	
12	木螺钉	$\phi 3mm \times 20mm$、$\phi 3mm \times 15mm$	个	30	
13	平垫圈	$\phi 4mm$	个	30	
14	线号笔	自定	支	1	
15	主电路导线	BVR—1.5、$1.5mm^2$（$7 \times 0.52mm$）（黑色）	m	若干	
16	控制电路导线	BV—1.0、$1.0mm^2$（$7 \times 0.43mm$）	m	若干	
17	按钮线	BV—0.75、$0.75mm^2$	m	若干	
18	接地线	BVR—1.5、$1.5mm^2$（黄绿双色）	m	若干	
19	劳保用品	绝缘鞋、工作服等	套	1	
20	接线端子排	JX2—1015（500V、10A、15节）或配套自定	条	1	

任务实施

一、三相异步电动机两地控制电路的安装与调试

1. 绘制电器元件布置图和接线图

三相异步电动机两地控制电路的电器元件布置图和接线图如图1-68所示。

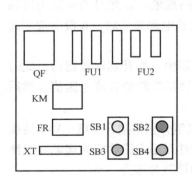
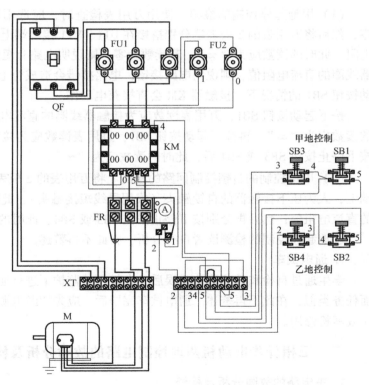

a) 电器元件布置图　　　　　　　　　　　　b) 接线图

图1-68　三相异步电动机两地控制电路的电器元件布置图和接线图

2. 元器件规格、质量检查

1）根据表1-44中的实训设备及工具材料明细表，检查其各元器件、耗材与表中的型号与规格是否一致。

2）检查各元器件的外观是否完整无损，附件、备件是否齐全。

3）用仪表检查各元器件和电动机的有关技术数据是否符合要求。

3. 根据电器元件布置图安装固定低压电器元件

当电器元件检查完毕后，按照如图1-68a所示的电器元件布置图安装和固定电器元件。安装和固定电器元件的步骤和方法与前面任务基本相同。

4. 根据电路图和接线图进行板前明线布线

当电器元件安装完毕后，按照如图1-68所示的电路图和如图1-68b所示的接线图进行板前明线布线。布线的工艺要求与前面任务相同，在此不再赘述。

5. 电动机的连接

按照电动机铭牌上的接线方法，正确连接接线端子，然后将定子绕组的电源引入线接到配线板的接线端子的U、V和W的端子上，最后连接电动机的保护接地线。

6. 自检

当电路安装完毕后，在通电试车前必须经过自检，并经指导教师确认无误后方可通电试车。自检的方法及步骤如下：

(1) 甲地起停控制的检测　使用万用表检查时，应选用倍率适当的电阻档，并进行校零，然后将万用表的2根表笔分别搭接在U11、V11接线端上，测量U11与V11之间的直流电阻，此时的读数应为"∞"。若读数为零，则说明电路有短路现象；若此时的读数为接触器线圈的直流电阻值，则说明电路接错，电路接错会造成合上总电源开关后，在没有按下起动按钮SB1的情况下，接触器KM会直接获电动作。

按下起动按钮SB1，万用表读数应为接触器线圈的直流电阻值。松开起动按钮后，此时的读数应为"∞"。再按下起动按钮SB1，万用表读数应为接触器线圈的直流电阻值。然后按下停止按钮SB3或SB4后，此时的读数应为"∞"。

(2) 甲地控制的自锁控制回路的检测　将万用表的2根表笔分别搭接在U11、V11接线端上，人为压下接触器的自锁触头（或用导线短接触头），此时万用表读数应为接触器线圈的直流电阻值；然后再分别按下停止按钮SB3或SB4，此时的读数都应为"∞"。

乙地起停控制的检测读者自行分析，在此不再赘述。

7. 通电试车

学生通过自检和教师确认无误后，在教师的监护下进行通电试车。操作方法和步骤与前面任务类似，在此不再赘述。通电试车完毕后，应先切断电源，将完好的控制电路配电盘留作故障检修用。

二、三相异步电动机两地控制电路的故障分析及检修

1. 主电路的故障分析及检修

由于该电路的主电路与前面任务的主电路都属于电动机的单向运行控制电路，都是由1个接触器的主触头控制，因此，其主电路的故障分析及检修方法与前面任务相同，读者可参照前面任务所述的方法，在此仅就控制电路的故障分析及检修方法进行介绍。

2. 控制电路的故障分析及检修

【故障现象 1】分别按下起动按钮 SB1 和起动按钮 SB2 后，接触器 KM 均不吸合，电动机 M 转子不转动。

【故障分析】采用逻辑分析法对故障现象进行分析可知，故障范围应在控制回路上。其故障最小范围可用虚线表示，如图 1-69 所示。

【检修方法】根据如图 1-69 所示的故障最小范围，可以采用电压测量法或者采用验电笔测试法进行检测。检测方法可参照前面任务所介绍的方法进行操作，在此不再赘述。

【故障现象 2】当按下起动按钮 SB1 后，接触器 KM 均吸合，电动机 M 转子转动；但按下起动按钮 SB2 后，接触器 KM 均不吸合，电动机 M 转子不转动。

【故障分析】采用逻辑分析法对故障现象进行分析可知，故障范围应在控制回路上。其故障最小范围可用虚线表示如图 1-70 所示。

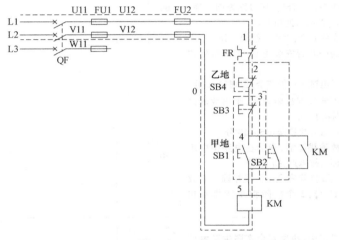

图 1-69　故障现象 1—故障最小范围

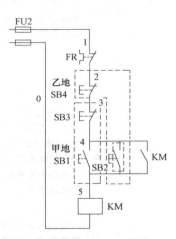

图 1-70　故障现象 2—故障最小范围

【检修方法】根据如图 1-70 所示的故障最小范围，可以采用电压测量法或者采用验电笔测试法进行检测。具体方法如下：

以乙地起动按钮 SB2 常开触头为分界点，可采用电压测量法或者采用验电笔测试法测量起动按钮 SB2 常开触头两端接线柱 4 与 5 之间的电压是否正常。若两端的电压正常，则故障点一定是起动按钮 SB2 常开触头接触不良；若电压异常，则故障点一定是与起动按钮 SB2 常开触头连接的起动回路导线接触不良或断路。

【故障现象 3】当按下起动按钮 SB2 后，接触器 KM 均吸合，电动机 M 转子转动；但按下起动按钮 SB1 后，接触器 KM 均不吸合，电动机 M 转子不转动。

故障分析与故障检修的方法与上述故障现象 2 相似，所不同的是该故障最小范围应是甲地起动按钮 SB1 和与其连接的起动回路，读者可自行画出。检修方法读者可参照上述方法自行总结。

检查评议

对任务实施的完成情况进行检查，并将结果填入表 1-42。

表 1-42 任务测评表

序号	主要内容	考核要求	评分标准	配分	扣分	得分
1	热继电器校验	按照热继电器的校验步骤及工艺要求，进行热继电器的校验	1. 不能根据图纸接线，扣10分 2. 互感器量程选择不当，扣5分 3. 操作步骤错误，每步扣2分 4. 电流表未调零或读数不准确，扣2分 5. 不会调整电流整定值，扣5分	10		
2	电路安装调试	根据任务，按照电动机基本控制电路的安装步骤和工艺要求，进行电路的安装与调试	1. 按图接线，不按图接线扣10分 2. 电器元件安装正确、整齐、牢固，否则一个扣2分 3. 布线整齐美观，横平竖直、高低平齐，转角90°，否则每处扣2分 4. 线头长短合适，压接圈方向正确，无松动，否则每处扣1分 5. 布线齐全，否则一根扣5分 6. 编码套管安装正确，否则每处扣1分 7. 通电试车功能齐全，否则扣40分	60		
3	电路故障检修	人为设置隐蔽故障2个，根据故障现象，正确分析故障原因及故障范围，采用正确的检修方法，排除电路故障	1. 不能根据故障现象，画出故障最小范围扣10分 2. 检修方法错误扣5~10分 3. 故障排除后，未能在电路图中用"×"标出故障点，扣10分 4. 故障排除完全。只能排除1个故障扣15分，2个故障都未能排除扣30分	30		
4	安全文明生产	劳动保护用品穿戴整齐；电工工具佩带齐全；遵守操作规程；尊重老师，讲文明礼貌；考试结束要清理现场	1. 操作中，违反安全文明生产考核要求的任何一项扣2分，扣完为止 2. 当发现学生有重大事故隐患时，要立即予以制止，并每次扣安全文明生产总分5分	10		
合计						
开始时间：			结束时间：			

问题及防治

　　进行三相异步电动机两地控制电路的安装、调试与检修实训过程中，时常会遇到如下问题：

　　问题：在进行乙地起动按钮 SB2 的接线时，误将 SB2 与甲地起动按钮 SB1 串联，如图 1-71 所示。

　　后果：会造成甲、乙两地均未能起动，这是因为 SB1 和 SB2 均为常开触头，当两个常开触头串联时，只接通其中任意一副触头都不能接通电路。

　　预防措施：在进行三相异步电动机两地控制或多地控制的按钮接线前，起动按钮应

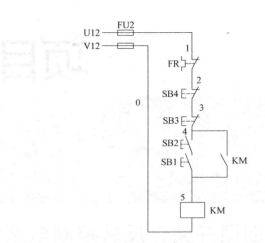

图 1-71 起动按钮的错误接法

进行并联连接，而停止按钮应进行串联连接。

考证要点

根据高级工国家职业资格考试相关要求，本任务内容的考核要点见表 1-43。

表 1-43 考核要点

行为领域	鉴定范围	鉴定点	重要程度
理论知识	三相异步电动机多地控制电路分析	三相异步电动机多地控制电路的工作原理	★★
操作技能	低压电路安装、调试与故障检修	三相异步电动机多地控制电路的安装、调试与检修	★★★

考证测试题

一、填空题（请将正确的答案填在横线空白处）

1. 能在____或____以上控制同一台电动机的控制方式，称为电动机的多地控制。
2. 在进行多地控制电路的接线时，起动按钮应____连接，停止按钮应____连接。

二、分析题

如图 1-67 所示的三相异步电动机两地控制电路中，如果将停止按钮 SB3 和 SB4 并联连接，将造成何种后果？

项目2

三相异步电动机正反转控制电路的安装与检修

任务1 倒顺开关正反转控制电路的安装与检修

学习目标

知识目标

掌握倒顺开关的结构、用途及工作原理和选用原则。

能力目标

1. 能正确识读倒顺开关正反转控制电路的原理图、接线图和布置图。

2. 会按照工艺要求正确安装倒顺开关正反转控制电路。

3. 能根据故障现象,检修倒顺开关正反转控制电路。

素质目标

养成独立思考和动手操作的习惯,培养小组协调能力和互相学习的精神。

工作任务

在实际生产中,不仅需要对电动机正转控制,同时还需要反转控制,如图2-1所示就是典型的倒顺开关正反转控制电路。本次任务的主要内容是:通过学习,完成对倒顺开关控制电动机正反转控制电路的安装与检修。

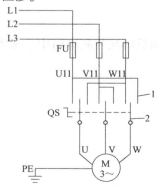

图2-1 倒顺开关正反转控制电路

相关理论

倒顺开关是组合开关的一种，也称可逆转换开关，是专为控制小容量三相异步电动机的正反转而设计生产的一种开关，如图2-2所示。

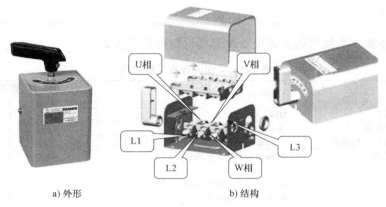

a) 外形　　　　　　　　　　b) 结构

图2-2　倒顺开关

倒顺开关的手柄有"倒""停""顺"三个位置，手柄只能从"停"的位置左转45°或右转45°。其在电路图中的符号如图2-3所示。

1. 型号及含义

倒顺开关的型号及含义如下：

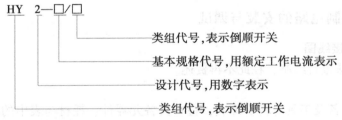

　　　　类组代号,表示倒顺开关
　　　　基本规格代号,用额定工作电流表示
　　　　设计代号,用数字表示
　　　　类组代号,表示倒顺开关

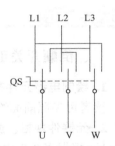

图2-3　倒顺开关的符号

2. 技术参数

常用的HY2系列倒顺开关的技术参数见表2-1。

表2-1　HY2系列倒顺开关的技术参数

型号	约定发热电流/A	额定工作电流/A	额定控制功率/kW		机械寿命/万次
			380V	220V	
HY2—15	15	7	3	1.8	
HY2—30	30	12	5.5	3	10
HY2—60	60	30	10	5.5	

3. 原理分析

根据对图2-2所示的倒顺开关正反转控制电路的分析，其工作原理见表2-2。

表2-2　倒顺开关正反转控制电路的原理分析

手柄位置	倒顺开关QS的状态	电路状态	电动机状态
停	QS的动、静触头不接触	电路不通(开路)	电动机不转
顺	QS的动触头与左边静触头相接触	按L1-U,L2-V,L3-W接通	电动机正转
倒	QS的动触头与右边静触头相接触	按L1-W,L2-V,L3-U接通	电动机反转

提示：倒顺开关正反转控制电路虽然所用的控制电器较少，电路也比较简单，但它是手动控制电路；在频繁换向时，操作安全性差，所以仅适用于控制额定电流为 10A，功率在 3kW 以下的小功率电动机的直接正反转起停控制。

任务准备

实施本任务教学所使用的实训设备及工具材料可参考表 2-3。

表 2-3　实训设备及工具材料

序号	名称	型号规格	单位	数量	备注
1	电工常用工具		套	1	
2	万用表	MF47 型	块	1	
3	三相四线电源	380/220 V、20 A	处	1	
4	三相异步电动机	Y112M—4(4kW、380V、△联结) 或自定	台	1	
5	配线板	500mm×600mm×20mm	块	1	
6	倒顺开关	HY2—30	个	1	
7	熔断器 FU	RL1—60/25、380V、60A、熔体配 25A	套	3	
8	木螺钉	$\phi3×20mm$、$\phi3×15mm$	个	30	
9	平垫圈	$\phi4mm$	个	30	
10	圆珠笔	自定	支	1	
11	主电路导线	BVR—1.5、$1.5mm^2$(7×0.52mm)(黑色)	m	若干	
12	接地线	BVR—1.5、$1.5mm^2$(黄绿双色)	m	若干	

任务实施

一、倒顺开关正反转控制电路的安装与调试

1. 绘制电器元件布置图和接线图

读者可参照前面绘制的方法进行绘制，在此不再赘述。

2. 元器件规格、质量检查

1）根据表 2-3 中的实训设备及工具材料明细表，检查其各元器件、耗材与表中的型号与规格是否一致。

2）检查各元器件的外观是否完整无损，附件、备件是否齐全。

3）用仪表检查各元器件和电动机的有关技术数据是否符合要求。

3. 根据电器元件布置图安装固定低压电器元件

当电器元件检查完毕后，按照所绘制的电器元件布置图安装和固定电器元件。安装和固定电器元件的步骤和方法与前面任务基本相同。

4. 根据电路图和接线图进行板前明线布线

当电器元件安装完毕后，按照图 2-1 所示的电路图和接线图进行板前明线布线。布线的工艺要求与前面任务相同，在此仅就倒顺开关内部的连线进行介绍，HY2 系列倒顺开关的接线图如图 2-4

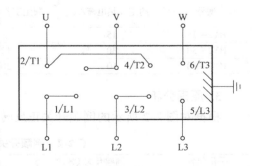

图 2-4　HY2 系列倒顺开关的接线图

所示。

> 提示：倒顺开关安装要求
>
> 1）电动机和倒顺开关的金属外壳必须可靠接地，且必须将接地线接到倒顺开关指定的接地螺钉上，切忌接在倒顺开关的金属外壳上。
>
> 2）倒顺开关的进出线切忌接错。接线时，应看清倒顺开关接线端子标记，保证标记为 L1、L2、L3 的接线端子接电源，标记为 U、V、W 的接线端子接电动机。否则，难免造成两相电源短路。
>
> 3）作为临时性装置安装时，可移动的引线必须完整无损，中间不得有接头，引线的长度一般不超过 2m。若将倒顺开关安装在墙上（属于半移动形式）时，接到电动机的引线可采用 BVR1.5mm²（黑色）塑铜线或 YHZ4×1.5 mm² 橡皮电缆线，并采用金属软管保护；若将倒顺开关与电动机一起安装在同一金属结构件或支架上（属移动形式）时，倒顺开关的电源进线必须采用四脚插头与插座连接，并在插座前装熔断器或再加装隔离开关。

5. 电动机的连接

按照电动机铭牌上的接线方法，正确连接接线端子，然后将定子绕组的电源引入线接到倒顺开关的接线端子 U、V 和 W 端子上，最后连接电动机的保护接地线。

6. 自检

当电路安装完毕后，在通电试车前必须经过自检，并经指导教师确认无误后方可通电试车。自检的方法及步骤如下：

1）选用万用表适当的倍率，并进行校零。将倒顺开关 QS 置于"停"的位置，然后将两支表笔分别接在 U、L1，V、L2，W、L3 上，测得的读数均为"∞"。

2）将倒顺开关 QS 置于"顺"的位置，然后将两支表笔分别接在 U、L1，V、L2，W、L3 上，测得的读数均为"0"。

3）将倒顺开关 QS 置于"倒"的位置，然后将两支表笔分别接在 U、L3，V、L2，W、L1 上，测得的读数均为"0"。

4）用绝缘电阻表检查电路绝缘电阻的阻值应不得小于 1MΩ。

7. 通电试车

学生通过自检和教师确认无误后，在教师的监护下进行通电试车。其操作方法和步骤如下：

1）通电调试前首先将倒顺开关 QS 置于"停"的位置，然后检查电源电压是否正常。当电源电压正常后方可进行后续操作。

2）正转控制。将倒顺开关 QS 置于"顺"的位置，此时 QS 的动触头与左边静触头相接触，电路按 L1-U、L2-V、L3-W 接通，电动机正转（顺时针旋转）。

3）停止控制。将倒顺开关 QS 置于"停"的位置，此时 QS 的动触头与左边静触头分断，电路处于开路状态，电动机脱离电源停止。

4）反转控制。将倒顺开关 QS 置于"倒"的位置，此时 QS 的动触头与右边静触头相接触，电路按 L1-W、L2-V、L3-U 接通，电动机反转（逆时针旋转）。

二、倒顺开关正反转控制电路的故障分析及检修

【故障现象1】将倒顺开关的手柄扳至"顺"或"倒"的位置时，电动机的转子均未转动或转得很慢，并发出"嗡嗡"声。

【故障分析】采用逻辑分析法对故障现象进行分析可知，这是典型的电动机断相运行，其故障最小范围可用虚线表示，如图2-5所示。

【检修方法】首先将倒顺开关的手柄扳至"停"的位置，然后以倒顺开关的动、静触头为分界点，与电源相接的静触头一侧采用量电法进行检测，观察其电压是否正常；而与电动机连接的动触头一侧，在停电的状态下，采用电阻测量法，对万用表的电阻档进行通路检测，如图2-6所示。

【故障现象2】将倒顺开关的手柄扳至"顺"的位置时，电动机的转子未转动或转的很慢，并发出"嗡嗡"声；但将倒顺开关的手柄扳至"倒"的位置时，电动机运行正常。

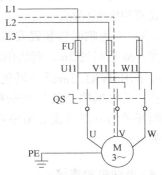

图2-5　故障现象1—故障最小范围

【故障分析】采用逻辑分析法对故障现象进行分析可知，其故障最小范围可用虚线表示，如图2-7所示。

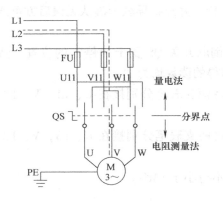

图2-6　故障现象1—检测方法

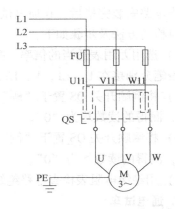

图2-7　故障现象2—故障最小范围

【检修方法】首先将倒顺开关的手柄扳至"停"的位置，然后用验电笔分别检测与U11和W11连接的U相和W相静触头的带电情况来判断故障点。

想一想练一练　若将倒顺开关的手柄扳至"倒"的位置时，电动机的转子未转动或转得很慢，并发出"嗡嗡"声；但将倒顺开关的手柄扳至"顺"的位置时，电动机运行正常，请画出故障最小范围，并说出检修方法。

检查评议

对任务实施的完成情况进行检查，并将结果填入表2-4。

表 2-4　任务测评表

序号	主要内容	考核要求	评分标准	配分	扣分	得分
1	电路安装调试	根据任务,按照电动机基本控制电路的安装步骤和工艺要求,进行电路的安装与调试	1. 按图接线,不按图接线扣 10 分 2. 电器元件安装正确、整齐、牢固,否则一个扣 2 分 3. 布线整齐美观,横平竖直、高低平齐,转角 90°,否则每处扣 2 分 4. 线头长短合适,压接圈方向正确,无松动,否则每处扣 1 分 5. 布线齐全,否则一根扣 5 分 6. 编码套管安装正确,否则每处扣 1 分 7. 通电试车功能齐全,否则扣 40 分	60		
2	电路故障检修	人为设置隐蔽故障 3 个,根据故障现象,正确分析故障原因及故障范围,采用正确的检修方法,排除电路故障	1. 不能根据故障现象,画出故障最小范围扣 10 分 2. 检修方法错误扣 5～10 分 3. 故障排除后,未能在电路图中用"×"标出故障点,扣 10 分 4. 故障排除完全。只能排除 1 个故障扣 20 分,3 个故障都未能排除扣 30 分	30		
3	安全文明生产	劳动保护用品穿戴整齐;电工工具佩带齐全;遵守操作规程;尊重老师,讲文明礼貌;考试结束要清理现场	1. 操作中,违反安全文明生产考核要求的任何一项扣 2 分,扣完为止 2. 当发现学生有重大事故隐患时,要立即予以制止,并每次扣安全文明生产总分 5 分	10		
			合　计			
	开始时间:			结束时间:		

问题及防治

　　在学生进行倒顺开关正反转控制电路的安装、调试与检修实训过程中,时常会遇到如下问题:

　　问题: 在进行倒顺开关正反转运行控制的切换过程中,未将倒顺开关 QS 的手柄先扳到"停"的位置,而是直接把手柄由"顺"扳至"倒"的位置或直接把手柄由"倒"扳至"顺"的位置。

　　后果: 会造成电动机的定子绕组因电源突然反接而产生很大的反接电流,容易使电动机定子绕组因过热而损坏。

　　预防措施: 当电动机处于正转状态时,要使电动机反转,应先把倒顺开关的手柄扳到"停"的位置,使电动机先停转,然后再把手柄扳到"倒"的位置,使之反转。同理,当电动机处于反转状态时,要使电动机正转,应先把倒顺开关的手柄扳到"停"的位置,使电动机先停转,然后再把手柄扳到"顺"的位置,使之正转。

考证要点

　　根据高级工国家职业资格考试相关要求,本任务内容的考核要点见表 2-5。

表2-5　考核要点

行为领域	鉴定范围	鉴定点	重要程度
理论知识	倒顺开关正反转控制电路分析	倒顺开关正反转控制电路的工作原理	★★
操作技能	低压电路安装、调试与故障检修	倒顺开关正反转控制电路的安装、调试与检修	★★★

考证测试题

一、选择题（请将正确的答案序号填入括号内）

1. 三相交流异步电动机旋转方向由（　　）决定。

A. 电动势方向　　　　B. 电流方向　　　　C. 频率　　　　D. 旋转磁场方向

2. 要使三相异步电动机反转，只要（　　）就能完成。

A. 降低电压　　　　　　　　　　　B. 降低电流

C. 将任意两根电源线对调　　　　　D. 降低电路功率

二、简答题

1. 简述倒顺开关正反转控制电路的工作原理。

2. 在进行倒顺开关正反转控制电路的切换过程中应注意哪些问题？

任务2　三相异步电动机接触器联锁正反转控制电路的安装与检修

学习目标

知识目标

正确理解三相异步电动机接触器联锁正反转控制电路的工作原理。

能力目标

1. 能正确识读三相异步电动机接触器联锁正反转控制电路的原理图、接线图和布置图。

2. 会按照工艺要求正确安装三相异步电动机接触器联锁正反转控制电路。

3. 能根据故障现象，检修三相异步电动机接触器联锁正反转控制电路。

素质目标

养成独立思考和动手操作的习惯，培养小组协调能力和互相学习的精神。

工作任务

由于倒顺开关正反转控制是手动控制，其局限性较大；因此，在现有的大量设备中，采用的是通过利用接触器切换主电路，改变三相异步电动机定子绕组的三相电源相序，来实现正反转控制。如图2-8所示是三相异步电动机接触器联锁正反转控制电路原理图。本次任务的主要内容是：通过学习，完成对三相异步电动机接触器联锁正反转控制电路的安装与检修。

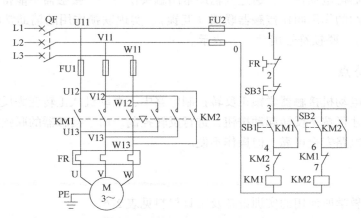

图 2-8　三相异步电动机接触器联锁正反转控制电路原理图

一、原理分析

从图 2-8 所示的三相异步电动机接触器联锁正反转控制电路中可看出，电路中采用了两个接触器，即正转用的接触器 KM1 和反转用的接触器 KM2，它们分别由正转起动按钮 SB1 和反转起动按钮 SB2 控制。从主电路中可以看出，这两个接触器的主触头所接通的电源相序也有所不同，KM1 按 L1—L2—L3 相序接线，而 KM2 按 L3—L2—L1 相序接线。相应的控制电路有两条，其中一条是由正转按钮 SB1 和接触器 KM1 线圈等组成的正转控制电路；另一条是由反转按钮 SB2 和接触器 KM2 线圈等组成的反转控制电路。其工作原理如下：

1. 正转控制

2. 停止控制

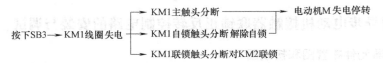

3. 反转控制

提示：接触器 KM1 和 KM2 的主触头绝不允许同时闭合，否则将造成两相电源（L1 相和 L3 相）短路事故。为了避免两个接触器 KM1 和 KM2 同时得电动作，在正、反转控制电路中分别串联对方接触器的一对辅助常闭触头。

当一个接触器得电动作时，通过其辅助常闭触头使另一个接触器不能得电动作，接触器之间这种相互制约的作用叫作接触器联锁（互锁）。实现联锁作用的辅助常闭触头称为联锁触头（互锁触头），联锁符号用"▽"表示。

二、电路特点

在三相异步电动机接触器联锁正反转控制电路中，电动机从正转变为反转时，必须先按下停止按钮后，才可按下反转起动按钮，进行反转控制。由于接触器的联锁作用，不能实现直接反转，因此电路安全可靠，但操作不便。

任务准备

实施本任务教学所使用的实训设备及工具材料见表2-6。

表2-6　实训设备及工具材料

序号	名称	型号规格	单位	数量	备注
1	电工常用工具		套	1	
2	万用表	MF47型	块	1	
3	三相四线电源	380/220V、20 A	处	1	
4	三相异步电动机	Y112M—4(4kW、380V、△联结)或自定	台	1	
5	配线板	500mm×600mm×20mm	块	1	
6	低压断路器	规格自定	只	1	
7	接触器	CJ10—20、线圈电压380V、20A	个	2	
8	按钮	LA10—3H、保护式、按钮数3	个	1	
9	熔断器FU1	RL1—60/25、380V、60A、熔体配25A	套	3	
10	熔断器FU2	RL1—15/2、380V、15A、熔体配2A	套	2	
11	热继电器	JR20—10	只	1	
12	木螺钉	$\phi3mm×20mm$、$\phi3mm×15mm$	个	30	
13	平垫圈	$\phi4mm$	个	30	
14	圆珠笔	自定	支	1	
15	主电路导线	BVR—1.5、$1.5mm^2$($7×0.52mm$)(黑色)	m	若干	
16	接地线	BVR—1.5、$1.5mm^2$(黄绿双色)	m	若干	

任务实施

一、三相异步电动机接触器联锁正反转控制电路的安装与调试

1. 绘制电器元件布置图和接线图

三相异步电动机接触器联锁正反转控制电路的电器元件布置图和接线图如图2-9所示。

2. 元器件规格、质量检查

1）根据表2-6中的实训设备及工具材料明细表，检查其各元器件、耗材与表中的型号与规格是否一致。

2）检查各元器件的外观是否完整无损，附件、备件是否齐全。

3）用仪表检查各元器件和电动机的有关技术数据是否符合要求。

3. 根据电器元件布置图安装固定低压电器元件

当电器元件检查完毕后，按照所绘制的电器元件布置图安装和固定电器元件。安装和固

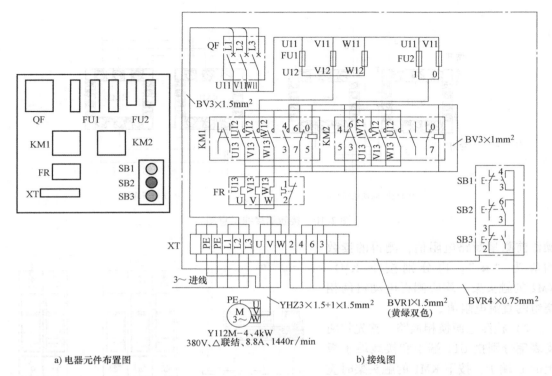

a) 电器元件布置图   b) 接线图

图 2-9   三相异步电动机接触器联锁正反转控制电路的电器元件布置图和接线图

定电器元件的步骤和方法与前面任务基本相同。

4. 根据电路图和接线图进行板前明线布线

当电器元件安装完毕后，按照如图 2-8 所示的电路图和接线图进行板前明线布线。布线的工艺要求与前面任务相同，在此仅就接触器的主触头和辅助触头的连线进行介绍，如图 2-10 所示。三相异步电动机接触器联锁正反转控制电路接线效果示意图如图 2-11 所示。

1）主电路从 QF 到接线端子板 XT 之间走线方式与单向起动电路完全相同。两个接触器主触头端子之间的连线可以直接在主触头高度的平面内走线，不必向下贴近安装底板，以减少导线的弯折。如图 2-10b 所示。

2）在进行辅助电路接线时，可先接好两个接触器的自锁电路，核查无误后再进行联锁电路的接线。这两部分电路应反复核对，不可接错。如图 2-10a 所示。

5. 电动机的连接

按照电动机铭牌上的接线方法，正确连接接线端子，然后将定子绕组的电源引入线接到配线板的接线端子的 U、V 和 W 的端子上，最后连接电动机的保护接地线。

6. 自检

当电路安装完毕后，在通电试车前必须经过自检，并经指导教师确认无误后方可通电试车。自检的方法及步骤如下：

（1）主电路的检测

1）检查各相通路。将万用表调置适当倍率，并进行校零。断开熔断器 FU2 以切断控制回路。然后将两支表笔分别接 U11-V11、V11-W11 和 W11-U11 端子，测量相间电阻值。未

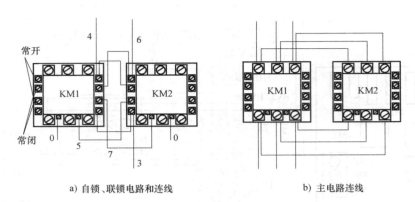

a) 自锁、联锁电路和连线　　　　　　　　b) 主电路连线

图 2-10　接触器接线示意图

操作前测量断路电阻值，测得的读数均应为"∞"。再分别按下 KM1、KM2 的触头架，均应测得电动机两相绕组的直流电阻值。

2）检测电源换相通路。首先将两支表笔分别接 U11 端子和接线端子板上的 U 端子，按下 KM1 的触头架时应测得的电阻值趋于 0。然后松开 KM1 再按下 KM2 触头架，此时应测得电动机两相绕组的电阻值。用同样的方法测量 W11-W 之间通路。

（2）控制电路检测　断开熔断器 FU1，切断主电路，接通 FU2，然后将万用表的两只表笔接 QF 下端 U11、V11 端子，并作以下几项检查。

1）检查正反转起动及停车控制。操作按钮前电路处于断路状态，此时应测得的电阻值为"∞"。然后分别按下 SB1 和 SB2 时，各应测得 KM1 和 KM2 的线圈电阻值。如同时再按下 SB1 和 SB2 时，应测得 KM1 和 KM2 的线圈电阻值的并联值（若两个接触器线圈的电阻值相同，则为接触器线圈电阻值的1/2）。当分别按下 SB1 和 SB2 后，再按下停止按钮 SB3，此时万用表应显示电路由通而断。

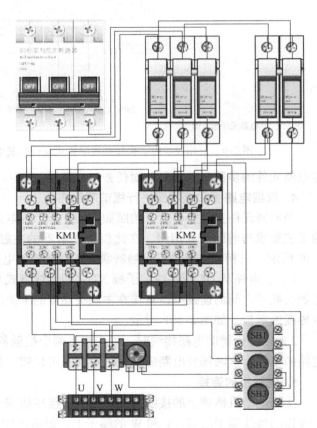

图 2-11　三相异步电动机接触器联锁正反转控制电路接线效果示意图

2）检查自锁回路。分别按下 KM1 和 KM2 触头架，应分别测得 KM1、KM2 的线圈电阻值，然后再按下停止按钮 SB3，此时万用表的读数应为"∞"。

3）检查联锁电路。按下 SB1 或 KM1 触头架，测得 KM1 线圈电阻值后，再轻轻按下 KM2 触头架使常闭触头分断（注意不能使 KM2 的常开触头闭合），万用表应显示电路由通而断；用同样方法检查 KM1 对 KM2 的联锁作用。

7. 通电试车

学生通过自检经教师确认无误后，在教师的监护下进行通电试车。其操作方法和步骤如下：

（1）空操作试验　合上电源开关 QF，做以下几项试验：

1）正、反向起动、停车控制。按下正转起动按钮 SB1，KM1 应立即动作并能保持吸合状态；按下停止按钮 SB3 使 KM1 释放；再按下反转起动按钮 SB2，则 KM2 应立即动作并保持吸合状态；再按下停止按钮 SB3，KM2 应释放。

2）联锁作用试验。按下正转起动按钮 SB1 使 KM1 得电动作；再按下反转起动按钮 SB2，KM1 不释放且 KM2 不动作；按下停止按钮 SB3 使 KM1 释放，再按下反转起动按钮 SB2 使 KM2 得电吸合；按下正转起动按钮 SB1 则 KM2 不释放且 KM1 不动作。反复操作几次检查联锁电路的可靠性。

3）用绝缘棒按下 KM1 的触头架，KM1 应得电并保持吸合状态；再用绝缘棒缓慢地按下 KM2 触头架，KM1 应释放，随后 KM2 得电再吸合；再按下 KM1 触头架，则 KM2 释放而 KM1 吸合。

> 提示：作此项试验时应注意：为保证安全，一定要用绝缘棒操作接触器的触头架。

（2）带负荷试车　切断电源后，连接好电动机接线，装好接触器灭弧罩，合上 QF。

试验正、反向起动、停车。操作 SB1 使电动机正向起动；操作 SB3 停车后再操作 SB2 使电动机反向起动。注意观察电动机起动时的转向和运行声音，如有异常则立即停车检查。

二、三相异步电动机接触器联锁正反转控制电路的故障分析及检修

【故障现象 1】按下正、反转起动按钮 SB1 或 SB2 后，接触器 KM1 或 KM2 均获电动作，但电动机的转子均未转动或转的很慢，并发出"嗡嗡"声。

【故障分析】采用逻辑分析法对故障现象进行分析可知，这是典型的电动机缺相运行，其故障最小范围可用虚线表示，如图 2-12 所示。

【检修方法】首先应按下停止按钮 SB3，使电动机迅速停止。然后以接触器 KM1 或 KM2 的主触头为分界点，与电源相接的静触头一侧采用量电法进行检测，观察其电压是否正常；而与电动机连接的动触头一侧，在停电的状态下，采用电阻测量法，对万用表的电阻档进行通路检测，如图 2-13 所示。

【故障现象 2】按下正转起动按钮 SB1 后，接触器 KM1 获电动作，电动机运行正常；当按下反转起动按钮 SB2 后，接触器 KM2 获电动作，但电动机的转子未转动或转的很慢，并发出"嗡嗡"声。

【故障分析】采用逻辑分析法对故障现象进行分析可知，其故障最小范围可用虚线表示，如图 2-14 所示。

【检修方法】首先应按下停止按钮 SB3，使电动机迅速停止。然后以接触器 KM2 的主触头为分界点，与电源相接的静触头一侧采用量电法进行检测，观察其电压是否正常；而与电

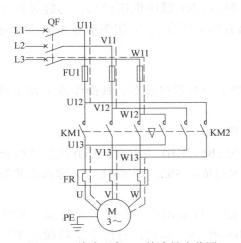

图 2-12　故障现象 1—故障最小范围

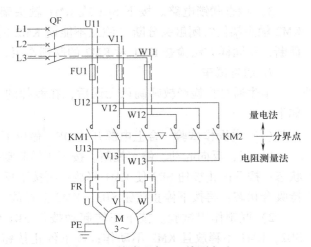

图 2-13　故障现象 1—检测方法

动机连接的动触头一侧，在停电的状态下，采用电阻测量法，对万用表的电阻档进行通路检测，如图 2-15 所示。

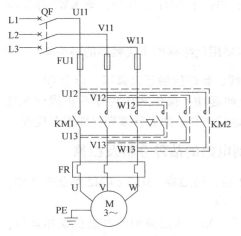

图 2-14　故障现象 2—故障最小范围

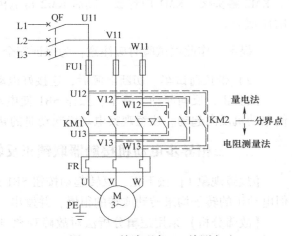

图 2-15　故障现象 2—检测方法

想一想练一练　若按下正转起动按钮 SB1 时，电动机的转子未转动或转的很慢，并发出"嗡嗡"声；但按下反转起动按钮 SB2 时，电动机运行正常，请画出故障最小范围，并说出检修方法。

【故障现象 3】当按下正、反转起动按钮 SB1 或 SB2 后，接触器 KM1 或 KM2 均不动作，电动机不转。

【故障分析】采用逻辑分析法对故障现象进行分析可知，其故障最小范围可用虚线表示，如图 2-16 所示。

【检修方法】根据如图 2-15 所示的故障最小范围，可以采用电压测量法或者采用验电笔测试法进行检测。检测方法可参照前面任务所介绍的方法进行操作，在此不再赘述。

【故障现象 4】当按下正转起动按钮 SB1 后，接触器 KM1 不动作，电动机不转。但按下反转起动按钮 SB2 后，接触器 KM2 动作，电动机起动运行。

【故障分析】采用逻辑分析法对故障现象进行分析可知，其故障最小范围可用虚线表示，如图 2-17 所示。

【检修方法】根据如图 2-17 所示的故障最小范围，以正转起动按钮 SB1 常开触头为分界点，可以采用电压测量法或者采用验电笔测试法进行检测。若测得 SB1 触头两端的电压正常，则故障点一定是 SB1 常开触头接触不良；若测得的电压不正常，则故障点在 SB1 触头之外，其检测方法可参照前面任务所介绍的方法进行操作，在此不再赘述。

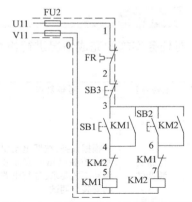

图 2-16 故障现象 3—故障最小范围

想一想练一练 若按下正转起动按钮 SB1 时，电动机起动运行正常；但按下反转起动按钮 SB2 时，接触器 KM2 不动作，电动机未能起动运行，请画出故障最小范围，并说出检修方法。

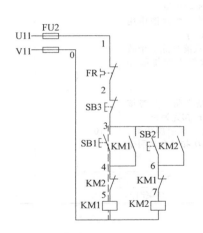

图 2-17 故障现象 4—故障最小范围

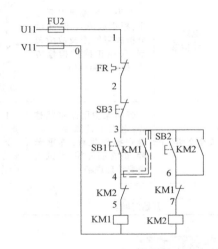

图 2-18 故障现象 5—故障最小范围

【故障现象 5】按下反转起动按钮 SB2 后，电动机运行正常。但按下正转起动按钮 SB1 后，接触器 KM1 动作，电动机起动运行；但松开起动按钮 SB1 后，接触器 KM1 释放，电动机停止运行。

【故障分析】采用逻辑分析法对故障现象进行分析可知，该现象是正转运行不连续（即点动现象），其故障最小范围可用虚线表示，如图 2-18 所示。

【检修方法】根据如图 2-18 所示的故障最小范围，以接触器 KM1 自锁触头为分界点，可以采用电压测量法或者采用验电笔测试法进行检测。若测得 KM1 辅助触头两端的电压正常，则故障点一定是 KM1 常开触头接触不良；若测得的电压不正常，则故障点在与 KM1 触头连接的自锁回路上，其检测方法可参照前面任务所介绍的方法进行操作，在此不再赘述。

想一想练一练 若按下正转起动按钮 SB1 后，电动机运行正常。但按下反转起动按钮 SB2 后，接触器 KM2 动作，电动机起动运行；但松开起动按钮 SB2 后，接触器 KM2 释放，电动机停止运行。请画出故障最小范围，并说出检修方法。

检查评议

对任务实施的完成情况进行检查，并将结果填入表2-7。

表2-7　任务测评表

序号	主要内容	考核要求	评分标准	配分	扣分	得分
1	电路安装调试	根据任务，按照电动机基本控制电路的安装步骤和工艺要求，进行电路的安装与调试	1. 按图接线，不按图接线扣10分 2. 电器元件安装正确、整齐、牢固，否则一个扣2分 3. 布线整齐美观，横平竖直、高低平齐，转角90°，否则每处扣2分 4. 线头长短合适，压接圈方向正确，无松动，否则每处扣1分 5. 布线齐全，否则一根扣5分 6. 编码套管安装正确，否则每处扣1分 7. 通电试车功能齐全，否则扣40分	60		
2	电路故障检修	人为设置隐蔽故障3个，根据故障现象，正确分析故障原因及故障范围，采用正确的检修方法，排除电路故障	1. 不能根据故障现象，画出故障最小范围扣10分 2. 检修方法错误扣5~10分 3. 故障排除后，未能在电路图中用"×"标出故障点，扣10分 4. 故障排除完全。只能排除1个故障扣20分，3个故障都未能排除扣30分	30		
3	安全文明生产	劳动保护用品穿戴整齐；电工工具佩带齐全；遵守操作规程；尊重老师，讲文明礼貌；考试结束要清理现场	1. 操作中，违反安全文明生产考核要求的任何一项扣2分，扣完为止 2. 当发现学生有重大事故隐患时，要立即予以制止，并每次扣安全文明生产总分5分	10		
合　计						
开始时间：			结束时间：			

问题及防治

在学生进行三相异步电动机接触器联锁正反转控制电路的安装、调试与检修实训过程中，时常会遇到如下问题：

问题1：在进行三相异步电动机接触器联锁正反转控制电路的接线时，误将接触器线圈与自身的常闭触头串联，如图2-19所示。

后果：不但起不到联锁作用，还会造成按下起动按钮后控制电路出现时通时断的现象（即接触器跳动现象）。

预防措施：联锁触头不能用自身接触器的辅助常闭触头，而应该用对方接触器的辅助常闭触头，故应把图中的两对触头对调。

问题2：在进行三相异步电动机接触器联锁正反转控制电路的接线时，误将接触器线圈与对方接触器的辅助常开触头串联，如图2-20所示。

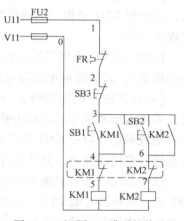

图2-19　问题1—错误的接法

后果：会造成当分别按下正、反转起动按钮 SB1 和 SB2 后，接触器 KM1 和 KM2 均不动作。

预防措施：联锁触头不能用辅助常开触头，应把联锁触头换成辅助常闭触头。

问题3：在进行三相异步电动机接触器联锁正反转控制电路的接线时，误将自锁触头接成对方的辅助常开触头，如图2-21所示。

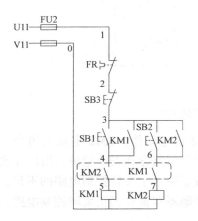

图2-20 问题2—错误的接法

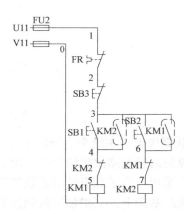

图2-21 问题3—错误的接法

后果：会造成正反转控制不能连续运行，出现正反转点动现象。其原因是用对方接触器的辅助常开触头作为自锁触头起不到自锁作用。

预防措施：若要使电路能连续工作，应把图2-21中两对自锁触头换接。

知识拓展

按钮联锁正反转控制电路

接触器联锁正反转控制电路的优点是安全可靠，缺点是操作不便。当电动机从正转变为反转时，必须先按下停止按钮后，才能按反转起动按钮，否则由于接触器的联锁作用，不能实现反转。为克服接触器联锁正反转控制电路操作不便的不足，可把正转按钮 SB1 和反转按钮 SB2 换成两个复合按钮，并使两个复合按钮的常闭触头代替接触器的联锁触头，这就构成了按钮联锁的正反转控制电路。如图2-22所示。

按钮联锁正反转控制电路的工作原理与接触器联锁的正反转控制电路工作原理基本相同，只是当电动机从正转切换为反转时，可以直接按下反转起动按钮 SB2，不必先按停止按钮 SB3。这是因为电动机正转运行时，当按下反转起动按钮 SB2 时，串接在正转控制电路中的 SB2 的常闭触头先分断，使接触器 KM1 先失电，KM1 主触头和自锁触头分断，电动机失电。当 SB2 的常闭触头分断后，SB2 的常开触头随后闭合，接通反转控制电路，电动机 M 反转。这样既保证了 KM1 和 KM2 的线圈不会同时得电，又可在不按停止按钮的情况下进行正反转转换控制。

按钮联锁正反转控制电路与接触器联锁正反转控制电路相比，操作更加方便。但其缺点是容易产生电源的两相短路故障。如当接触器 KM1 发生主触头熔焊或被杂物卡住时，即使

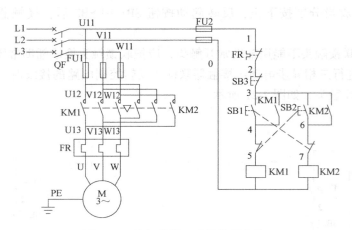

图 2-22　按钮联锁正反转控制电路

KM1 线圈失电，主触头也分断不了，若按下 SB2，KM2 得电动作，KM2 主触头闭合，将造成电源的两相短路故障的发生。由于按钮联锁正反转控制电路存在安全隐患，所以在实际工作中不采用。为了克服接触器联锁正反转控制电路和按钮联锁正反转控制电路的不足，在按钮联锁的基础上，又增加了接触器联锁，构成按钮、接触器双重联锁正反转控制电路，这将在后续的任务 3 进行介绍。

考证要点

根据高级工国家职业资格考试相关要求，本任务内容的考核要点见表 2-8。

表 2-8　考核要点

行为领域	鉴定范围	鉴定点	重要程度
理论知识	三相异步电动机接触器联锁正反转控制电路分析	三相异步电动机接触器联锁正反转的工作原理	★★
操作技能	低压电路安装、调试与故障检修	三相异步电动机接触器联锁正反转控制电路的安装、调试与检修	★★★

考证测试题

一、判断题（正确的打"√"，错误的打"×"）

1. 在三相异步电动机接触器联锁正反转控制电路中，正、反转接触器有时可以同时闭合。　　　　　　　　　　　　　　　　　　　　　　　　　　　　　　（　　）

2. 为了保证三相异步电动机实现反转，正、反转接触器的主触头必须按相同的顺序并联后串联到主电路中。　　　　　　　　　　　　　　　　　　　　　　（　　）

3. 在接触器正、反转的控制电路中，若正转接触器和反转接触器同时通电会发生电源的两相短路。　　　　　　　　　　　　　　　　　　　　　　　　　　（　　）

4. 当一个接触器得电动作时，通过其辅助常开触头使另一个接触器不能得电动作，叫联锁。　　　　　　　　　　　　　　　　　　　　　　　　　　　　　　（　　）

5. 只有改变三相电源中的 U—W 相，才能使电动机反转。　　　　　　　（　　）

二、分析题

试分析判断如图 2-23 所示主电路能否实现正反转控制？若不能，试说明其原因。

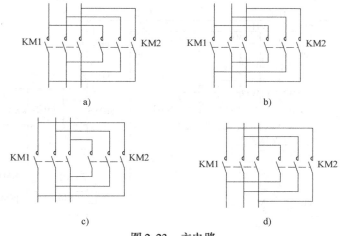

图 2-23　主电路

三、简答题

什么叫联锁控制？在电动机正反转控制电路中为什么必须有联锁控制？

四、设计题

试画出带点动和连续运行的接触器联锁正反转控制电路的电路图。

任务3　双重联锁正反转控制电路的安装与检修

学习目标

知识目标

正确理解双重联锁正反转控制电路的工作原理。

能力目标

1. 能正确识读双重联锁正反转控制电路的原理图、接线图和布置图。

2. 会按照工艺要求正确安装双重联锁正反转控制电路。

3. 能根据故障现象，检修双重联锁正反转控制电路。

素质目标

养成独立思考和动手操作的习惯，培养小组协调能力和互相学习的精神。

工作任务

为了克服接触器联锁正反转控制电路和按钮联锁正反转控制电路的不足，在接触器联锁的基础上，又增加了按钮联锁功能，构成了按钮、接触器双重联锁正反转控制电路，双重联锁正反转控制电路如图 2-24 所示。

本次任务的主要内容是：通过学习，完成对双重联锁正反转控制电路的安装与检修。

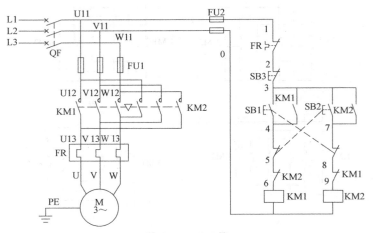

图 2-24　双重联锁正反转控制电路

相关理论

一、原理分析

从图 2-25 所示的双重联锁正反转控制电路原理图中可看出，该电路是在三相异步电动机接触器联锁正反转控制电路的基础上，将正转起动按钮 SB1 和反转起动按钮 SB2 换成了复合按钮，并把两个复合按钮的常闭触头串接在对方的控制电路中发展而来的。其工作原理如下：先合上电源开关 QF。

1. 正转控制

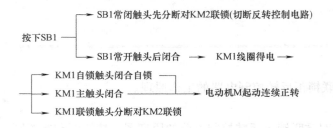

2. 反转控制

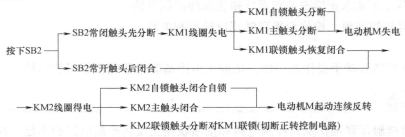

3. 停止控制

二、电路特点

该电路具有接触器联锁和按钮联锁电路的优点，操作方便，工作安全可靠，在生产实际中有广泛的应用。

任务准备

实施本任务教学所使用的实训设备及工具材料可参考表 2-9。

表 2-9 实训设备及工具材料

序号	名称	型号规格	单位	数量	备注
1	电工常用工具		套	1	
2	万用表	MF47 型	块	1	
3	三相四线电源	380/220 V、20 A	处	1	
4	三相异步电动机	Y112M—4（4 kW、380 V、△联结）或自定	台	1	
5	配线板	500mm×600mm×20mm	块	1	
6	低压断路器	规格自定	只	1	
7	接触器	CJ10—20、线圈电压 380V、20A	个	2	
8	按钮	LA10—3H	个	1	
9	熔断器 FU1	RL1—60/25、380V、60A、熔体配 25A	套	3	
10	熔断器 FU2	RL1—15/2、380V、15A、熔体配 2A	套	2	
11	热继电器	JR20—10	只	1	
12	木螺钉	ϕ3mm×20mm、ϕ3mm×15mm	个	30	
13	平垫圈	ϕ4mm	个	30	
14	圆珠笔	自定	支	1	
15	主电路导线	BVR—1.5、1.5mm²（7×0.52mm）（黑色）	m	若干	
16	接地线	BVR—1.5、1.5mm²（黄绿双色）	m	若干	

任务实施

一、双重联锁正反转控制电路的安装与调试

1. 绘制电器元件布置图和接线图

双重联锁正反转控制电路的电器元件布置图和接线图如图 2-25 所示。

2. 元器件规格、质量检查

1）根据表 2-9 中的实训设备及工具材料明细表，检查其各元器件、耗材与表中的型号与规格是否一致。

2）检查各元器件的外观是否完整无损，附件、备件是否齐全。

3）用仪表检查各元器件和电动机的有关技术数据是否符合要求。

3. 根据电器元件布置图安装固定低压电器元件

当电器元件检查完毕后，按照所绘制的电器元件布置图安装和固定电器元件。安装和固定电器元件的步骤和方法与前面任务基本相同。

4. 根据电路图和接线图进行板前明线布线

当电器元件安装完毕后，按照如图 2-24 所示的电路图和如图 2-25 所示的接线图进行板

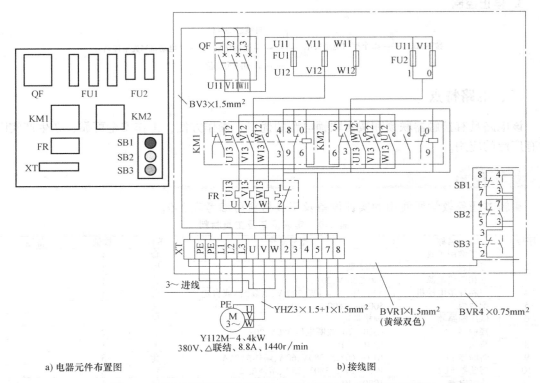

a) 电器元件布置图　　　　　　　　　　　　　　　　　　　b) 接线图

图 2-25　双重联锁正反转控制电路的电器元件布置图和接线图

前明线布线。布线的工艺要求与前面任务相同。由于该电路比前面任务的电路复杂，初学者也可参考如图 2-26 所示的实物接线示意图进行。

5. 电动机的连接

按照电动机铭牌上的接线方法，正确连接接线端子，然后将定子绕组的电源引入线接到配线板的接线端子的 U、V 和 W 的端子上，最后连接电动机的保护接地线。

6. 自检

当电路安装完毕后，在通电试车前必须经过自检，并经指导教师确认无误后方可通电试车。自检的方法及步骤如下：

（1）**主电路的检测**　将万用表调置适当倍率，并进行校零。然后按照任务 2 三相异步电动机接触器联锁正反转控制电路中的检测方法进行检测。

（2）**控制电路检测**　断开熔断器 FU1，切断主电路，接通 FU2，然后将万用表的两只表笔接 QF 下端 U11、V11 端子，并作以下几项检查。

1）检查正反转起动及停车控制。操作按钮前电路处于断路状态，此时应测得的电阻值为 "∞"。然后分别按下 SB1 和 SB2 时，各应测得 KM1 和 KM2 的线圈电阻值。如同时再按下 SB1 和 SB2 时，应测得的电阻值为 "∞"。这是因为在正反转控制回路中串入了 SB1 和 SB2 的常闭触头，当同时按下 SB1 和 SB2 后，正反转控制回路均处于开路状态。最后在分别按下 SB1 和 SB2 的同时按下停止按钮 SB3，此时万用表应分别显示电路由通而断。

2）检查自锁回路。用绝缘棒分别按下 KM1 及 KM2 触头架，应分别测得 KM1、KM2 的

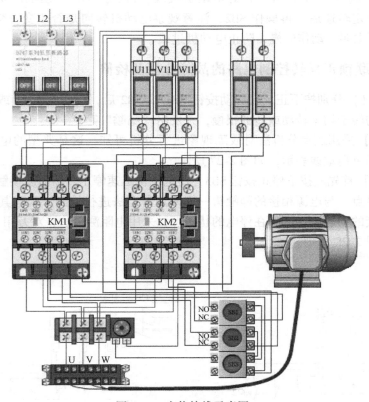

图 2-26　实物接线示意图

线圈电阻值，然后再按下停止按钮 SB3，此时万用表的读数应为"∞"。

3）检查辅助触头联锁电路。按下 SB1 或 KM1 触头架，测得 KM1 线圈电阻值后，再轻轻按下 KM2 触头架使常闭触头分断（注意不能使 KM2 的常开触头闭合），万用表应显示电路由通而断；用同样方法检查 KM1 对 KM2 的联锁作用。

4）检查按钮联锁。按下 SB1 测得 KM1 线圈电阻值后，再按下 SB2，此时万用表显示电路由通而断；同样，先按下 SB2 再按下 SB1，也应测得电路由通而断。

7. 通电试车

学生通过自检经教师确认无误后，在教师的监护下进行通电试车。其操作方法和步骤如下：

（1）空操作试验　合上电源开关 QF，做以下几项试验：

1）正反向起动、停车控制。交替按下 SB1、SB2，观察 KM1 和 KM2 受其控制的动作情况，细听它们运行的声音，观察按钮联锁作用是否可靠。

2）辅助触头联锁作用试验。用绝缘棒按下 KM1 触头架，当其自锁触头闭合时，KM1 线圈立即得电，触头保持闭合；再用绝缘棒轻轻按下 KM2 触头架，使其联锁触头分断，则 KM1 应立即释放；继续将 KM2 的触头架按到底则 KM2 得电动作。再用同样的办法检查 KM1 对 KM2 的联锁作用。反复操作几次，以观察电路联锁作用的可靠性。

提示：作此项试验时应注意：为保证安全，一定要用绝缘棒操作接触器的触头架。

（2）**带负荷试车**　断开 QF，接好电动机接线，再合上 QF，先操作 SB1 起动电动机，待电动机达到额定转速后，再操作 SB2，注意观察电动机转向是否改变。交替操作 SB1 和 SB2 的次数不可太多，动作应慢，防止电动机过载。

二、双重联锁正反转控制电路的故障分析及检修

【**故障现象 1**】分别按下正反转起动按钮 SB1 或 SB2 后，接触器 KM1 或 KM2 均获电动作，但电动机的转子均未转动或转的很慢，并发出"嗡嗡"声。

【**故障分析**】采用逻辑分析法对故障现象进行分析可知，这是典型的电动机缺相运行，其故障最小范围可用虚线表示，如图 2-27 所示。

【**检修方法**】首先应按下停止按钮 SB3，使电动机迅速停止。然后以接触器 KM1 或 KM2 的主触头为分界点，与电源相接的静触头一侧采用量电法进行检测，观察其电压是否正常；而与电动机连接的动触头一侧，在停电的状态下，采用电阻测量法，对万用表的电阻档进行通路检测，如图 2-28 所示。

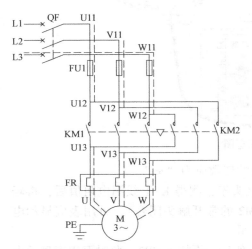

图 2-27　故障现象 1—故障最小范围

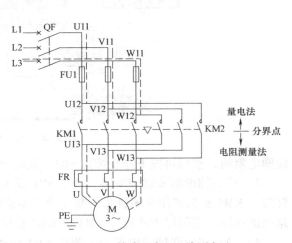

图 2-28　故障现象 2—检测方法

【**故障现象 2**】按下正转起动按钮 SB1 后，接触器 KM1 获电动作，电动机运行正常；当按下反转起动按钮 SB2 后，接触器 KM2 获电动作，但电动机的转子未转动或转得很慢，并发出"嗡嗡"声。

【**故障分析**】采用逻辑分析法对故障现象进行分析可知，其故障最小范围可用虚线表示，如图 2-29 所示。

【**检修方法**】首先应按下停止按钮 SB3，使电动机迅速停止。然后以接触器 KM2 的主触头为分界点，与电源相接的静触头一侧采用量电法进行检测，观察其电压是否正常；而与电动机连接的动触头一侧，在停电的状态下，采用电阻测量法，对万用表的电阻档进行通路检测，如图 2-30 所示。

想一想练一练　若按下正转起动按钮 SB1 时，电动机的转子未转动或转的很慢，并发出"嗡嗡"声；但按下反转起动按钮 SB2 时，电动机运行正常，请画出故障最小范围，并说出检修方法。

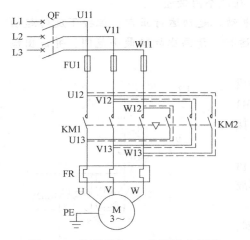

图 2-29　故障现象 2—故障最小范围

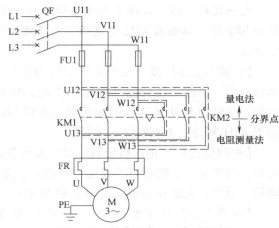

图 2-30　故障现象 2—检测方法

【故障现象 3】 当按下正反转起动按钮 SB1 或 SB2 后，接触器 KM1 或 KM2 均不动作，电动机不转。

【故障分析】 采用逻辑分析法对故障现象进行分析可知，其故障最小范围可用虚线表示，如图 2-31 所示。

【检修方法】 根据如图 2-31 所示的故障最小范围，可以采用电压测量法或者验电笔测试法进行检测。检测方法可参照前面任务所介绍的方法进行操作，在此不再赘述。

【故障现象 4】 当按下正转起动按钮 SB1 后，接触器 KM1 不动作，电动机不转。但按下反转起动按钮 SB2 后，接触器 KM2 动作，电动机起动运行。

【故障分析】 采用逻辑分析法对故障现象进行分析可知，其故障最小范围可用虚线表示，如图 2-32 所示。

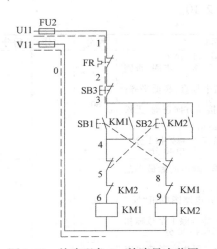

图 2-31　故障现象 3—故障最小范围

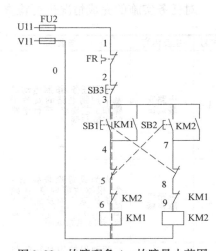

图 2-32　故障现象 4—故障最小范围

【检修方法】 根据如图 2-32 所示的故障最小范围，以正转起动按钮 SB1 常开触头为分界点，可以采用电压测量法或者验电笔测试法进行检测。若测得 SB1 触头两端的电压正常，则故障点一定是 SB1 常开触头接触不良；若测得的电压不正常，则故障点在 SB1 触头之外，其检测方法可参照前面任务所介绍的方法进行操作，在此不再赘述。

　　想一想练一练　若按下正转起动按钮 SB1 时，电动机起动运行正常；但按下反转起动按钮 SB2 时，接触器 KM2 不动作，电动机未能起动运行，请画出故障最小范围，并说出检修方法。

　　【故障现象 5】 按下反转起动按钮 SB2 后，电动机运行正常。但按下正转起动按钮 SB1 后，接触器 KM1 动作，电动机起动运行；但松开起动按钮 SB1 后，接触器 KM1 释放，电动机停止运行。

　　【故障分析】 采用逻辑分析法对故障现象进行分析可知，该现象是正转运行不连续（即点动现象），其故障最小范围可用虚线表示，如图 2-33 所示。

　　【检修方法】 根据如图 2-34 所示的故障最小范围，以接触器 KM1 自锁触头为分界点，可以采用电压测量法或者采用验电笔测试法进行检测。若测得 KM1 辅助触头两端的电压正常，则故障点一定是 KM1 常开触头接触不良；若测得的电压不正常，则故障点在与 KM1 触头连接的自锁回路上，其检测方法可参照前面任务所介绍的方法进行操作，在此不再赘述。

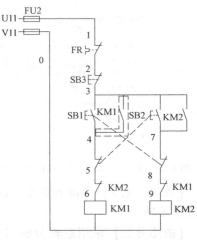

图 2-33　故障现象 5—故障最小范围

　　想一想练一练　若按下正转起动按钮 SB1 后，电动机运行正常。按下反转起动按钮 SB2 后，接触器 KM2 动作，电动机起动运行；但松开起动按钮 SB2 后，接触器 KM2 释放，电动机停止运行。请画出故障最小范围，并说出检修方法。

检查评议

对任务实施的完成情况进行检查，并将结果填入表 2-10。

表 2-10　任务测评表

序号	主要内容	考核要求	评分标准	配分	扣分	得分
1	电路安装调试	根据任务，按照电动机基本控制电路的安装步骤和工艺要求，进行电路的安装与调试	1. 按图接线，不按图接线扣10分 2. 电器元件安装正确、整齐、牢固，否则一处扣2分 3. 布线整齐美观，横平竖直、高低平齐，转角90°，否则每处扣2分 4. 线头长短合适，压接圈方向正确，无松动，否则每处扣1分 5. 布线齐全，否则一根扣5分 6. 编码套管安装正确，否则每处扣1分 7. 通电试车功能齐全，否则扣40分	60		
2	电路故障检修	人为设置隐蔽故障3个，根据故障现象，正确分析故障原因及故障范围，采用正确的检修方法，排除电路故障	1. 不能根据故障现象，画出故障最小范围扣10分 2. 检修方法错误扣5～10分 3. 故障排除后，未能在电路图中用"×"标出故障点，扣10分 4. 故障排除完全。只能排除1个故障扣20分，3个故障都未能排除扣30分	30		
3	安全文明生产	劳动保护用品穿戴整齐；电工工具佩带齐全；遵守操作规程；尊重老师，讲文明礼貌；考试结束要清理现场	1. 操作中，违反安全文明生产考核要求的任何一项扣2分，扣完为止 2. 当发现学生有重大事故隐患时，要立即予以制止，并每次扣安全文明生产总分5分	10		
			合　计			
	开始时间：			结束时间：		

问题及防治

在学生进行双重联锁正反转控制电路的安装、调试与检修实训过程中，时常会遇到如下问题：

问题： 在进行双重联锁正反转控制电路的接线时，误将正、反转起动按钮 SB1 和 SB2 的常开触头与自身的常闭触头串联，如图 2-34 所示。

后果： 不但起不到联锁作用，还会造成正反转控制电路无法起动，这是因为其常闭触头切断了自身控制的回路，导致接触器线圈无法得电。

预防措施： 按钮联锁触头不能用按钮自身的常闭触头，而应该用对方按钮的常闭触头，故应把图中的两对触头对调。

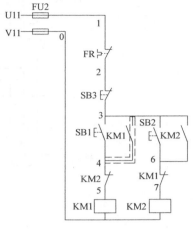

图 2-34　错误的接法

知识拓展

几种常见的三相异步电动机正反转控制电路

三相异步电动机正反转控制电路应用相当广泛，以下介绍几种常见的三相异步电动机正反转控制电路，供读者参考。

1. 三个接触器控制正反转控制电路

三个接触器控制正反转控制电路如图 2-35 所示，其工作原理请读者自行分析。

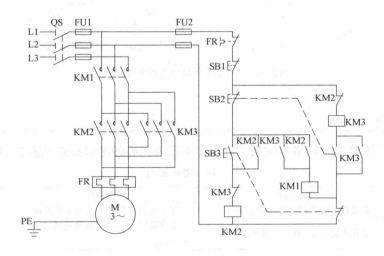

图 2-35　三个接触器控制正反转控制电路

2. 双重联锁正反转两地控制电路

双重联锁正反转两地控制电路如图 2-36 所示。

3. 正反转点动与连续控制电路

正反转点动与连续控制电路如图 2-37 所示。

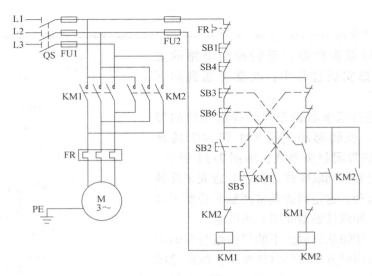

图 2-36　双重联锁正反转两地控制电路

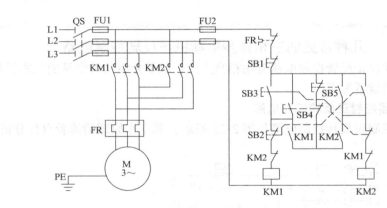

图 2-37　正反转点动与连续控制电路

考证要点

根据高级工国家职业资格考试相关要求，本任务内容的考核要点见表2-11。

表 2-11　考核要点

行为领域	鉴定范围	鉴定点	重要程度
理论知识	双重联锁正反转控制电路分析	双重联锁正反转电路的工作原理	★★
操作技能	低压电路安装、调试与故障检修	双重联锁正反转控制电路的安装、调试与检修	★★★

考证测试题

一、选择题（请将正确的答案序号填入括号内）

1. 三相交流异步电动机正反转控制的关键是改变（　　）。

A. 电源电压　　　　B. 电源相序　　　　C. 电源电流　　　　D. 负载大小

2. 实现三相异步电动机正、反转是（　　）实现的。

A. 正转接触器的常闭触头和反转接触器的常闭触头联锁

B. 正转接触器的常开触头和反转接触器的常开触头联锁

C. 正转接触器的常闭触头和反转接触器的常开触头联锁

D. 正转接触器的常开触头和反转接触器的常闭触头联锁

3. 正、反转控制电路中，在实际工作中最常用、最可靠的是（　　）。

A. 倒顺开关　　　　　　　　　　　B. 接触器联锁

C. 按钮联锁　　　　　　　　　　　D. 按钮、接触器双重联锁

4. 按下复合按钮时，（　　）。

A. 常开先闭合，常闭后断开　　　　B. 常开先断开，常开后闭合

C. 常开、常闭同时动作　　　　　　D. 常闭动作，常开不动作

5. 在操作按钮联锁或按钮、接触器双重联锁的正、反转控制电路中，要使电动机从正转改为反转，正确的操作方法是（　　）。

A. 可直接按下反转起动按钮

B. 可直接按下正转起动按钮

C. 必须先按下停止按钮，再按下反转起动按钮

D. 必须先按下停止按钮，再按下正转起动按钮

二、分析题

试分析如图 2-38 所示 4 个控制电路能否实现正反转控制？若不能，试说明其原因。

三、设计题

某车床有两台电动机，一台是主轴电动机，要求能实现正反转控制；另一台是冷却泵电动机，只要求正转控制；两台电动机都要求有短路、过载、欠电压和失电压保护功能，试设计满足要求的电路。

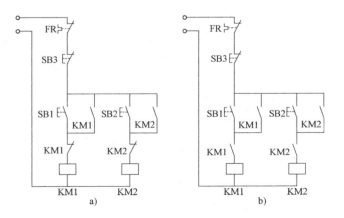

图 2-38　控制电路

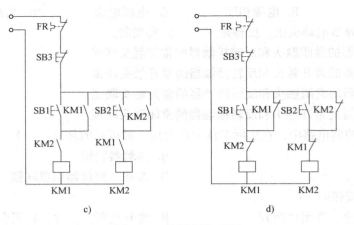

图 2-38　控制电路（续）

项目3
位置控制与顺序控制电路的安装与检修

任务1　位置控制电路的安装与检修

学习目标

知识目标

1. 掌握行程开关的结构、用途及工作原理和选用原则。
2. 正确理解位置控制电路的工作原理。

能力目标

1. 能正确识读位置控制电路的原理图、接线图和布置图。
2. 会按照工艺要求正确安装位置控制电路。
3. 能根据故障现象，检修位置控制电路。

素质目标

养成独立思考和动手操作的习惯，培养小组协调能力和互相学习的精神。

工作任务

在生产过程中，一些生产机械运动部件的行程或位置要受到限制，如在摇臂钻床、铣床、镗床、桥式起重机及各种自动或半自动控制的机床设备中就经常遇到这种控制，如图3-1a所示就是工厂车间里常采用的行车的位置控制电路，本次任务的主要内容是：学习行程开关的选择与检测方法，完成对位置控制电路的安装与检修。

相关理论

一、行程开关

行程开关是一种利用生产机械运动部件的碰撞来发出控制指令的主令电器。主要用于控制生产机械运动部件的运动方向、速度、行程大小或位置，是一种自动控制电器。其作用原理与按钮相同，区别在于它不是靠手指的按压使其触头动作，而是利用生产机械运动部件的碰压使其触头动作，从而将机械信号转变为电信号，使运动部件按一定的位置或行程实现自动停止、反向运动、变速运动或自动往返运动等。

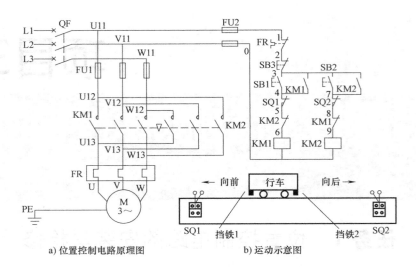

a) 位置控制电路原理图　　　　b) 运动示意图

图 3-1　位置控制电路及运动示意图

1. 行程开关的结构符号、原理及型号含义

机床中常用的行程开关有 LX19 和 JLXK1 等系列，各系列行程开关的基本结构大体相同，都是由操作机构、触头系统和外壳组成，如图 3-2a 所示。行程开关在电路图中的符号如图 3-2b 所示。

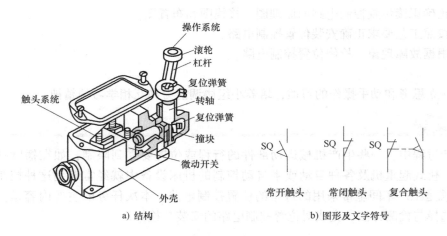

a) 结构　　　　　　　　b) 图形及文字符号

图 3-2　行程开关的结构和符号

（1）结构及符号　以某种行程开关元件为基础，装配不同的操作机构，可以得到各种不同形式的行程开关，常见的有直动式（按钮式）行程开关和旋转式（滚轮式）行程开关。如图 3-3 所示。

（2）动作原理　当生产机械运动部件的档铁撞到行程开关的滚轮上时，杠杆连同转轴一起转动，使滚轮推动撞块，当撞块被压到一定位置时，推动微动开关快速动作，其常闭触头断开、常开触头闭合；当滚轮上的档铁移开后，复位弹簧就使行程开关各部分复位。不仅这种单轮旋转式行程开关是依靠复位弹簧自动复位，直动式（按钮式）行程开关也是依靠

a) 单轮旋转式   b) 直动式(按钮式)   c) 双轮旋转式

图 3-3   常见的行程开关

复位弹簧复位的。双轮旋转式行程开关不能自动复位，依靠运动部件反向移动时，档铁碰撞另一侧滚轮时将其复位。

行程开关一般都具有快速换接动作机构，触头的瞬时动作保证了动作的可靠性和准确性，还可以减少电弧对触头的烧灼。

行程开关的触头类型有一常开一常闭、一常开二常闭、二常开一常闭、二常开二常闭等形式。动作方式可分为瞬动、蠕动和交叉从动式三种。动作后的复位方式有自动复位和非自动复位两种。

（3）型号及含义   LX19 系列和 JLXK1 系列行程开关的型号及含义如下：

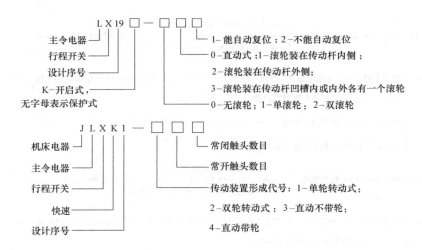

2. 行程开关的选择

行程开关的主要参数有工作行程、额定电压和额定电流等，在产品说明书中都有详细说明。行程开关主要根据动作要求、安装位置及触头数量选择。LX19 和 JLXK1 系列行程开关的主要技术数据见表 3-1。

二、电路工作原理分析

图 3-1a 所示的位置控制电路的工作原理如下：

表 3-1　LX19 和 JLXK1 系列行程开关的主要技术数据

型号	额定电压和额定电流	结构特点	触头对数		工作行程	超行程	触头转换时间
			常开	常闭			
LX19		元件	1	1	3mm	1mm	
LX19—111		单轮,滚轮装在传动杆内侧,能自动复位	1	1	≈30°	≈20°	
LX19—121		单轮,滚轮装在传动杆外侧,能自动复位	1	1	≈30°	≈20°	
LX19—131		单轮,滚轮装在传动杆凹槽内,能自动复位	1	1	≈30°	≈20°	
LX19—212	380V 5A	双轮,滚轮装在 U 形传动杆内侧,不能自动复位	1	1	≈30°	≈15°	≤0.04s
LX19—222		双轮,滚轮装在 U 形传动杆外侧,不能自动复位	1	1	≈30°	≈15°	
LX19—232		双轮,滚轮装在 U 形传动杆内外侧各一个,不能自动复位	1	1	≈30°	≈15°	
LX19—001		双轮,仅有径向传动杆,能自动复位	1	1	<4mm	3mm	
JLXK1—111		单轮防护式	1	1	12~15°	≤30°	
JLXK1—211		双轮防护式	1	1	≈45°	≤45°	
JLXK1—311		直动防护式	1	1	1~3mm	2~4mm	
JLXK1—411		直动滚轮式	1	1	1~3mm	2~4mm	

1. 起动控制

首先合上电源开关 QF。

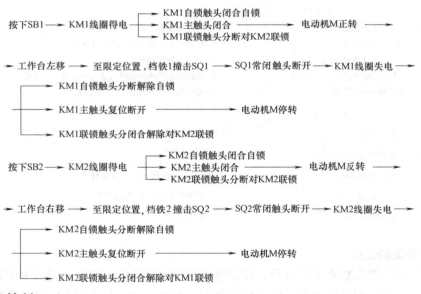

2. 停止控制

需要停止时,只需按下停止按钮 SB3 即可。

任务准备

实施本任务教学所使用的实训设备及工具材料可参考表 3-2。

表 3-2 实训设备及工具材料

序号	名称	型号规格	单位	数量	备注
1	电工常用工具		套	1	
2	万用表	MF47 型	块	1	
3	三相四线电源	380/220 V、20 A	处	1	
4	三相异步电动机	Y112M—4(4kW、380V、△联结)或自定	台	1	
5	配线板	500 mm×600 mm×20 mm	块	1	
6	低压断路器	DZ5—20/330	只	1	
7	接触器	CJ10—20、线圈电压380V、20A	个	1	
8	熔断器 FU1	RL1—60/25、380V、60A、熔体配25A	套	3	
9	熔断器 FU2	RL1—15/2、380V、15A、熔体配2A	套	2	
10	热继电器	JR16—20/3、三极、20A	只	1	
11	按钮	LA10—3H	只	1	
12	行程开关	JLXK1—111、单轮旋转式	只	2	
13	木螺钉	$\phi 3 \times 20mm$、$\phi 3 \times 15mm$	个	30	
14	平垫圈	$\phi 4mm$	个	30	
15	圆珠笔	自定	支	1	
16	主电路导线	BVR—1.5、1.5mm²(7×0.52mm)(黑色)	m	若干	
17	控制电路导线	BVR—1.0、1.0mm²(7×043mm)	m	若干	
18	按钮线	BVR—0.75、0.75mm²	m	若干	
19	接地线	BVR—1.5、1.5 mm²(黄绿双色)	m	若干	
20	线槽	18mm×25mm	m	若干	
21	编码套管	自定	m	若干	

任务实施

一、位置控制电路的安装与调试

1. 绘制电器元件布置图和接线图

位置控制电路的电器元件布置图和接线图如图 3-4 所示。

2. 元器件规格、质量检查

1）根据表 3-2 中的实训设备及工具材料明细表，检查其各元器件、耗材与表中的型号与规格是否一致。

2）检查各元器件的外观是否完整无损，附件、备件是否齐全。

3）用仪表检查各元器件和电动机的有关技术数据是否符合要求。

3. 根据电器元件布置图安装固定低压电器元件

当电器元件检查完毕后，按照所绘制的电器元件布置图安装和固定电器元件。安装和固定电器元件的步骤和方法与前面任务基本相同。在此仅就行程开关的安装和使用进行介绍。

1）行程开关安装时，安装位置要准确，安装要牢固；滚轮的方向要正确，档铁与其碰撞的位置应符合控制电路的要求，并确保能可靠地与档铁碰撞。

2）行程开关使用中，要定期检查和保养，除去油垢及粉尘，清理触头，确保其示范动作灵活、可靠。防止因行程开关触头接触不良或接线松脱产生误动作而导致安全事故。

4. 根据电路图和接线图进行板前线槽布线

当电器元件安装完毕后，按照如图 3-1a 所示的电路图和如图 3-4b 所示的接线图进板前

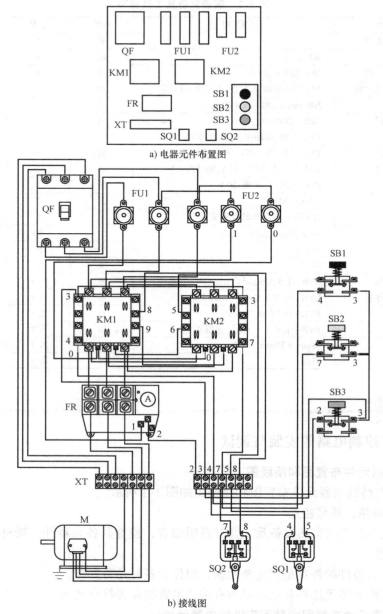

a) 电器元件布置图

b) 接线图

图 3-4　位置控制电路的电器元件布置图和接线图

线槽布线。板前线槽布线的工艺要求与前面任务有所不同，具体工艺要求如下。

（1）线槽的安装工艺要求　安装线槽时，应做到横平竖直、排列整齐匀称、安装牢固和便于走线等。

（2）板前线槽布线工艺要求

1）所有导线的截面积等于或大于 $0.5mm^2$ 时，必须采用软线。考虑机械强度的原因，所用导线的最小截面积要求在控制箱外为 $1mm^2$，在控制箱内为 $0.75mm^2$。但对控制箱内通过很小电流的电路连线，如电子逻辑电路，可用截面积为 $0.2mm^2$ 的导线，并且可以采用硬线，但只能用于不移动又无振动的场合。

2）布线时，严禁损伤线芯和导线绝缘层。

3）各电器元件接线端子引出导线的走向，以电器元件的水平中心线为界限，在水平中心线以上接线端子引出的导线，必须进入电器元件上面的线槽；在水平中心线以下接线端子引出的导线，必须进入电器元件下面的线槽。任何导线都不允许从水平方向进入线槽内。

4）各电器元件接线端子上引出或引入的导线，除间距很小和电器元件机械强度很差的允许直接架空敷设外，其他导线必须进入线槽进行连接。

5）进入线槽内的导线要完全置于线槽内，并应尽可能避免交叉，装线不要超过其容量的70%，以便于能盖上线槽盖并利于以后的装配及维修。

6）各电器元件与线槽之间的外露导线，应走线合理，并尽可能做到横平竖直，变换走向要垂直。同一个电器元件上位置一致的端子和同型号电器元件中位置一致的端子上，引出或引入的导线，要敷设在同一平面上，并做到高低一致或前后一致，不得交叉。

7）所有接线端子、导线线头上，都应套有与电路图上相应接点线号一致的编码套管，并按线号进行连接，连接必须牢靠，不得松动。

8）在任何情况下，接线端子都必须与导线截面积和材料性质相适应。当接线端子不适合连接软线或较小截面积的软线时，可以在导线端头穿上针形或叉形轧头并压紧。

9）一般一个接线端子只能连接一根导线，如果采用专门设计的端子，可以连接两根或多根导线，但导线的连接方式，必须是公认的、在工艺上成熟的方式，如夹紧、压接、焊接、绕接等，并应严格按照连接工艺的工序要求进行。

如图 3-5 所示是本任务线槽布线的效果图。

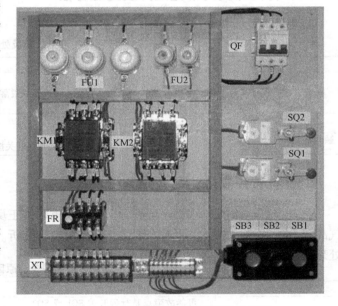

5. 电动机的连接

按照电动机铭牌上的接线方法，正确连接接线端子，然后将定子绕组的电源引入线接到配线板接线端子的 U、V 和 W 的端子上，最后连接电动机的保护接地线。

6. 自检

图 3-5　位置控制电路线槽布线效果图

当电路安装完毕后，在通电试车前必须经过自检，并经指导教师确认无误后方可通电试车。自检的方法及步骤与前面任务相似，在此不再赘述，读者可自行分析。

7. 通电试车

学生通过自检和教师确认无误后，在教师的监护下进行通电试车。其操作方法和步骤如下：

（1）空操作试验　合上电源开关 QF，按照前面任务中双重联锁正反转控制电路的试验步骤检查各控制、保护环节的动作。试验结果一切正常后，再按下 SB1 使 KM1 得电动作，然后用绝缘棒按下 SQ1 的滚轮，使其触头分断，则 KM1 应失电释放。用同样的方法检查

SQ2 对 KM2 的控制作用。反复操作几次，检查位置控制电路动作的可靠性。

（2）带负荷试车　断开 QF，接好电动机接线，安装好接触器的灭弧罩。合上 QF，作下述几项试验。

1）检查电动机转向。按下 SB1，电动机起动，拖带设备上的运动部件开始移动，如移动方向为正方向（向左运动）则符合要求；如果运动部件向反方向移动，则应立即断电停车（否则位置控制电路不起作用，运动部件越过规定位置后继续移动，可能造成机械故障）。将 QF 上端子处的任意两相电源线交换后，再接通电源试车。当电动机的转向符合要求后，操作 SB2 使电动机拖带运动部件反向移动，检查 KM2 改换相序的情况。

2）检查行程开关的位置控制作用。做好停车的准备，起动电动机，使其拖带运动部件正向移动，当运动部件移动到规定位置附近时，要注意观察档铁与行程开关 SQ1 滚轮的相对位置。当档铁碰撞 SQ1 后，电动机应立即停车。按下反向起动按钮 SB2 时，电动机应能反向拖带运动部件返回。如遇到档铁过高、过低或行程开关动作后不能控制电动机等异常情况，应立即断电停车进行检查。

3）反复操作几次，观察电路的动作和行程开关位置控制动作的可靠性。在运动部件的移动中可以随时操作按钮改变电动机的转向，以检查按钮的控制作用。

二、行程开关的常见故障及处理方法

行程开关的常见故障及处理方法见表 3-3。

表 3-3　行程开关常见故障及处理方法

故　障　现　象	可　能　的　原　因	处　理　方　法
档铁碰撞行程开关后,触头不动作	(1)安装位置不正确 (2)触头接触不良或连线脱落 (3)触头弹簧失效	(1)调节安装位置 (2)清洗触头或紧固连线 (3)更换触头弹簧
杠杆已经偏转或无外界机械力作用,触头不复位	(1)复位弹簧失效 (2)内部撞块卡阻 (3)调节螺钉太长,顶住开关按钮	(1)更换复位弹簧 (2)清扫内部杂物 (3)检查调节螺钉

三、位置控制电路的故障分析及检修

位置控制电路的常见故障与前面任务中双重联锁正反转控制电路的常见故障相似，其电气故障分析和检测方法在此不再赘述，读者可自行分析。位置控制部分的故障现象、原因及处理方法见表 3-4。

表 3-4　位置控制部分故障现象、原因及处理方法

故　障　现　象	可　能　的　原　因	处　理　方　法
档铁碰撞行程开关 SQ1 或 SQ2 后,电动机不能停止	可能故障点是行程开关 SQ1 或 SQ2 不动作,其不动作的原因是: (1)行程开关的紧固螺钉松动,使传动机构松动或发生偏移 (2)行程开关被撞坏,机构失灵;或有杂质进入开关内部,使机械被卡住等	(1)外观检查行程开关紧固螺钉的松动情况;按压并放开行程开关,查看行程开关机构动作是否灵活 (2)断开电源,用万用表的电阻档,将两支表笔连接在 SQ1 或 SQ2 常闭触头的两端,按压并放开行程开关,检查通断情况
档铁碰撞到 SQ1 或 SQ2,电动机停止,再按下 SB2 或 SB1,电动机起动,档铁碰撞到 SQ2 或 SQ1,电动机停止;再按下 SB1 或 SB2,电动机不起动运行	可能故障点是行程开关 SQ1 或 SQ2 不复位,其不复位的可能原因是: (1)运动部件或撞块超程太多,机械失灵;开关被撞坏;杂质进入开关内部,使机械部分被卡住;开关复位弹簧失效,弹力不足使触头不能复位闭合 (2)触头表面不清洁、有污垢	(1)检查外观,是否因为运动部件或撞块超程太多,造成行程开关机械损坏 (2)断开电源,打开行程开关检查触头表面是否清洁 (3)断开电源,用万用表的电阻档,将两支表笔连接在 SQ1 或 SQ2 常闭触头的两端,按压并放开行程开关,检查通断情况

检查评议

对任务实施的完成情况进行检查，并将结果填入表 3-5。

表 3-5   任务测评表

序号	主要内容	考核要求	评分标准	配分	扣分	得分
1	电路安装调试	根据任务，按照电动机基本控制电路的安装步骤和工艺要求，进行电路的安装与调试	1. 按图接线，不按图接线扣 10 分 2. 电器元件安装正确、整齐、牢固，否则一个扣 2 分 3. 布线整齐美观，横平竖直、高低平齐，转角 90°，否则每处扣 2 分 4. 线头长短合适，压接圈方向正确，无松动，否则每处扣 1 分 5. 布线齐全，否则一根扣 5 分 6. 编码套管安装正确，否则每处扣 1 分 7. 通电试车功能齐全，否则扣 40 分	60		
2	电路故障检修	人为设置隐蔽故障 3 个，根据故障现象，正确分析故障原因及故障范围，采用正确的检修方法，排除电路故障	1. 不能根据故障现象，画出故障最小范围扣 10 分 2. 检修方法错误扣 5～10 分 3. 故障排除后，未能在电路图中用"×"标出故障点，扣 10 分 4. 故障排除完全。只能排除 1 个故障扣 20 分，3 个故障都未能排除扣 30 分	30		
3	安全文明生产	劳动保护用品穿戴整齐；电工工具佩带齐全；遵守操作规程；尊重老师，讲文明礼貌；考试结束要清理现场	1. 操作中，违反安全文明生产考核要求的任何一项扣 2 分，扣完为止 2. 当发现学生有重大事故隐患时，要立即予以制止，并每次扣安全文明生产总分 5 分	10		
			合 计			
开始时间：			结束时间：			

问题及防治

在学生进行位置控制电路的安装、调试与检修实训过程中，时常会遇到如下问题：

问题：在进行位置控制电路的接线时，误将行程开关 SQ1 和 SQ2 的常闭触头接成常开触头，如图 3-6 所示。

后果：不但起不到位置控制作用，还会造成电路无法正常起动，这是因为其常开触头切断了正反转控制回路，导致接触器线圈无法得电。

预防措施：位置控制行程开关的触头不能用常开触头，而必须用常闭触头，应把图 3-6 中的两对常开触头换成常闭触头。

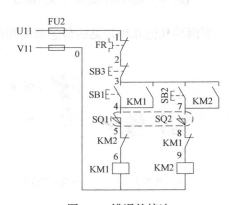

图 3-6   错误的接法

知识拓展

1. 传感器的定义

传感器是一种检测装置，通常由敏感元件和转换元件组成，它酷似人类的"五官"（视觉、嗅觉、味觉、听觉和触觉），能感受到被测量的信息，并能将感受到的信息，按一定规律变换成为电信号或其他所需形式的信息输出，满足信息的传输、处理、存储、显示、记录和控制等要求。

2. 常用传感器

本任务中所用的行程开关 SQ1、SQ2 采用的是型号为 JLXK1—111（单轮，滚轮装在传动杆内侧，能自动复位）的行程开关，由于小车运行过程中的频繁机械碰撞，影响了小车停车位置的准确性，同时也缩短了行程开关的使用寿命，因此逐渐被接近传感器（接近开关）所替代。常用的接近传感器一般有以下几种：

（1）光电式接近传感器　光电式接近传感器的实物图如图 3-7 所示。

（2）电感式接近传感器　电感式接近传感器实物图如图 3-8 所示。

（3）电容式接近传感器　电容式接近传感器实物图如图 3-9 所示。

图 3-7　光电式接近传感器实物图

图 3-8　电感式接近传感器实物图　　　　图 3-9　电容式接近传感器实物图

下面是其他几种常见的传感器实物图，如图 3-10 所示。

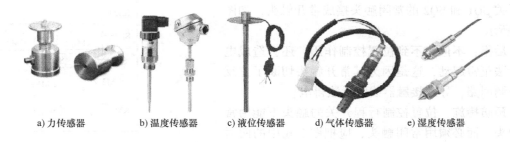

a) 力传感器　　b) 温度传感器　　c) 液位传感器　　d) 气体传感器　　e) 湿度传感器

图 3-10　几种常见传感器实物图

3. 传感器的符号

传感器的文字符号是 SQ，图形符号如图 3-11 所示。

4. 传感器的接线

双出线传感器的接线见表 3-6。

表 3-6　双出线传感器的接线

接线方法	接线示意图 （BN：棕，BU：蓝）	接线情况说明
双出线		负载与传感器串联接在电源两端，负载接在蓝线上。当没有感应信号时传感器的触头不动作，负载两端无信号。当有感应信号时传感器的触头动作，负载两端得到信号

如图 3-12 所示，接通电源，当传感器前无感应物体时，指示灯不亮；把感应物体慢慢靠近传感器，当感应物体与传感器感应面的距离为 5mm 左右时，传感器动作使指示灯亮。

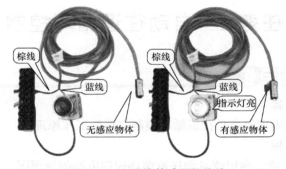

图 3-11　传感器的图形符号　　　　图 3-12　双出线传感器的接线

提示：在进行双出线传感器的接线时，应首先看清传感器两根引出线的颜色，然后根据双出线传感器的接线图，将 24V 直流电源、24V 直流指示灯、传感器等用导线连接。

考证要点

根据高级工国家职业资格考试相关要求，本任务内容的考核要点见表 3-7。

表 3-7　考核要点

行为领域	鉴 定 范 围	鉴 定 点	重要程度
理论知识	1. 低压电气知识 2. 电力拖动控制知识	1. 行程开关的作用、基本结构、主要技术参数、选用依据、检修方法 2. 位置控制电路的组成及工作原理	★★
操作技能	低压电路安装、调试与故障检修	位置控制电路的安装、调试与检修	★★★

考证测试题

一、选择题（请将正确的答案序号填入括号内）

1. 生产机械的位置控制是利用生产机械运动部件上的档铁与（　　）的相互作用而实现的。

A. 位置开关　　　　B. 档位开关　　　　C. 转换开关　　　　D. 联锁按钮

2. 下列型号属于主令电器的是（　　　）。

A. CJ10—40/3　　　B. RL1—15/2　　　C. JLXK1—211　　　D. DZ10—100/330

3. 工厂车间的行车需要位置控制，行车两头的终点处各安装一个位置开关，这两个位置开关要分别（　　　）在正转和反转控制电路中。

A. 串联　　　　　　B. 并联　　　　　　C. 混联　　　　　　D. 短接

二、判断题（正确的打"√"，错误的打"×"）

1. 行程开关主要用于电源的引入。　　　　　　　　　　　　　　　　　　　　（　　　）

2. 行程开关是一种将机械信号转换为电信号，以控制运动部件的位置和行程的自动控制电器。　　　　　　　　　　　　　　　　　　　　　　　　　　　　　　　　　　　　（　　　）

3. 实现行车位置控制要求的主要电气元件是行程开关。　　　　　　　　　　（　　　）

任务2　自动往返循环控制电路的安装与检修

学习目标

知识目标

正确理解自动往返循环控制电路的工作原理。

能力目标

1. 能正确识读自动往返循环控制电路的原理图、接线图和布置图。

2. 会按照工艺要求正确安装自动往返循环控制电路。

3. 能根据故障现象，检修自动往返循环控制电路。

素质目标

养成独立思考和动手操作的习惯，培养小组协调能力和互相学习的精神。

工作任务

在生产实际中，B2012A 刨床工作台要求在一定行程内自动往返循环运动，X62W 铣床工作台要求在纵向进给中自动循环工作，以便实现对工件的连续加工，提高生产效率。这就需要控制电路能对电动机实现自动换接正反转控制。这种利用机械运动碰撞行程开关实现电动机自动换接正反转控制的电路，就是自动往返循环控制电路。如图 3-13 所示。本次任务的主要内容是：完成对自动往返循环控制电路的安装与检修。

相关理论

一、电路分析

从如图 3-13 所示的电路图中可看出，为了使电动机的正反转控制与工作台的左右运动相配合，在控制电路中设置了四个行程开关 SQ1、SQ2、SQ3 和 SQ4，并把它们安装在工作

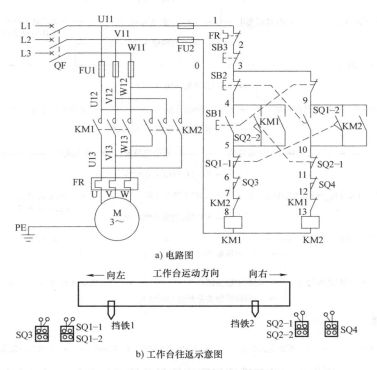

a) 电路图

b) 工作台往返示意图

图 3-13 自动往返循环控制电路

台所需限定位置。其中 SQ1、SQ2 被用来自动切换电动机正反转控制电路,实现工作台的自动往返循环控制;SQ3 和 SQ4 被用来作终端保护,以防止 SQ1、SQ2 失灵,工作台越过限定位置而造成事故。在工作台边的 T 形槽中装有两块挡铁,挡铁 1 只能和 SQ1、SQ3 相碰撞,挡铁 2 只能和 SQ2、SQ4 相碰撞。当工作台运动到限定位置时,挡铁碰撞行程开关,使其触头动作,自动切换电动机正反转控制电路,通过机械传动机构使工作台自动往返循环运动。工作台的行程可通过移动挡铁位置来调节,拉近两块挡铁间的距离,行程就短,反之则长。

二、电路工作原理

图 3-13 所示的自动往返循环控制电路的工作原理如下:
先合上电源开关 QF。

1. 自动往返循环控制

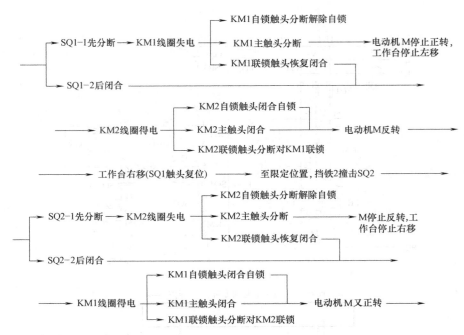

2. 停止控制

按下SB3 ——→ 整个控制电路失电 ——→ KM1(或KM2)主触头分断 ——→ 电动机M失电

　　这里 SB1、SB2 分别作为正转起动按钮和反转起动按钮，若起动时工作台在左端，则应按下 SB2 进行起动。

任务准备

　　实施本任务教学所使用的实训设备及工具材料见表3-8。

表3-8　实训设备及工具材料

序号	名称	型号规格	单位	数量	备注
1	电工常用工具		套	1	
2	万用表	MF47 型	块	1	
3	三相四线电源	380/220V、20A	处	1	
4	三相异步电动机	Y112M—4(4kW、380V、△联结)或自定	台	1	
5	配线板	500mm×600mm×20 mm	块	1	
6	低压断路器	DZ5—20/330	只	1	
7	接触器	CJ10—20、线圈电压380V、20 A	个	2	
8	熔断器 FU1	RL1—60/25、380V、60A、熔体配 25A	套	3	
9	熔断器 FU2	RL1—15/2、380V、15A、熔体配 2A	套	2	
10	热继电器	JR16—20/3、三极、20A	只	1	
11	按钮	LA10—3H	只	1	
12	行程开关	JLXK1—111、单轮旋转式	只	4	
13	木螺钉	$\phi3\times20$mm、$\phi3\times15$mm	个	30	
14	平垫圈	$\phi4$mm	个	30	
15	圆珠笔	自定	支	1	
16	主电路导线	BVR—1. 5、1.5mm²(7×0.52mm)(黑色)	m	若干	
17	控制电路导线	BVR—1. 0、1.0mm²(7×043mm)	m	若干	
18	按钮线	BVR—0. 75、0.75mm²	m	若干	
19	接地线	BVR—1. 5、1.5mm²(黄绿双色)	m	若干	
20	线槽	18mm×25mm	m	若干	
21	编码套管	自定	m	若干	

任务实施

一、自动往返循环控制电路的安装与调试

1. 绘制电路元件布置图和接线图

自动往返循环控制电路的电器元件布置图和接线图与位置控制电路相似，请自行绘制，在此不再赘述。

2. 元器件规格、质量检查

1）根据表 3-8 中的实训设备及工具材料明细表，检查其各元器件、耗材与表中的型号与规格是否一致。

2）检查各元器件的外观是否完整无损，附件、备件是否齐全。

3）用仪表检查各元器件和电动机的有关技术数据是否符合要求。

3. 根据电器元件布置图安装固定低压电器元件

当电器元件检查完毕后，按照所绘制的电器元件布置图安装和固定电器元件。安装和固定电器元件的步骤和方法与前面任务基本相同。值得注意的是：行程开关 SQ1 和 SQ2 的作用是行程控制，而行程开关 SQ3 和 SQ4 的作用是限位控制，这两组开关不可装反，否则会引起错误动作。

4. 根据电路图和接线图进行板前明线布线

当电器元件安装完毕后，按照如图 3-13 所示的电路图和接线图进行板前明线布线。

5. 电动机的连接

按照电动机铭牌上的接线方法，正确连接接线端子，然后将定子绕组的电源引入线接到配线板接线端子的 U、V 和 W 的端子上，最后连接电动机的保护接地线。

6. 自检

当电路安装完毕后，在通电试车前必须经过自检，并经指导教师确认无误后方可通电试车。自检的方法及步骤与前面任务相似，在此仅就自动往返循环控制和位置控制的检测进行介绍。

1）检查正向行程控制。按下正向起动按钮 SB1 不要放开，万用表应测得 KM1 线圈电阻值，再用绝缘棒轻轻按下行程开关 SQ1 的滚轮，使其常闭触头分断（此时常开触头未接通），万用表应显示电路由通而断；然后松开按钮 SB1，再将行程开关 SQ1 的滚轮按到底，则应测得 KM2 线圈的电阻值。

2）检查反向行程控制。按下反向起动按钮 SB2 不放，万用表应测得 KM2 线圈电阻值；然后用绝缘棒轻轻按下行程开关 SQ2 的滚轮，使其常闭触头分断（此时常开触头未接通），万用表应显示电路由通而断；然后松开按钮 SB2，再将行程开关 SQ2 的滚轮按到底，则应测得 KM1 线圈的电阻值。

3）检查正、反向限位控制。按下正向起动按钮 SB1，用万用表测得 KM1 线圈的直流电阻值后，再用绝缘棒按下行程开关 SQ3 的滚轮，万用表应显示电路由通而断。同理，再按下反向起动按钮 SB2 测得 KM2 线圈的直流电阻值后，再按下行程开关 SQ4 的滚轮，万用表也应显示电路由通而断。

4）检查行程开关的联锁作用。同时用绝缘棒按下行程开关 SQ1 和 SQ2 的滚轮，测量的

电阻值应为"∞"，此时正反转控制电路均处于断路状态。

7. 通电试车

学生通过自检和教师确认无误后，在教师的监护下进行通电试车。其操作方法和步骤如下：

（1）空操作试验

1）行程控制试验。按下正向起动按钮 SB1 使 KM1 得电动作后，用绝缘棒轻按 SQ1 滚轮，使其常闭触头分断，KM1 应释放，将 SQ1 滚轮继续按到底，则 KM2 得电动作；再用绝缘棒缓慢按下 SQ2 滚轮，则应先后看到 KM2 释放、KM1 得电动作。值得注意的是，行程开关 SQ1 及 SQ2 对电路的控制作用与正反转控制电路中的 SB1 及 SB2 类似，所不同的是它依靠工作台上的挡铁进行控制。反复试验几次以后检查行程控制动作的可靠性。

2）限位保护试验。按下正向起动按钮 SB1 使 KM1 得电动作后，用绝缘棒按下限位开关 SQ3 滚轮，KM1 应失电释放；再按下反向起动按钮 SB2 使 KM2 得电动作，然后用绝缘棒按下限位开关 SQ4 滚轮，KM2 应失电释放。反复试验几次，检查位置保护动作的可靠性。

（2）带负荷试车 断开 QF，接好电动机接线，安装好接触器的灭弧罩，作好立即停车的准备，合上 QF 进行以下几项试验。

1）检查电动机转动方向。操作正向起动按钮 SB1 起动电动机，若所拖动的部件向 SQ1 的方向移动，则电动机转向符合要求。如果电动机转向不符合要求，应断电后将 QF 下端的电源相线任意两根交换位置后接好，重新试车检查电动机转向。

2）正反向运行控制试验。交替操作 SB1、SB3 和 SB2、SB3，检查电动机转向是否受控制。

3）行程控制试验。作好立即停车的准备。起动电动机，观察设备上的运动部件在正、反两个方向的规定位置之间往返的情况，试验行程开关及电路动作的可靠性。如果部件到达行程开关，挡铁已将开关滚轮压下而电动机不停车，应立即断电停车进行检查。重点检查这个方向上的行程开关的接线、触头及有关接触器的触头动作，排除故障后重新试车。

4）限位控制试验。起动电动机，在设备运行中用绝缘棒按压该方向上的位置保护行程开关，电动机应断电停车，否则应检查位置行程开关的接线及其触头动作情况，排除故障后重新试车。

二、自动往返循环控制电路的故障分析及检修

1. 主电路的故障分析及检修

自动往返循环控制电路主电路的故障现象和检修方法与前面任务中接触器联锁正反转控制电路主电路的故障现象和检修方法相同，在此不再赘述，读者可自行分析。

2. 控制电路的故障分析及检修

【故障现象1】当按下正反向起动按钮 SB1 或 SB2 后，接触器 KM1 或 KM2 均未动作，电动机不转，工作台不运动。

【故障分析】采用逻辑分析法对故障现象进行分析可知，其故障最小范围可用虚线表示，如图 3-14 所示。

【检修方法】根据如图 3-14 所示的故障最小范围，可以采用电压测量法或者验电笔测试法进行检测。检测方法可参照前面任务所介绍的方法进行操作，在此不再赘述。

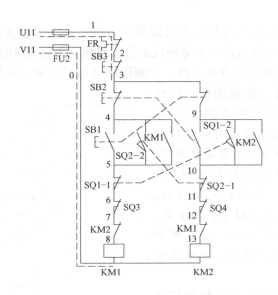

图 3-14 故障现象 1—故障最小范围

【故障现象 2】 当按下正向起动按钮 SB1 后，接触器 KM1 不动作，电动机不转，工作台不运动。但按下反向起动按钮 SB2 后，接触器 KM2 动作，电动机起动运行，工作台反向运动，当碰撞行程开关 SQ2 后，电动机停止，工作台停下，未进入正向运动状态。

【故障分析】 采用逻辑分析法对故障现象进行分析可知，其故障最小范围可用虚线表示，如图 3-15 所示。

【检修方法】 根据如图 3-15 所示的故障最小范围，可以采用电压测量法或者验电笔测试法进行检测。检测方法可参照前面任务所介绍的方法进行操作，在此不再赘述。

想一想练一练 当按下反向起动按钮 SB2 后，接触器 KM2 不动作，电动机不转，工作台不运动。但按下正向起动按钮 SB1 后，接触器 KM1 动作，电动机起动运行，工作台正向运动，当碰撞行程开关 SQ1 后，电动机停止，工作台停下，未进入反向运动状态。请画出故障最小范围，并说出检修方法。

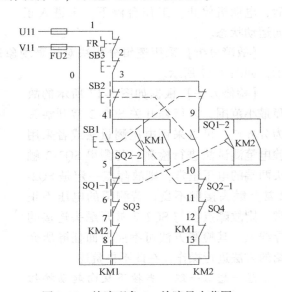

图 3-15 故障现象 2—故障最小范围

【故障现象 3】 当按下正向起动按钮 SB1 后，接触器 KM1 不动作，电动机不转，工作台不运动。但按下反向起动按钮 SB2 后，接触器 KM2 动作，电动机起动运行，工作台反向运动，当碰撞行程开关 SQ2 后，电动机反转，工作台正向运动…，不断循环运动。

【故障分析】 采用逻辑分析法对故障现象进行分析可知，其故障最小范围可用虚线表示，如图 3-16 所示。

【检修方法】根据如图 3-16 所示的故障最小范围，以正向起动按钮 SB1 常开触头为分界点，可以采用电压测量法或者验电笔测试法进行检测。若测得 SB1 触头两端的电压正常，则故障点一定是 SB1 常开触头接触不良；若测得的电压不正常，则故障点在与 SB1 连接的导线上，其检测方法可参照前面任务所介绍的方法进行操作，在此不再赘述。

想一想练一练　当按下反向起动按钮 SB2 后，接触器 KM2 不动作，电动机不转，工作台不运动。但按下正向起动按钮 SB1 后，接触器 KM1 动作，电动机起动运行，工作台正向运动，当碰撞行程开关 SQ1 后，电动机反转，工作台反向运动…，不断循环运动。请画出故障最小范围，并说出检修方法。

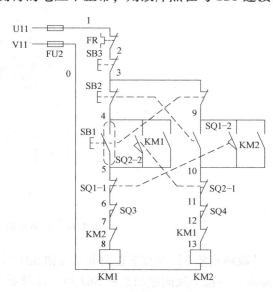

图 3-16　故障现象 3—故障最小范围

【故障现象 4】当按下正向起动按钮 SB1 后，接触器 KM1 动作，电动机起动，工作台正向运动。当碰撞行程开关 SQ1 后，接触器 KM1 断电，KM2 动作，电动机反转，工作台反向运动。当碰撞行程开关 SQ2 后，电动机停止，工作台停下，未进入正向运动状态。

【故障分析】采用逻辑分析法对故障现象进行分析可知，其故障最小范围可用虚线表示，如图 3-17 所示。

【检修方法】根据如图 3-17 所示的故障最小范围，以行程开关 SQ2-2 常开触头为分界点，可以采用电压测量法或者采用验电笔测试法进行检测。若测得 SQ2-2 触头两端的电压正常，则故障点一定是 SQ2-2 常开触头接触不良；若测得的电压不正常，则故障点在与 SQ2-2 常开触头连接的导线上，其检测方法可参照前面任务所介绍的方法进行操作，在此不再赘述。

想一想练一练　当按下反向起动按钮 SB2 后，接触器 KM2 动作，电动机起动，工作台反向运动。当碰撞行程开关 SQ2 后，接触器 KM2 断电，KM1 动作，电动机正转，工作台正向运动。当碰撞行程开关 SQ1 后，电动机停止，工作台停下，未进入反向运动状态。请画出故障最小范围，

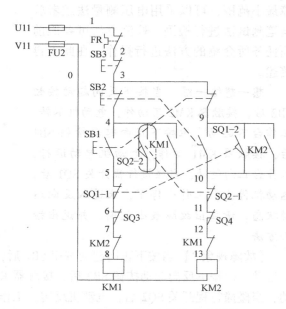

图 3-17　故障现象 4—故障最小范围

并说出检修方法。

【**故障现象 5**】当按下正向起动按钮
SB1 后，接触器 KM1 动作，电动机正向起
动，工作台正向运动。但松开 SB1 后，接
触器 KM1 失电，电动机停止，工作台停下。
按下反向起动按钮 SB2 后，接触器 KM2 动
作，电动机反转，工作台反向运动。当碰
撞行程开关 SQ2 后，电动机正转，工作台
正向移动，当档铁离开行程开关 SQ2 后，
电动机停止，工作台停下。

【**故障分析**】采用逻辑分析法对故障现
象进行分析可知，其故障最小范围可用虚
线表示，如图 3-18 所示。

【**检修方法**】根据如图 3-18 所示的故
障最小范围，这是典型的正转运行不连续
（点动现象），检测时，以 KM1 常开触头为
分界点，可以采用电压测量法或者验电笔
测试法进行检测。若测得 KM1 常开触头两

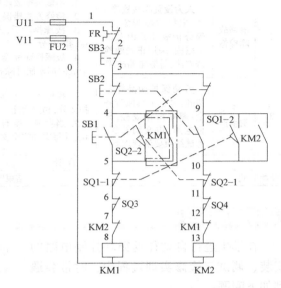

图 3-18　故障现象 5—故障最小范围

端的电压正常，则故障点一定是 KM1 常开触头接触不良；若测得的电压不正常，则故障点
在与 KM1 常开触头连接的自锁回路上，其检测方法可参照前面任务所介绍的方法进行操作，
在此不再赘述。

想一想练一练　当按下反向起动按钮 SB2 后，接触器 KM2 动作，电动机反向起动，工
作台反向运动。但松开 SB2 后，接触器 KM2 失电，电动机停止，工作台停下。按下正向起
动按钮 SB1 后，接触器 KM1 动作，电动机正转，工作台正向运动。当碰撞行程开关 SQ1
后，电动机反转，工作台反向移动，当档铁离开行程开关 SQ1 后，电动机停止，工作台停
下。请画出故障最小范围，并说出检修方法。

检查评议

对任务实施的完成情况进行检查，并将结果填入表 3-9。

表 3-9　任务测评表

序号	主要内容	考核要求	评分标准	配分	扣分	得分
1	电路安装调试	根据任务,按照电动机基本控制电路的安装步骤和工艺要求,进行电路的安装与调试	1. 按图接线,不按图接线扣 10 分 2. 电器元件安装正确、整齐、牢固,否则一个扣 2 分 3. 线槽整齐美观,横平竖直、高低平齐,转角 90°,否则每处扣 2 分 4. 线头长短合适,压接圈方向正确,无松动,否则每处扣 1 分 5. 布线齐全,否则一根扣 5 分 6. 编码套管安装正确,否则每处扣 1 分 7. 通电试车功能齐全,否则扣 40 分	60		

（续）

序号	主要内容	考核要求	评分标准	配分	扣分	得分
2	电路故障检修	人为设置隐蔽故障3个，根据故障现象，正确分析故障原因及故障范围，采用正确的检修方法，排除电路故障	1. 不能根据故障现象，画出故障最小范围扣10分 2. 检修方法错误扣5～10分 3. 故障排除后，未能在电路图中用"×"标出故障点，扣10分 4. 故障排除完全。只能排除1个故障扣20分，3个故障都未能排除扣30分	30		
3	安全文明生产	劳动保护用品穿戴整齐；电工工具佩带齐全；遵守操作规程；尊重老师，讲文明礼貌；考试结束要清理现场	1. 操作中，违反安全文明生产考核要求的任何一项扣2分，扣完为止 2. 当发现学生有重大事故隐患时，要立即予以制止，并每次扣安全文明生产总分5分	10		
		合 计				
开始时间：			结束时间：			

问题及防治

在学生进行自动往返循环控制电路的安装、调试与检修实训过程中，时常会遇到如下问题：

问题： 在进行自动往返循环控制电路的接线时，误将行程开关 SQ1-1 和 SQ1-2（SQ2-1 和 SQ2-2）的常闭触头和常开触头接反，如图 3-19 所示。

后果： 不但起不到自动循环控制作用，还会造成电路无法正常起动，这是因为 SQ1-2 和 SQ2-2 常开触头切断了正反转控制回路，导致接触器线圈无法得电。

预防措施： 自动往返循环控制电路中的行程开关的常开触头与起动按钮并联，而常闭触头与接触器线圈串联，应把图 3-19 中的两对常开触头换成常闭触头。

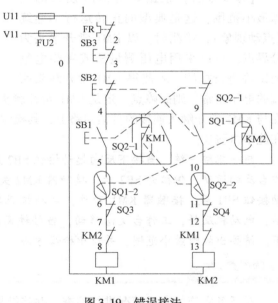

图 3-19　错误接法

知识拓展

接近开关简介

接近开关又称无触头开关，是一种无需与运动部件进行直接机械接触而能够操作的位置开关。如图 3-20 所示。当运动部件接近开关的感应面到动作距离时，开关发出信号，达到行程控制、计数及自动控制的作用。它的用途除了行程控制和位置控制保护外，还可用于检测金属体的存在、高速计数、测速、定位、变换运动方向、检测零件尺寸、液面控制及用作无触头按钮等。与行程开关相比，接近开关具有定位精度高、工作可靠、寿命长、操作频率高以及能适应恶劣工作环境等优点。但接近开关在使用时，一般需要有触头继电器作为输出器。

　　按工作原理来分，接近开关有高频振荡型、感应电桥型、霍尔效应型、光电型、永磁及磁敏元件型、电容型和超声波型等多种类型，其中以高频振荡型最为常用。其原理框图如图 3-21 所示。

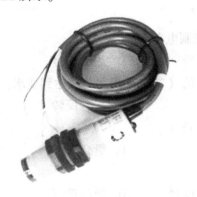

图 3-20　接近开关

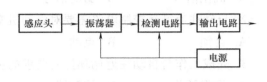

图 3-21　高频振荡型接近开关原理框图

　　当有金属物体接近具有稳定振荡频率的高频振荡器的感应探头附近时，由于感应作用，该物体内部会产生涡流及磁滞损耗，使振荡电路因电阻增大、能耗增加而振荡减弱，直至停止振荡。检测电路根据振荡器的工作状态控制输出电路工作，输出信号去控制继电器或其他电器，以达到控制的目的。

　　以下是 LJ 系列集成电路接近开关的型号及含义：

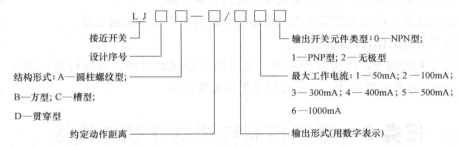

　　LJ 系列集成电路接近开关分交流和直流两种类型。交流型为两线制，有常开式和常闭式两种。直流型分为两线制、三线制和四线制。除四线制为双触头输出（含有一个常开和一个常闭输出触头）外，其余均为单触头输出（含有一个常开或一个常闭输出触头）。

考证要点

　　根据高级工国家职业资格考试相关要求，本任务内容的考核要点见表 3-10。

表 3-10　考核要点

行为领域	鉴定范围	鉴定点	重要程度
理论知识	1. 低压电气知识 2. 电力拖动控制知识	1. 接近开关的作用、基本结构、主要技术参数、选用依据、检修方法 2. 自动往返循环控制电路的组成及工作原理	★★
操作技能	低压电路安装、调试与故障检修	自动往返循环控制电路的安装、调试与检修	★★★

考证测试题

一、选择题（请将正确的答案序号填入括号内）

1. 行程开关是一种将（　　）转换为电信号的自动控制电器。

A. 机械信号　　　　　B. 弱电信号　　　　　C. 光信号　　　　　D. 热能信号

2. 自动往返循环控制电路需要对电动机实现自动转换的（　　）控制才能达到要求。

A. 自锁　　　　　　　B. 点动　　　　　　　C. 联锁　　　　　　D. 正、反转

3. 完成工作台自动往返循环控制要求的主要电器元件是（　　）。

A. 行程开关　　　　　B. 接触器　　　　　　C. 按钮　　　　　　D. 组合开关

4. 自动往返循环控制电路属于（　　）电路。

A. 正、反转控制　　　B. 点动控制　　　　　C. 自锁控制　　　　D. 顺序控制

5. 检测各种金属，应选用（　　）型接近开关。

A. 超声波　　　　　　B. 永磁型及磁敏元件　C. 高频振荡　　　　D. 光电

二、判断题（正确的打"√"，错误的打"×"）

1. 实现工作台自动往返循环控制要求的主要电气元件是行程开关。　　　　　（　　）

2. 工作台自动往返循环控制电路属于正反转控制电路。　　　　　　　　　　（　　）

3. 自动往返循环控制电路需要实现电动机自动转换正反转控制电路。　　　　（　　）

4. 接近开关是晶体管无触头开关。　　　　　　　　　　　　　　　　　　　（　　）

5. 接近开关的功能：除位置控制外，还可用于金属的检测、高速计数、测速、定位、变换运动方向、检测零件尺寸、液面控制及无触头按钮等。　　　　　　　　（　　）

任务3　顺序控制电路的安装与检修

学习目标

知识目标

1. 掌握中间继电器的结构、用途及工作原理和选用原则。

2. 正确理解顺序控制电路的工作原理。

能力目标

1. 能正确识读顺序控制电路的原理图、接线图和布置图。

2. 会按照工艺要求正确安装顺序控制电路。

3. 能根据故障现象，检修顺序控制电路。

素质目标

养成独立思考和动手操作的习惯，培养小组协调能力和互相学习的精神。

工作任务

在装有多台电动机的生产机械上，各电动机所起的作用是不同的，有时需要按一定的顺序起动和停止，才能保证操作过程的合理和工作的安全可靠。要求几台电动机的起动或停止必须按一定的先后顺序来完成的控制方式，称为电动机的顺序控制。如图3-22所示就是一组由三条传送带组成的传送带运输机装置，其示意图如图3-23所示。

图3-22　三条传送带运输机装置

三条传送带运输机的起动顺序为带1→带2→带3，即顺序起动，以防止货物在传送带上堆积。停止顺序为带3→带2→带1，即逆序停止，以保证停车后传送带上不残留货物。当带1或带2出现故障停止时，带3能随即停止，以免继续进料，其控制电路如图3-24所示。

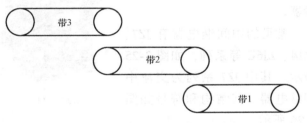

图3-23　三条传送带运输机示意图

本次任务的主要内容是：学习中间继电器的选择与检测方法，完成对顺序控制电路的安装与检修。

相关理论

一、中间继电器

中间继电器是用来增加控制电路中的信号数量或将信号放大的继电器，其输入信号是线圈的通电和断电，输出信号是触头的动作。由于触头的数量较多，所以当其他电器的触头数或触头容量不够时，可借助中间继电器作中间转换用，来控制多个电器元件或回路。

1. 中间继电器的结构与符号

中间继电器的结构及工作原理与接触器基本相同，因而中间继电器又称接触器式继电器。但中间继电器的触头对数多，且没有主、辅触头之分，各对触头允许通过的电流大小相

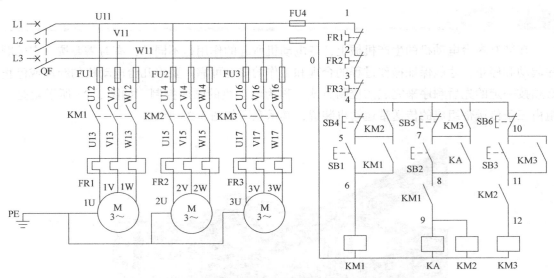

图 3-24　三条传送带运输机顺起逆停控制电路

同，多数为 5A。因此，对于工作电流小于 5A 的电气控制电路，可用中间继电器代替接触器。

常见的中间继电器有 JZ7、JZ14、ZJ6E 等系列，如图 3-25 所示。其中 JZ7 系列为交流中间继电器，其结构和符号如图 3-26 所示。

a) JZ7系列　　b) JZ14系列　　c) JZ6E系列

图 3-25　中间继电器

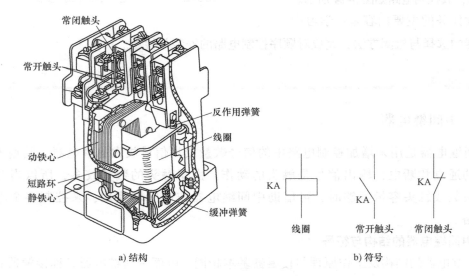

a) 结构　　　　　　　　b) 符号

图 3-26　JZ7 系列交流中间继电器

　　JZ14 系列中间继电器有交流操作和直流操作两种，采用螺管式电磁系统和双断点式桥式触头，其基本结构为交直流通用型，只是交流铁心为平顶形，直流铁心与动铁心为圆锥形接触面，触头采用直列式分布，对数达 8 对，可按 6 常开、2 常闭；4 常开、4 常闭或 2 常开、6 常闭组合。该系列继电器带有透明外罩，可防止尘埃进入内部而影响工作的可靠性。

2. 型号及含义

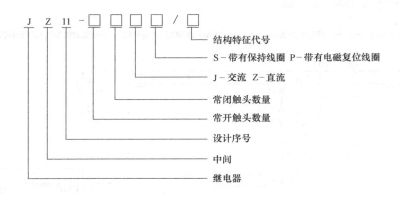

3. 选用原则

　　中间继电器主要依据被控制电路的电压种类、所需触头组合形式、吸引线圈电压等要求来选择。常用中间继电器的技术参数见表 3-11。中间继电器的安装、使用、常见故障及处理方法与接触器类似，可参看前面任务中的有关内容。

表 3-11　中间继电器的技术参数

型号	电压种类	触头电压/V	触头额定电流/A	触头组合 常开	触头组合 常闭	通电持续率(%)	吸引线圈电压/V	吸引线圈消耗功率	额定操作频率/(次/h)
JZ7—44	DC	380	5	4	4	40	12、24、36、48、110、127、380、420、440、500	12V·A	1200
JZ7—62				6	2				
JZ7—80				8	0				
JZ14—□□J/□	DC	380	5	6	6	40	110、127、220、380	10V·A	2000
				4	4				
JZ14—□□Z/□	AC	220		2	2		24、48、110、220	7W	
JZ15—□□J/□	DC	380	10	6	6	40	36、127、220、380	11V·A	1200
				4	4				
JZ15—□□Z/□	AC	220		2	2		24、48、110、220	11W	

二、主电路实现的顺序控制

　　主电路实现顺序控制的电路图如图 3-27 所示。电动机 M1 和 M2 分别通过接触器 KM1 和 KM2 来控制，接触器 KM2 的主触头接在接触器 KM1 主触头的下面，这样就保证了当 KM1 主触头闭合、电动机 M1 起动运转后，电动机 M2 才能接通电源运转。其电路的工作原理如下：

　　先合上电源开关 QF：

　　M1、M2 同时停转：

按下SB1 ⟶ KM1线圈得电 ⟶ KM1主触头闭合
　　　　　　　　　　　　　　　　 ⟶ KM1自锁触头闭合自锁

⟶ 电动机M1起动连续运转
⟶ 再按下SB2 ⟶ KM2线圈得电 ⟶ KM2主触头闭合
　　　　　　　　　　　　　　　 ⟶ KM1自锁触头闭合自锁
⟶ 电动机M2起动连续运转

按下SB3 ⟶ 控制电路失电 ⟶ KM1、KM2主触头分断 ⟶ 电动机M1、M2同时停转

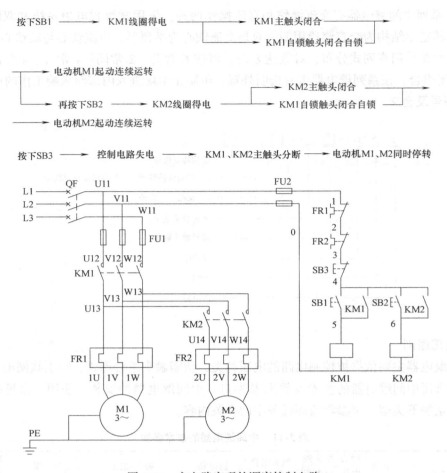

图 3-27　主电路实现的顺序控制电路

　　想一想练一练　若是三台电动机采用主电路实现顺序控制，其控制电路应如何实现？请设计出电气控制原理图。

三、控制电路实现的顺序控制

图 3-28 是通过控制电路控制实现的两台电动机顺序控制电路。
图 3-28a 所示的工作原理分析如下：先合上电源开关 QF，
【起动控制】

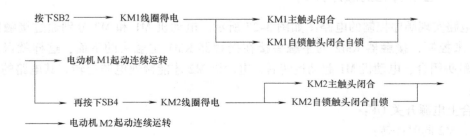

按下SB2 ⟶ KM1线圈得电 ⟶ KM1主触头闭合
　　　　　　　　　　　　　　　　　 ⟶ KM1自锁触头闭合自锁

⟶ 电动机 M1起动连续运转
⟶ 再按下SB4 ⟶ KM2线圈得电 ⟶ KM2主触头闭合
　　　　　　　　　　　　　　　 ⟶ KM2自锁触头闭合自锁
⟶ 电动机 M2起动连续运转

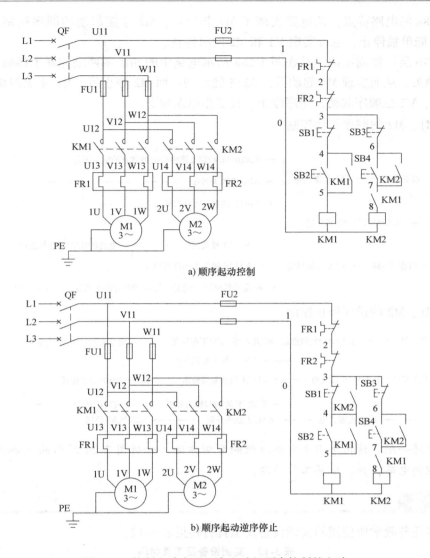

a) 顺序起动控制

b) 顺序起动逆序停止

图 3-28 控制电路实现两台电动机顺序控制的电路

【停止控制】

1. M2 单独停止控制

2. M1、M2 同时停止控制

图 3-28a 的电路特点：该电路实现了 M1 起动后，M2 才能起动的顺序控制；停止时，能实现 M2 能单独停止，也可实现 M1 和 M2 同时停止。

图 3-28b 所示控制电路，是在图 3-28a 所示电路中的 SB1 的两端并联了接触器 KM2 的辅助常开触头，从而实现 M1 起动后，M2 才能起动；而 M2 停止后，M1 才能停止的控制要求，即 M1、M2 是顺序起动，逆序停止。其工作原理如下：

（1）M1、M2 的顺序起动控制

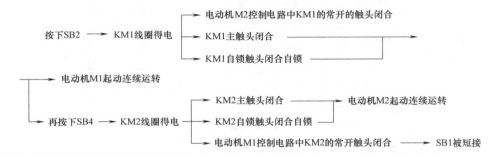

（2）M1、M2 的逆序停止控制

想一想练一练　请根据以上电路原理的分析方法，分析图 3-24 所示的三条传送带顺起逆停顺序控制电路，并写出其工作原理。

任务准备

实施本任务教学所使用的实训设备及工具材料见表 3-12。

表 3-12　实训设备及工具材料

序号	名称	型号规格	单位	数量	备注
1	电工常用工具		套	1	
2	万用表	MF47 型	块	1	
3	三相四线电源	380/220 V、20 A	处	1	
4	三相异步电动机	Y112M—4(4kW、380V、△联结)或自定	台	3	
5	配线板	500mm×600mm×20mm	块	1	
6	低压断路器	DZ5—20/330	只	1	
7	接触器	CJ10—20、线圈电压 380V、20 A	个	3	
8	熔断器 FU1	RL1—60/25、380V、60A、熔体配 25A	套	9	
9	熔断器 FU2	RL1—15/2、380V、15A、熔体配 2A	套	2	
10	热继电器	JR16—20/3、三极、20A	只	3	
11	按钮	LA10—2H	只	3	
12	中间继电器	JZ7—44	只	1	

（续）

序号	名称	型号规格	单位	数量	备注
13	木螺钉	$\phi3 \times 20mm$、$\phi3 \times 15\ mm$	个	30	
14	平垫圈	$\phi4\ mm$	个	30	
15	圆珠笔	自定	支	1	
16	主电路导线	BVR—1.5、$1.5\ mm^2$（$7 \times 0.52mm$）（黑色）	m	若干	
17	控制电路导线	BVR—1.0、$1.0\ mm^2$（$7 \times 043mm$）	m	若干	
18	按钮线	BVR—0.75、$0.75mm^2$	m	若干	
19	接地线	BVR—1.5、$1.5\ mm^2$（黄绿双色）	m	若干	
20	线槽	$18mm \times 25mm$	m	若干	
21	编码套管	自定	m	若干	

任务实施

一、三条传送带运输机顺起逆停控制电路的安装与调试

1. 绘制电器元件布置图和接线图

三条传送带运输机顺起逆停控制电路的电器元件布置图和接线图与位置控制电路相似，请读者自行绘制，在此不再赘述。

2. 元器件规格、质量检查

1）根据表 3-12 中的实训设备及工具材料明细表，检查其各元器件、耗材与表中的型号与规格是否一致。

2）检查各元器件的外观是否完整无损，附件、备件是否齐全。

3）用仪表检查各元器件和电动机的有关技术数据是否符合要求。

3. 根据电器元件布置图安装固定低压电器元件

当元器件检查完毕后，按照所绘制的电器元件布置图安装和固定电器元件。

4. 根据电路图和接线图进行板前线槽布线

当电器元件安装完毕后，按照如图 3-24 所示的电路图和接线图进行板前线槽布线。

5. 电动机的连接

按照电动机铭牌上的接线方法，正确连接接线端子，然后将三台电动机定子绕组的电源引入线接到配线板接线端子的 1U、1V、1W，2U、2V、2W 和 3U、3V、3W 的端子上，最后连接电动机的保护接地线。

6. 自检

当电路安装完毕后，在通电试车前必须经过自检，并经指导教师确认无误后方可通电试车。自检的方法及步骤具体如下：

1）检查传送带 1 的 M1 起停控制。按下传送带 1 起动按钮 SB1 不放，万用表应测得 KM1 线圈电阻值，再按下停止按钮 SB4，使其常闭触头分断，万用表应显示电路由通而断；然后按下起动按钮 SB1，再按下 KM2 的触头架，万用表应测得 KM1 线圈电阻值，再按下停止按钮 SB4，由于 KM2 的辅助常开触头将 SB1 的常闭触头短接，万用表测得的阻值没有变化，仍是 KM1 线圈的电阻值。

2）检查传送带 2 的 M2 起停控制。按下传送带 2 起动按钮 SB2 不放，万用表应测得的电阻是"∞"，这是因为在传送带 2 的控制回路中串联了 KM1 的辅助常开触头，电路处于开

路状态。再按下 KM1 的触头架，此时万用表应测得的电阻值是 KM1、KA 和 KM2 线圈电阻的并联值；然后再按下传送带 2 停止按钮 SB5 的滚轮，万用表应显示电路由通而断；然后松开按钮 SB5，再将 KM3 的触头架按下，再按下按钮 SB5，由于 KM3 的辅助常开触头将 SB5 的常闭触头短接，则测得的阻值没有变化，仍是 KM1、KA 和 KM2 线圈并联的电阻值。

3）检查传送带 3 的 M3 起停控制。其检测方法较为简单，在此不再赘述。

7. 通电试车

学生通过自检和教师确认无误后，在教师的监护下进行通电试车。

二、三条传送带运输机顺起逆停控制电路的故障分析及检修

1. 主电路的故障分析及检修

三条传送带运输机顺起逆停控制电路主电路的故障现象和检修方法与前面任务中主电路的故障现象和检修方法相同，在此不再赘述，读者可自行分析。

2. 控制电路的故障分析及检修

【故障现象1】当按下传送带 1 起动按钮 SB1 后，接触器 KM1 未动作，电动机不转，传送带 1 不运动。

【故障分析】采用逻辑分析法对故障现象进行分析可知，其故障最小范围可用虚线表示，如图3-29所示。

【检修方法】根据如图 3-29 所示的故障最小范围，可以采用电压测量法或者验电笔测试法进行检测。检测方法可参照前面任务所介绍的方法进行操作，在此不再赘述。

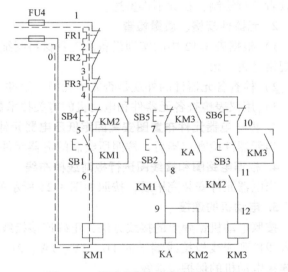

图 3-29　故障现象 1—故障最小范围

【故障现象2】当传送带 1 起动后按下传送带 2 起动按钮 SB2，中间继电器 KA 和接触器 KM2 不动作，电动机不转，传送带 2 不运动。

【故障分析】采用逻辑分析法对故障现象进行分析可知，其故障最小范围可用虚线表示，如图 3-30 所示。

【检修方法】根据如图 3-30 所示的故障最小范围，可以采用电压测量法或者验电笔测试法进行检测。检测方法可参照前面任务所介绍的方法进行操作，在此不再赘述。

想一想练一练　当传送带 1 起动后按下传送带 2 起动按钮 SB2 后，中间继电器 KA 动作，但接触器 KM2 不动作，电动机不转，传送带 2 不运动。请画出故障最小范围，并说出检修方法。

【故障现象3】当传送带 1 起动后按下传送带 2 起动按钮 SB2，中间继电器 KA 和接触器 KM2 动作，电动机运转，传送带 2 运动，但松开起动按钮 SB2 后，传送带 2 停止运动。

【故障分析】采用逻辑分析法对故障现象进行分析可知，其故障最小范围可用虚线表示，如图 3-31 所示。

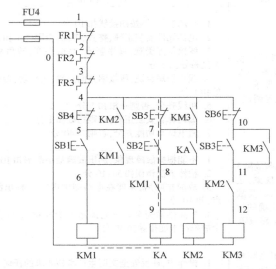

图 3-30　故障现象 2—故障最小范围

【检修方法】 根据如图 3-31 所示的故障最小范围，以中间继电器 KA 常开触头为分界点，可以采用电压测量法或者验电笔测试法进行检测。若测得 KA 常开触头两端的电压正常，则故障点一定是 KA 常开触头接触不良；若测得的电压不正常，则故障点在与 KA 连接的导线上，其检测方法可参照前面任务所介绍的方法进行操作，在此不再赘述。

想一想练一练

1. 当传送带 1 起动后按下传送带 2 起动按钮 SB2，若中间继电器 KA 不动作，而接触器 KM2 动作，将会造成何种后果？请画出故障最小范围，并说出检修方法。

2. 当传送带 1、传送带 2 正常运行时，按下传送带 3 起动按钮 SB3，传送带 3 不能起动运行，其故障原因是什么？请画出故障最小范围，并说出检修方法。

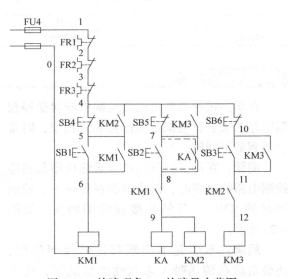

图 3-31　故障现象 3—故障最小范围

3. 当传送带 1、传送带 2 正常运行时，按下传送带 3 起动按钮 SB3，传送带 3 起动运行，但松开按钮 SB3 后，传送带 3 会自动停止，其故障原因是什么？请画出故障最小范围，并说出检修方法。

检查评议

对任务实施的完成情况进行检查，并将结果填入表 3-13。

表 3-13　任务测评表

序号	主要内容	考核要求	评分标准	配分	扣分	得分
1	电路安装调试	根据任务,按照电动机基本控制电路的安装步骤和工艺要求,进行电路的安装与调试	1. 按图接线,不按图接线扣 10 分 2. 电器元件安装正确、整齐、牢固,否则一个扣 2 分 3. 线槽整齐美观,横平竖直、高低平齐,转角 90°,否则每处扣 2 分 4. 线头长短合适,压接圈方向正确,无松动,否则每处扣 1 分 5. 布线齐全,否则一根扣 5 分 6. 编码套管安装正确,否则每处扣 1 分 7. 通电试车功能齐全,否则扣 40 分	60		
2	电路故障检修	人为设置隐蔽故障 3 个,根据故障现象,正确分析故障原因及故障范围,采用正确的检修方法,排除电路故障	1. 不能根据故障现象,画出故障最小范围扣 10 分 2. 检修方法错误扣 5～10 分 3. 故障排除后,未能在电路图中用"×"标出故障点,扣 10 分 4. 故障排除完全。只能排除 1 个故障扣 20 分,3 个故障都未能排除扣 30 分	30		
3	安全文明生产	劳动保护用品穿戴整齐;电工工具佩带齐全;遵守操作规程;尊重老师,讲文明礼貌;考试结束要清理现场	1. 操作中,违反安全文明生产考核要求的任何一项扣 2 分,扣完为止 2. 当发现学生有重大事故隐患时,要立即予以制止,并每次扣安全文明生产总分 5 分	10		
合　计						
开始时间:			结束时间:			

问题及防治

在学生进行三条传送带运输机顺起逆停控制电路的安装、调试与检修实训过程中,时常会遇到如下问题:

问题:在进行三条传送带运输机顺起逆停控制电路的接线时,误将串联在传送带 2 控制回路的 KM1 常开触头接成常闭触头,如图 3-32 所示。

后果:不但起不到顺起逆停控制作用,还会造成在传送带 1 未起动的情况下,按下传送带 2 起动按钮 SB2 后,传送带 2 会直接起动。

预防措施:在三条传送带运输机顺起逆停控制电路中,KM2 的线圈应与 KM1 的辅助常开触头串联。

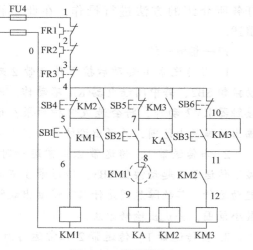

图 3-32　错误接法

知识拓展

几种三台电动机顺序控制电路介绍。

几种三台电动机顺序控制电路如图 3-33 所示。

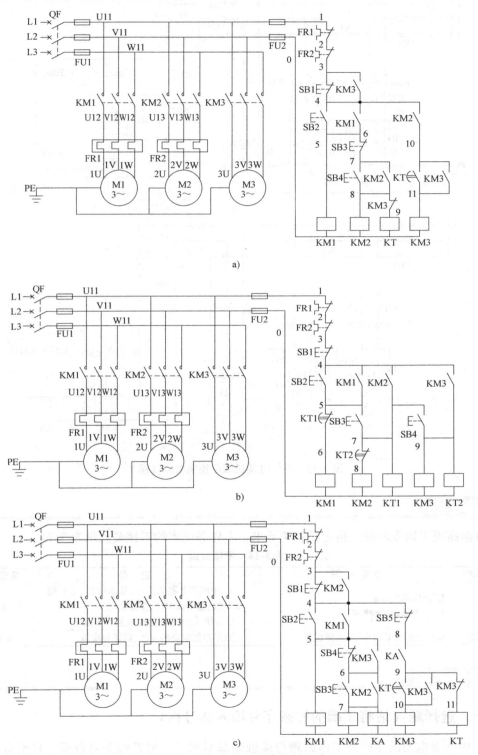

图 3-33　三台电动机顺序控制电路

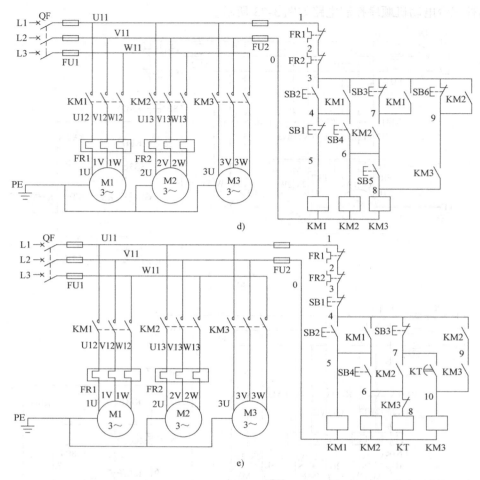

图3-33　三台电动机顺序控制电路（续）

考证要点

根据高级工国家职业资格考试相关要求，本任务内容的考核要点见表3-14。

表3-14　考核要点

行为领域	鉴 定 范 围	鉴 定 点	重要程度
理论知识	1. 低压电气知识 2. 电力拖动控制知识	1. 中间继电器的作用、基本结构、主要技术参数、选用依据、检修方法 2. 顺序控制电路的组成及工作原理	★★
操作技能	低压电路安装、调试与故障检修	顺序控制电路的安装、调试与检修	★★★

考证测试题

一、选择题（请将正确的答案序号填入括号内）

1. 中间继电器的结构及工作原理与接触器基本相同，但其触头对数多，且没有主、辅触头之分，各对触头允许通过的电流大小相同，多数为（　　）A。

A. 2 　　　　　 B. 5 　　　　　 C. 8 　　　　　 D. 10

2. 要求几台电动机的起动或停止必须按一定的先后顺序来完成的控制方式，称为电动机的（　　　）。

A. 顺序控制 　　 B. 异地控制 　　 C. 多地控制 　　 D. 自锁控制

3. 顺序控制可通过（　　　）来实现。

A. 主电路 　　　 B. 辅助电路 　　 C. 控制电路 　　 D. 主电路和控制电路

二、判断题（正确的打"√"，错误的打"×"）

1. 顺序控制必须按一定的先后顺序并通过控制电路来控制几台电动机的起停。 （　　　）

2. 中间继电器是用来增加控制电路中的信号数量或将信号放大的继电器。 （　　　）

3. 中间继电器的触头对数多，且没有主、辅触头之分，各对触头允许通过的电流大小相同，多数为10A。 （　　　）

三、简答题

什么是顺序控制？试说出几个顺序控制的实例。

项目4

三相异步电动机减压起动控制电路的安装与检修

前面介绍的各种三相异步电动机控制电路中，电动机在起动时，加在电动机定子绕组上的电压均为电动机的额定电压，常将这种起动方式称为全压起动或直接起动。全压起动的优点是所用的电气设备少，电路简单，维修量较小。但电动机全压起动时的电流很大，一般为电动机额定电流的4~7倍。大起动电流将引起两种情况，一是大起动电流在电路上产生很大的电压降，会影响同一电路上其他负载的正常工作，严重时还可能使本电动机的起动转矩太小而不能起动。二是对于经常需要起动的电动机，往往会造成其绕组发热，绝缘老化，缩短电动机的使用寿命。为了避免大起动电流对电动机、电网的不良影响，要采取适当的起动方法来降低起动电流。

通常规定：电源变压器容量在180kV·A以上，电动机容量在7kW以下的三相异步电动机可直接起动，否则，需要进行减压起动。判断一台电动机能否直接起动，还可以通过下面经验公式来确定：

$$\frac{I_{st}}{I_N} \leqslant \frac{3}{4} + \frac{S}{4P}$$

式中　I_{st}——电动机全压起动电流（A）；

I_N——电动机的额定电流（A）；

S——电源变压器的容量（kV·A）；

P——电动机功率（kW）。

凡不满足直接起动条件的，均须用减压起动。

减压起动是指利用起动设备将电压适当降低后，加到电动机的定子绕组上起动，待电动机起动运转后，再使其电压恢复到额定电压正常运行。

值得注意的是：电流随电压的降低而减小，虽然减压起动达到了减小起动电流的目的。但是，由于电动机的转矩与电压的平方成正比，所以减压起动也将导致电动机的起动转矩大大降低。因此减压起动需要在空载或轻载下进行。

常见的减压起动的方法有定子绕组串接电阻减压起动、自耦变压器减压起动、Y-△减压起动等。

任务 1　定子绕组串接电阻减压起动控制电路的安装与检修

学习目标

知识目标

1. 熟悉时间继电器的功能、基本结构、工作原理及型号含义。

2. 正确理解定子绕组串接电阻减压起动控制电路的工作原理。

能力目标

1. 能正确识读时间继电器自动控制定子绕组串接电阻减压起动控制电路的原理图、接线图和布置图。

2. 会时间继电器的选用与简单检修。

3. 会按照工艺要求正确安装时间继电器自动控制定子绕组串接电阻减压起动控制电路。

4. 能根据故障现象，检修时间继电器自动控制定子绕组串接电阻减压起动控制电路。

素质目标

养成独立思考和动手操作的习惯，培养小组协调能力和互相学习的精神。

定子绕组串接电阻减压起动是指在电动机起动时，把电阻串接在电动机定子绕组与电源之间，通过电阻的分压作用来降低定子绕组上的起动电压，待电动机起动后，再将电阻短接，使电动机在额定电压下正常进行。时间继电器自动控制定子绕组串接电阻减压起动控制电路如图 4-1 所示。本次任务的主要内容是：完成对时间继电器自动控制定子绕组串接电阻减压起动控制电路的安装与检修。

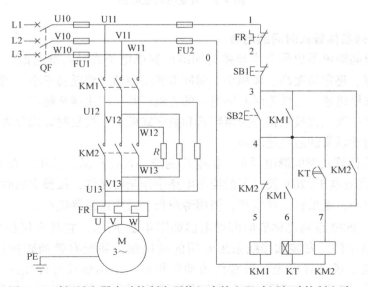

图 4-1　时间继电器自动控制定子绕组串接电阻减压起动控制电路

相关理论

一、时间继电器

在得到动作信号后，能按照一定的时间要求控制触头动作的继电器，称为时间继电器。

时间继电器的种类很多，常用的主要有电磁式、电动式、空气阻尼式、单片机控制式、晶体管式等类型。其中，电磁式时间继电器的结构简单，价格低廉，但体积和重量大，延时时间较短，且只能用于直流断电延时；电动式时间继电器是利用同步微电机与特殊的电磁传动机械来产生延时的，延时精度高，延时可调范围大，但结构复杂，价格贵；空气阻尼式时间继电器延时精度不高，体积大，已逐步被晶体管式取代；单片机控制式时间继电器是为了适应越来越高的工业自动化控制水平而生产的，如 DHC6 多制式时间继电器，采用单片机控制的，LCD 显示，具有 9 种工作制式，正计时、倒计时任意设定，8 种延时时段，延时范围从 0.01s ~ 999.9h 任意设定，键盘设定方式，设定完成之后可以锁定键盘，防止误操作，可以按要求任意选择控制模式，使控制电路最简单可靠。目前在电力拖动控制电路中，应用较多的是晶体管式时间继电器，图 4-2 所示是常见的时间继电器。

a) 晶体管式　　　　b) 空气阻尼式　　　　c) 电动式　　　　d) 单片机控制式

图 4-2　常见时间继电器

1. JS20 系列晶体管式时间继电器

晶体管式时间继电器也称为半导体时间继电器或电子式时间继电器，具有机械结构简单、延时范围宽、整定精度高、体积小、耐冲击和耐振动、消耗功率小、调整方便及寿命长等优点，所以发展迅速，已成为时间继电器的主流产品，应用越来越广。

晶体管式时间继电器按结构分为阻容式和数字式两类；按延时方式分为通电延时型、断电延时型及带瞬动触头的通电延时型。

JS20 系列晶体管式时间继电器是全国推广的统一设计产品，适用于在交流 50Hz、电压 380V 及以下或直流电压 220V 及以下的控制电路中作延时元件，按预定的时间接通或分断电路。它具有体积小、重量轻、精度高、使用寿命长、通用性强等优点。

（1）结构　JS20 系列晶体管时间继电器如图 4-2a 所示，它具有保护外壳，其内部结构采用印刷电路组件。安装和接线采用专用的插接座，并配有带插脚标记的下标牌作接线指示，上标盘上还带有发光二极管作为动作指示，结构形式有外接式、装置式和面板式三种。外接式的整定电位器可通过插座用导线接到所需的控制板上；装置式具有带接线端子的胶木底座；面板式采用通用八大脚插座，可全压安装在控制台的面板上，另外还带有延时刻度和延时旋钮供整定延时时间用。JS20 系列通电延时型时间继电器的接线图如图 4-3a 所示。

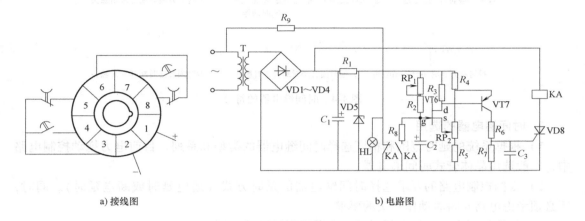

a) 接线图　　　　　　　　　　　　　　　　　　　b) 电路图

图 4-3　JS20 系列通电延时型时间继电器的接线图和电路图

（2）工作原理　JS20 系列通电延时型时间继电器的电路图如图 4-3b 所示。它由电源、电容充放电电路、电压鉴别电路、输出和指示电路五部分组成。电源接通后，经整流滤波和稳压后的直流电，经过 RP_1 和 R_2 向电容 C_2 充电。当场效应管 VT6 的栅源电压 U_{gs} 低于夹断电压 U_p 时，VT6 截止，VT7、VD8 也处于截止状态。随着充电的不断进行，电容 C_2 的电位按指数规律上升，当 U_{gs} 高于 U_p 时，VT6 导通，VT7、VD8 也导通，继电器 KA 吸合，输出延时信号。同时电容 C_2 通过 R_8 和 KA 的常开触头放电，为下次动作做准备。当切断电源时，继电器 KA 释放，电路恢复原始状态，等待下次动作。调节 RP_1 和 RP_2 即可调整延时时间。

（3）型号及含义　JS20 系列晶体管式时间继电器的型号及含义如下：

（4）时间继电器的符号　时间继电器在电路图中的符号如图 4-4 所示。

（5）适用场合　当电磁式时间继电器不能满足要求时，或者当要求的延时精度较高时，或者当控制电路相互协调需要无触头输出时，可以用晶体管式时间继电器。

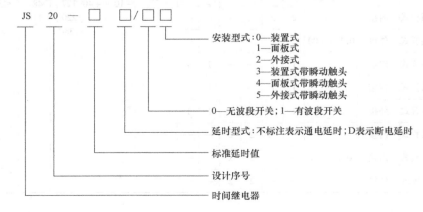

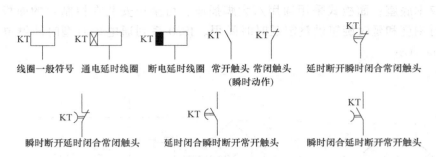

图 4-4　时间继电器的符号

2. 时间继电器的选用

1）根据系统的延时范围和精度选择时间继电器的类型和系列。目前电力拖动控制电路中，一般选用晶体管式时间继电器。

2）根据控制电路的要求选择时间继电器的延时方式（通电延时或断电延时）。同时，还必须考虑电路对瞬时动作触头的要求。

3）根据控制电路电压选择时间继电器吸引线圈的电压。

JS20 系列晶体管式时间继电器的主要技术参数见表 4-1。

表 4-1　JS20 系列晶体管式时间继电器的主要技术参数

型号	结构形式	延时整定元件位置	延时范围/s	延时触头对数 通电延时		延时触头对数 断电延时		不延时触头对数		误差（%）		环境温度/℃	工作电压/V 交流	工作电压/V 直流	功率损耗/W	机械寿命/万次
				常开	常闭	常开	常闭	常开	常闭	重复	综合					
JS20—□/00	装置式	内接		2	2	—	—	—	—							
JS20—□/01	面板式	内接		2	2	—	—	—	—							
JS20—□/02	装置式	外接	0.1～300	2	2	—	—	—	—							
JS20—□/03	装置式	内接		1	1	—	—	1	1							
JS20—□/04	面板式	内接		1	1	—	—	1	1							
JS20—□/05	装置式	外接		1	1	—	—	1	1				36、110、127、220、380	24、48、110	≤5	1000
JS20—□/10	装置式	内接		2	2	—	—	—	—	±3 ±10		−10～+40				
JS20—□/11	面板式	内接		2	2	—	—	—	—							
JS20—□/12	装置式	外接	0.1～3600	2	2	—	—	—	—							
JS20—□/13	装置式	内接		1	1	—	—	1	1							
JS20—□/14	面板式	内接		1	1	—	—	1	1							
JS20—□/15	装置式	外接		1	1	—	—	1	1							
JS20—□D/00	装置式	内接		—	—	2	2	—	—							
JS20—□D/01	面板式	内接	0.1～180	—	—	2	2	—	—							
JS20—□D/02	装置式	外接		—	—	2	2	—	—							

二、电阻器

1. 简介

电阻器是具有一定电阻值的电器元件，电流通过时，在它上面产生电压降。利用电阻器这一特性，可控制电动机的起动、制动及调速。用于控制电动机起动、制动及调速的电阻器与电子产品中的电阻器在用途上有较大的区别，电子产品中用到的电阻器一般功率较小，工作时发热量较低，一般不需要专门的散热设计；而用于控制电动机起动、制动及调速的电阻器，一般功率较大，为千瓦（kW）级，工作时发热量较大，需要有良好的散热性能，因此在外形结构上与电子产品中常用的电阻器有较大的差异。常用于控制电动机起动、制动及调速的电阻器有铸铁电阻器、板形（框架式）电阻器、铁铬合金电阻器和管形电阻器。常用的电阻器如图 4-5 所示。电阻器的用途与分类见表 4-2。

a) ZX1铸铁电阻器　　b) ZX12铁铬合金电阻器　　c) ZX2康铜电阻器　　d) ZX9铁铬铝合金电阻器

图 4-5　常用的电阻器

电阻器的用途与分类见表 4-2。

表 4-2　电阻器的用途与分类

类　型	型号	结构及特点	适用场合	备　注
铸铁电阻器	ZX1	由自浇铸或冲压成形的电阻片选装而成，取材方便。价格低廉，有良好的耐腐蚀性和较大的发热时间常数，但易断，电阻值较小。温度系数较大，体积大而笨重	在交直流低压电路中，供电动机起动、调速、制动及放电等用	
康铜电阻器	ZX2	在扳形瓷质绝缘件上绕制的线状（ZX—2 型）或带状（ZX2—1 型）康铜电阻元件，其特点是耐振动，具有较高的机械强度	同上，但较适用于要求耐振动的场合	
铁铬铝合金电阻器	ZX9	由铁、铬、铝合金电阻带轧成波浪形式，电阻为敞开式，计算容量约为 4.6kW	适用于大、中容量电动机的起动、制动和调速	技术数据与 ZX1 基本相同，因而可取而代之
	ZX15	由铁、铬、铝合金带制成的螺旋式管状电阻元件（ZY 型）装配而成，容量约为 4.6kW		

（续）

类　　型	型号	结构及特点	适用场合	备　　注
管形电阻器	ZG11	在陶瓷管上绕单层镍铜或镍铬合金电阻丝，表面经高温处理涂珐琅质保护层，电阻丝两端用电焊法连接多股绞合软铜线或连接紫铜导片作为引出端头 可调式在珐琅质保护层表面有使电阻丝裸露的窄槽，并装有供移动使用的调节夹	适用于电压不超过 500V 的低压电气设备的电路中，供降低电压、电流用	

2. 起动电阻的选用

起动电阻 R 一般采用 ZX1、ZX2 系列铸铁电阻器及康铜电阻器。铸铁电阻器能够通过较大电流，功率大。起动电阻 R 可按下列近似公式确定：

$$R = 190 \times \frac{I_{st} - I'_{st}}{I_{st} I'_{st}}$$

式中　R 单位为 Ω，I_{st}、I'_{st} 单位为 A。

电阻功率可用公式 $P = I^2 R$ 计算。由于起动电阻 R 仅在起动过程中接入，且起动时间很短，所以实际选用的电阻功率可比计算值减小 3 ~ 4 倍。

本任务所采用电动机的参数为：Y132M-4、7.5kW、15A、380V、△联结，应选择起动电阻值为

选取 $I_{st} = 6 I_N = 6 \times 15A = 90A$，$I'_{st} = 2 I_N = 2 \times 15A = 30A$

起动电阻阻值为　　　$R = 190 \times \frac{I_{st} - I'_{st}}{I_{st} I'_{st}} = 190 \times \frac{90 - 30}{90 \times 30}\Omega \approx 4.22\Omega$

起动电阻功率为

$$P = \frac{1}{3} I_N^2 R = \frac{1}{3} \times 15^2 \times 4.22W = 316.5W$$

三、定子绕组串接电阻减压起动控制电路

1. 手动控制、按钮与接触器控制定子绕组串接电阻减压起动控制电路

手动控制和按钮与接触器控制定子绕组串接电阻减压起动控制电路如图 4-6 和图 4-7 所示。由于手动控制、按钮与接触器控制电路，电动机从减压起动到全压运行是由操作人员转换操作转换开关或按钮来实现的，工作既不方便也不可靠，一般很少采用，因此，本次任务对手动控制、按钮与接触器控制电路只进行简单的介绍，不进行实际的安装练习。

2. 时间继电器自动控制定子绕组串接电阻减压起动控制电路

（1）电路组成　时间继电器自动控制定子绕组串接电阻减压起动控制电路如图 4-1 所示。在这个电路中，用接触器 KM2 取代了图 4-6 所示电路中的组合开关 QS 来短接起动电阻 R，用时间继电器 KT 来控制电动机从减压起动到全压运行的时间，从而实现了自动控制。

（2）工作原理

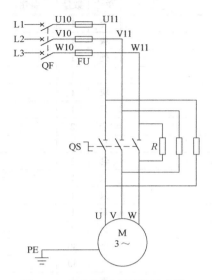

图 4-6 手动控制定子绕组串接
电阻减压起动控制电路

图 4-7 按钮与接触器控制定子绕组串接电阻减压起动控制电路

如图 4-1 所示的时间继电器自动控制定子绕组串接电阻减压起动控制电路工作原理如下：

先合上电源开关 QF。

【减压起动控制】

【停止控制】

停止时，按下 SB1 即可实现。

由以上分析可见，只要调整好时间继电器 KT 触头的动作时间，电动机由起动过程切换成运行过程就能准确可靠地自动完成。

定子绕组串接电阻减压起动的缺点是减小了电动机的起动转矩，同时起动时在电阻上功率消耗也较大。如果起动频繁，则导致电阻的温度很高，对于精密的机床会产生一定的影响，故目前这种减压起动的方法，在生产实际中的应用正在逐步减少。

任务准备

实施本任务教学所使用的实训设备及工具材料见表 4-3。

表 4-3 实训设备及工具材料

序号	名　　称	型号规格	单位	数量	备注
1	电工常用工具		套	1	
2	万用表	MF47 型	块	1	
3	三相四线电源	380/220V、20A	处	1	
4	三相异步电动机	Y112M—4(4kW、380V、△联结)或自定	台	1	
5	配线板	500mm×600mm×20mm	块	1	
6	低压断路器	DZ5—20/330	只	1	
7	接触器	CJ10—20、线圈电压 380V、20A	个	2	
8	熔断器 FU1	RL1—60/25、380V、60A、熔体配 25A	套	3	
9	熔断器 FU2	RL1—15/2、380V、15A、熔体配 2A	套	2	
10	热继电器	JR16—20/3、三极、20A	只	1	
11	按钮	LA10—2H	只	1	
12	时间继电器	JS20 或 JS7—2A	只	1	
13	电阻器	ZX2—2/0.7	只	3	
14	木螺钉	$\phi 3 \times 20mm$、$\phi 3 \times 15mm$	个	30	
15	平垫圈	$\phi 4$ mm	个	30	
16	圆珠笔	自定	支	1	
17	主电路导线	BVR—1.5、1.5mm² (7×0.52mm) (黑色)	m	若干	
18	控制电路导线	BVR—1.0、1.0mm² (7×0.43mm)	m	若干	
19	按钮线	BVR—0.75、0.75mm²	m	若干	
20	接地线	BVR—1.5、1.5 mm² (黄绿双色)	m	若干	
21	线槽	18mm×25mm	m	若干	
22	编码套管	自定	m	若干	

任务实施

一、时间继电器自动控制定子绕组串接电阻减压起动控制电路的安装与调试

1. 绘制电器元件布置图和接线图

时间继电器自动控制定子绕组串接电阻减压起动控制电路的电器元件布置图和接线图请读者自行绘制，在此不再赘述。

2. 元器件规格、质量检查

1) 根据表 4-3 中的实训设备及工具材料明细表，检查其各元器件、耗材与表中的型号与规格是否一致。

2) 检查各元器件的外观是否完整无损，附件、备件是否齐全。

3) 用仪表检查各元器件和电动机的有关技术数据是否符合要求。

3. 根据电器元件布置图安装固定低压电器元件

当电器元件检查完毕后，按照所绘制的电器元件布置图安装和固定电器元件。在此仅介绍时间继电器和起动电阻的安装与使用要求。

（1）时间继电器的安装与使用要求

1) 时间继电器应按说明书规定的方向安装。无论是通电延时型还是断电延时型，都必须使时间继电器在断电后，动铁心释放时的运动方向垂直向下，其倾斜度不得超过 5°。

2）时间继电器的整定值，应预先在不通电时整定好，并在通电试车时校正。

3）时间继电器金属底板上的接地螺钉必须与接地线可靠连接。

4）通电延时型和断电延时型可在整定时间内自行调换。

5）使用时，应经常清除灰尘及油污，否则延时误差将增大。

操作提示：常用晶体管式时间继电器接线时，要注意时间继电器的底座是有方向的，不要接反，其外形及底座如图4-8所示。

a) 插接座　　　　　b) 时间调节旋钮　　　　　c) 插接柱

图4-8　晶体管时间继电器外形及底座

（2）起动电阻的安装与使用要求　起动电阻要安装在箱体内，并且要考虑其产生的热量对其他电器的影响。若将电阻器置于箱外时，必须采取遮护或隔离措施，以防止发生触电事故。

4. 根据电路图和接线图进行板前线槽布线

当电器元件安装完毕后，按照如图4-1所示的电路图和接线图进行板前线槽布线。

5. 电动机的连接

按照电动机铭牌上的接线方法，正确连接接线端子，然后将电动机定子绕组的电源引入线接到配线板接线端子的 U、V、W 的端子上，最后连接电动机的保护接地线。

6. 自检

当电路安装完毕后，在通电试车前必须经过自检，并经指导教师确认无误后方可通电试车。自检的方法及步骤具体如下：

首先将万用表的选择开关拨到电阻档（R×1档），并进行校零。断开电源开关 QF，并摘下接触器灭弧罩。

（1）主电路的检测　将万用表的 2 根表笔跨接在 U11 和 U13 处，应测得电路处于断路状态，然后按下 KM1 的触头架，应测得电阻 R 的电阻值，再按下 KM2 的触头架，由于 KM2 的主触头将电阻 R 短接，应测得的阻值变小，万用表检测显示通路。依次分别在 V11、V13 和 W11、W13 之间重复进行测量，结果应相同。

（2）控制电路的检测

1）将万用表的 2 根表笔跨接在熔断器 FU2 的 0 和 1 之间的接线柱上，应测得的电阻是 "∞"，电路处于开路状态。然后按下起动按钮 SB2 不放，应测得 KM1 的电阻值；再按下停止按钮 SB1，此时万用表应显示电路由通而断。

2）按下 KM1 的触头架，此时应测得的电阻值是 KM1、KT 线圈电阻的并联值；然后松开 KM1 的触头架，万用表应显示电路由通而断；再按下 KM2 的触头架，此时应测得 KM2 线圈的电阻值。

7. 通电试车

学生通过自检和教师确认无误后，在教师的监护下进行通电试车。

二、时间继电器自动控制定子绕组串接电阻减压起动控制电路的故障分析及检修

1. 主电路的故障分析及检修

时间继电器自动控制定子绕组串接电阻减压起动控制电路主电路的故障现象和检修方法与前面任务中主电路的故障现象和检修方法相似，在此不再赘述，读者可自行分析。

2. 控制电路的故障分析及检修

【故障现象1】当按下起动按钮 SB2 后，接触器 KM1 未动作，电动机未能串接电阻减压起动。

【故障分析】采用逻辑分析法对故障现象进行分析可知，其故障最小范围可用虚线表示，如图 4-9 所示。

【检修方法】根据如图 4-9 所示的故障最小范围，可以采用电压测量法或者采用验电笔测试法进行检测。检测方法可参照前面任务所介绍的方法进行操作，在此不再赘述。

【故障现象2】当按下起动按钮 SB2 后，接触器 KM1 动作，时间继电器 KT 未动作，电动机未能转入全压运行。

【故障分析】采用逻辑分析法对故障现象进行分析可知，其故障最小范围可用虚线表示，如图 4-10 所示。

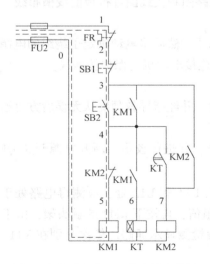

图 4-9　故障现象 1—故障最小范围

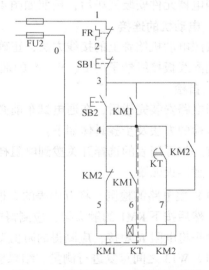

图 4-10　故障现象 2—故障最小范围

【检修方法】根据如图 4-10 所示的故障最小范围，检测时，首先按下停止按钮 SB1，然后采用验电笔测试法对 KM1 的辅助常开触头的两端（4-6）进行检测，若两端的电压正常，

则故障点一定是 KM1 的辅助常开触头接触不良。若验电笔显示的亮度不正常，则故障点在与 KM1 的辅助常开触头连接的时间继电器控制回路上，检测方法可参照前面任务所介绍的方法进行操作，在此不再赘述。

　　想一想，练一练　当按下起动按钮 SB2 后，接触器 KM1 动作，时间继电器 KT 动作，延时 5s 后，接触器 KM1 未断开，电动机始终处于减压起动状态，未能转入全压运行。请画出故障最小范围并说出检修方法。

检查评议

　　对任务实施的完成情况进行检查，并将结果填入表 4-4。

表 4-4　任务测评表

序号	主要内容	考核要求	评分标准	配分	扣分	得分
1	电路安装调试	根据任务,按照电动机基本控制电路的安装步骤和工艺要求,进行电路的安装与调试	1. 按图接线,不按图接线扣 10 分 2. 电器元件安装正确、整齐、牢固,否则一个扣 2 分 3. 线槽整齐美观,横平竖直、高低平齐,转角 90°,否则每处扣 2 分 4. 线头长短合适,压接圈方向正确,无松动,否则每处扣 1 分 5. 布线齐全,否则一根扣 5 分 6. 编码套管安装正确,否则每处扣 1 分 7. 通电试车功能齐全,否则扣 40 分	60		
2	电路故障检修	人为设置隐蔽故障 3 个,根据故障现象,正确分析故障原因及故障范围,采用正确的检修方法,排除电路故障	1. 不能根据故障现象,画出故障最小范围扣 10 分 2. 检修方法错误扣 5~10 分 3. 故障排除后,未能在电路图中用"×"标出故障点,扣 10 分 4. 故障排除完全。只能排除 1 个故障扣 20 分,3 个故障都未能排除扣 30 分	30		
3	安全文明生产	劳动保护用品穿戴整齐;电工工具佩带齐全;遵守操作规程;尊重老师,讲文明礼貌;考试结束要清理现场	1. 操作中,违反安全文明生产考核要求的任何一项扣 2 分,扣完为止 2. 当发现学生有重大事故隐患时,要立即予以制止,并每次扣安全文明生产总分 5 分	10		
合　计						
开始时间:			结束时间:			

知识拓展

JS7—A 系列空气阻尼式时间继电器简介

　　（1）**结构和原理**　空气阻尼式时间继电器又称气囊式时间继电器，主要由电磁系统、延时机构和触头系统三部分组成，电磁系统为直动式双 E 形电磁铁，延时机构采用气囊式阻尼器，触头系统是借用 LX5 型微动开关，包括两对瞬时触头（1 常开 1 常闭）和两对延时触头（1 常开 1 常闭）。根据触头延时的特点，可分为通电延时动作型和断电延时复位型两种。

JS7—A 系列空气阻尼式时间继电器是利用气囊中的空气通过小孔节流的原理来获得延时动作的，其结构原理示意图如图 4-11 所示。图 4-11a 是通电延时型时间继电器，当电磁系统的线圈通电时，微动开关 SQ2 的触头瞬时动作，而 SQ1 的触头由于气囊中空气阻尼的作用延时动作，其延时时间的长短取决于进气的快慢，可通过旋动调节螺钉 13 进行调节，延时范围有 0.4 ~ 60s 和 0.4 ~ 180s 两种。当线圈断电时，微动开关 SQ1 和 SQ2 的触头均瞬时复位。

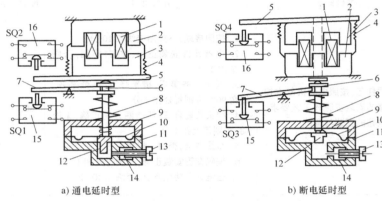

图 4-11　JS7—A 型时间继电器的结构原理示意图

1—线圈　2—铁心　3—动铁心　4—反力弹簧　5—推板　6—活塞杆
7—杠杆　8—塔形弹簧　9—弱弹簧　10—橡皮膜　11—空气室　12—活塞
13—调节螺钉　14—进气孔　15、16—微动开关

JS7—A 系列断电延时型和通电延时型时间继电器的组成元件是通用的。若将图 4-11a 中通电延时型时间继电器的电磁机构旋出固定螺钉后反转 180°安装，即为图 4-11b 所示断电延时型时间继电器。其工作原理读者可自行分析。

（2）符号及型号含义　空气阻尼式时间继电器符号及型号含义与晶体管时间继电器基本相同。

（3）空气阻尼式时间继电器延时时间的整定

空气阻尼式时间继电器的特点是延时范围大（0.4 ~ 180s），结构简单，价格低，使用寿命长，但整定精度往往较差，只适用于一般场合。

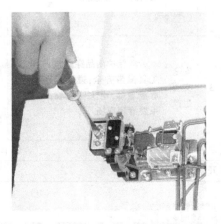

图 4-12　JS7—A 时间继电器的整定

JS7—A 系列空气阻尼式时间继电器在延时时间的整定时，应注意将时间继电器整定时间旋钮的刻度值正对安装人员，以便安装人员看清，容易调整，如图 4-12 所示。

（4）空气阻尼时间继电器常见故障检修

空气阻尼时间继电器常见故障的现象、原因及检修方法见表4-5。

表4-5　常见故障的现象、原因及检查方法

故障现象	原因及检查方法
延时触头不动作	1. 电磁铁线圈断线,万用表检测,更换线圈 2. 电源电压大大低于线圈额定电压,调高电流电压或更换线圈 3. 连接触头不牢,重新连接
延时时间缩短	1. 空气阻尼式时间继电器气室装配不严、漏气,调换气室 2. 空气阻尼式时间继电器气室内橡皮薄膜损坏,更换橡皮膜
延时时间变长	空气阻尼式时间继电器气室有灰尘,清洁阻塞的气道或更换气室

考证要点

根据高级工国家职业资格考试相关要求,本任务内容的考核要点见表4-6。

表4-6　考核要点

行为领域	鉴定范围	鉴定点	重要程度
理论知识	1. 低压电气知识 2. 电力拖动控制知识	1. 时间继电器的作用、基本结构、主要技术参数、选用依据、检修方法 2. 定子绕组串接电阻减压起动控制电路的组成及工作原理 3. 空气阻尼式时间继电器的作用、基本结构、主要技术参数、选用依据和检修方法	★★
操作技能	低压电路安装、调试与故障检修	定子绕组串接电阻减压起动控制电路的安装、调试与检修	★★★

考证测试题

一、选择题（请将正确的答案序号填入括号内）

1. 三相异步电动机直接起动电流会很大,一般可达额定电流的（　　）倍。

A. 2~3　　B. 3~4　　C. 4~7　　D. 10

2. 晶体管式时间继电器比气囊式时间继电器在使用寿命、调节方便程度、耐冲击性3项性能上（　　）。

A. 差　　　B. 良　　　C. 优　　　D. 因使用场合不同而异

3. 通电延时型时间继电器的触头动作情况为（　　）。

A. 线圈通电时延时触头延时动作,断电时延时触头瞬时动作

B. 线圈通电时延时触头瞬时动作,断电时延时触头延时动作

C. 线圈通电时延时触头不动作,断电时延时触头动作

D. 线圈通电时瞬时触头不动作,断电时延时触头动作

二、判断题（正确的打"√",错误的打"×"）

1. 直接起动的优点是电气设备少,电路简单,维修量小。　　　　　　　　（　　　）

2. 串接电阻减压起动不能频繁起动电动机,否则电阻温度很高,对于精密的机床会产生一定的影响。　　　　　　　　　　　　　　　　　　　　　　　　　　（　　　）

3. 电源变压器容量在180kV·A,电动机功率在7kW以下的三相异步电动机可直接起动。　　　　　　　　　　　　　　　　　　　　　　　　　　　　　　（　　　）

4. 减压起动的目的是为了节省电源能量。 （ ）

5. 晶体管式时间继电器也称半导体时间继电器或称电子式时间继电器，是自动控制系统的重要元件。 （ ）

6. 晶体管式时间继电器只有通电延时型。 （ ）

三、简答题

1. 什么是减压起动？常见的减压起动方法有哪几种？

2. 如图 4-13 所示为正反转串接电阻减压起动控制电路，试分析其工作原理。

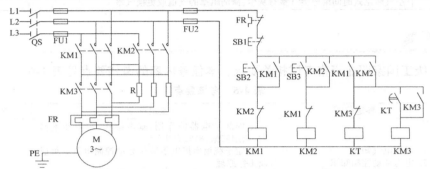

图 4-13 正反转串接电阻减压起动控制电路

3. 某台三相异步电动机，功率为 22kW，额定电流为 44.3A，电压为 380V。问应串联多大的起动电阻进行减压起动？

任务2 自耦变压器（补偿器）减压起动控制电路的安装与检修

学习目标

知识目标

1. 熟悉自耦变压器的功能、基本结构、工作原理及型号含义。

2. 正确理解自耦变压器减压起动控制电路的工作原理。

能力目标

1. 能正确识读自耦变压器减压起动控制电路的原理图、接线图和布置图。

2. 会按照工艺要求正确安装自耦变压器减压起动控制电路。

3. 能根据故障现象，检修自耦变压器减压起动控制电路。

素质目标

养成独立思考和动手操作的习惯，培养小组协调能力和互相学习的精神。

工作任务

任务 1 介绍的定子绕组串接电阻减压起动是应用了串接电阻的分压原理，来降低电动机定子绕组上的电压。这种方法使大量的电能在电动机起动过程中，通过电阻器转化为热能消耗掉。如果起动频繁，不仅电阻器上会产生很高的温度，对精密机床的加工精度产生影响，而且这种能量消耗也不利于环境保护，因此，定子绕组串接电阻减压起动的起动方式在生产中正在逐步被淘汰。自耦变压器（补偿器）减压起动是在起动时利用自耦变压器降低定子绕组上的起动电压，达到限制起动电流的目的，当完成起动后，再将自耦变压器切换掉，使电动机直接与电源连接全压运行。图 4-14 所示为时间继电器自动控制自耦变压器（补偿器）减压起动控制电路。本次任务的主要内容是：完成对时间继电器自动控制自耦变压器（补偿器）减压起动控制电路的安装与检修。

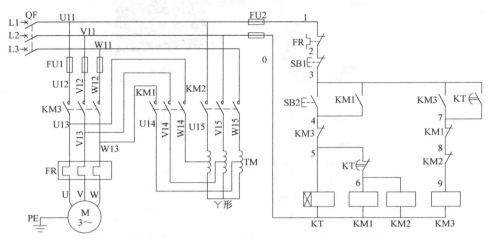

图 4-14　时间继电器自动控制自耦变压器（补偿器）减压起动控制电路

相关理论

一、自耦减压起动器

一般常用的自耦减压起动器有 QJ3 系列油浸式、QJ10 系列空气式手动自耦减压起动器和 XJ01 系列自耦减压起动器。

1. QJD3 系列油浸式手动自耦减压起动器

（1）结构及作用　QJD3 系列油浸式手动自耦减压起动器如图 4-15a 所示，主要由薄钢板制成的防护式外壳、自耦变压器、接触系统（触头浸在油中）、操作机构及保护系统等五个部分组成，具有过载和失电压保护功能。

该系列起动器适用于一般工业用于交流 50Hz 或 60Hz、电压 380V、功率为 10～75kW 的三相异步电动机，作不频繁减压起动和停止用。

（2）型号及含义　QJD3 系列油浸式手动自耦减压起动器型号及其含义如下：

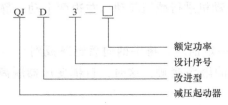

（3）工作原理　QJD3 系列油浸式手动自耦减压起动器的电路图如图 4-15c 所示，其动作原理如下：

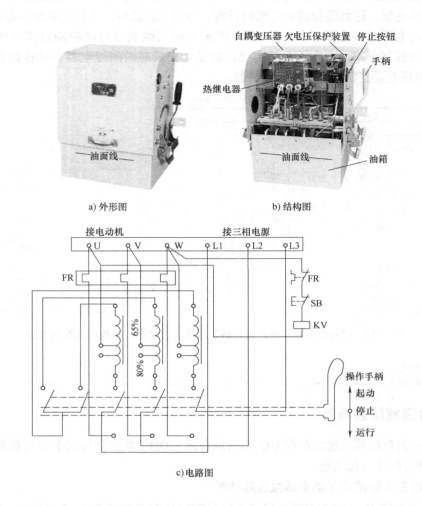

图 4-15   QJD3 系列油浸式手动自耦减压起动器

当手柄扳到"停止"位置时，装在主轴上的动触头与上、下两排静触头都不接触，电动机处于断电停止状态。

当手柄向前推到"起动"位置时，装在主轴上的动触头与上面一排起动静触头接触，三相电源 L1、L2、L3 通过右边三个动、静触头接入自耦变压器，又经自耦变压器的三个 65%（或 80%）抽头接入电动机进行减压起动；左边两个动、静触头接触则把自耦变压器接成了丫。

当电动机的转速上升到一定值时，将手柄向后迅速扳到"运行"位置，使右边三个动触头与下面一排的三个运行静触头接触，这时，自耦变压器脱离，电动机与三相电源 L1、L2、L3 直接相接全压运行。

停止时，只要按下停止按钮 SB，失压脱扣器 KV 线圈失电，动铁心下落释放，通过机械操作机构使起动器掉闸，手柄便自动回到"停止"位置，电动机断电停转。

　　由于热继电器 FR 的常闭触头、停止按钮 SB、失压脱扣器线圈 KV 串接在 U、W 两相电源上，所以当出现电源电压不足、突然停电、电动机过载和停车时都能使起动器掉闸，电动机断电停转。

　　（4）技术数据　QJD3 系列油浸式手动自耦减压起动器根据控制电动机的额定电压和额定功率，来选定其触头额定电流及起动用自耦变压器类型，其技术数据见表 4-7（对表中额定工作电流和热保护整定电流另有要求者除外）。

2. QJ10 系列空气式手动自耦减压起动器

　　该系列起动器适用于交流 50Hz、电压 380V 及以下、功率 75kW 及以下的三相异步电动机，作不频繁减压起动和停止用。

表 4-7　QJD3 系列油浸式手动自耦减压起动器技术数据

型号	额定工作电压/V	控制的电动机功率/W	额定工作电流/A	热保护额定电流/A	最大起动时间/s
QJD3—10	380	19	19	22	30
QJD3—14		14	26	32	
QJD3—17		17	33	45	
QJD3—20		20	37	45	40
QJD3—22		22	42	45	
QJD3—28		28	51	63	
QJD3—30		30	56	63	
QJD3—40		40	74	85	
QJD3—45		45	86	120	60
QJD3—55		55	104	160	
QJD3—75		75	125	160	

　　在结构上，QJ10 系列空气式手动自耦减压起动器也是由箱体、自耦变压器、保护装置、触头系统和手柄操作机构五部分组成。它的触头系统有一组起动触头、一组中性触头和一组运行触头，其电路图如图 4-16 所示。动作原理如下：

　　当手柄扳到"停止"位置时，所有的动、静触头均断开，电动机处于断电停止状态；当手柄向前推到"起动"位置时，起动触头和中性触头同时闭合，三相电源经起动触头接入自耦变压器 TM，又经自耦变压器的三个抽头接入电动机进行减压起动，中间触头则把自耦变压器接成了丫形；当电动机的转速上升到一定值后，将手柄迅速扳到"运行"位置，起动触头和中性触头先同时断开，运行触头随后闭合，这时自耦变压器脱离，电动机与三相电源 L1、L2、L3 直接相接直接运行。停止时，按下 SB 即可。

3. XJ01 系列自耦减压起动箱

　　XJ01 系列自耦减压起动箱是我国生产的自耦变压器减压起动自动控制设备，广泛用于交流为 50Hz、电压为 380V、功率为 14～300kW 的三相异步电动机的减压起动。XJ01 系列自耦减压起动箱如图 4-17 所示。

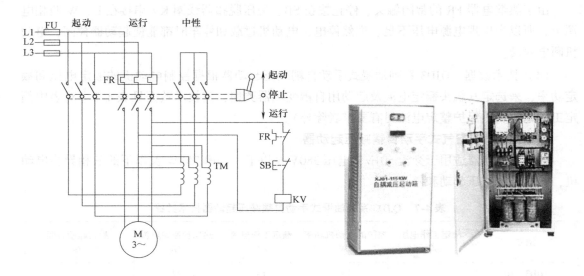

图 4-16　QJ10 系列空气式手动自耦减压起动器　　　图 4-17　XJ01 系列自耦减压起动箱

　　XJ01 系列自耦减压起动箱减压起动的电路如图 4-18 所示。点划线框内的按钮是异地控制按钮。整个控制电路分为三部分：主电路、控制电路和指示电路。

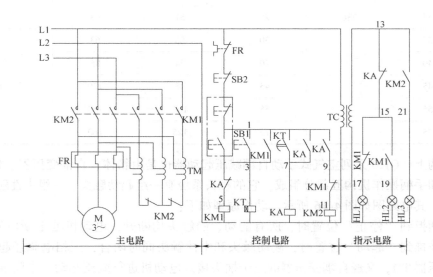

图 4-18　XJ01 系列自耦减压起动箱减压起动电路

　　其电路工作原理如下：

　　由以上分析可见，指示灯 HL1 亮，表示电源有电，电动机处于停止状态；指示灯 HL2 亮，表示电动机处于减压起动状态；指示灯 HL3 亮，表示电动机处于全压运行状态。停止时，按下停止按钮 SB2，控制电路失电，电动机停转。

　　XJ01 系列自耦减压起动箱的主要技术数据，见表 4-8。

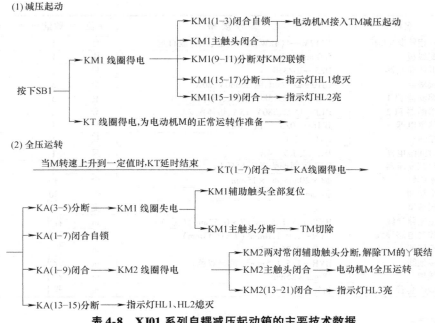

(1) 减压起动

　　按下SB1 ──┬── KM1 线圈得电 ──┬── KM1(1-3)闭合自锁 ── 电动机M接入TM减压起动
　　　　　　　　│　　　　　　　　　├── KM1主触头闭合
　　　　　　　　│　　　　　　　　　├── KM1(9-11)分断对KM2联锁
　　　　　　　　│　　　　　　　　　├── KM1(15-17)分断 ── 指示灯HL1熄灭
　　　　　　　　│　　　　　　　　　└── KM1(15-19)闭合 ── 指示灯HL2亮
　　　　　　　　└── KT 线圈得电,为电动机M的正常运转作准备 ──

(2) 全压运转

当M转速上升到一定值时,KT延时结束 ── KT(1-7)闭合 ── KA线圈得电 ──

┬── KA(3-5)分断 ── KM1 线圈失电 ──┬── KM1辅助触头全部复位
│　　　　　　　　　　　　　　　　　└── KM1主触头分断 ── TM切除
├── KA(1-7)闭合自锁
├── KA(1-9)闭合 ── KM2 线圈得电 ──┬── KM2两对常闭辅助触头分断,解除TM的丫联结
│　　　　　　　　　　　　　　　　　├── KM2主触头闭合 ── 电动机M全压运转
│　　　　　　　　　　　　　　　　　└── KM2(13-21)闭合 ── 指示灯HL3亮
└── KA(13-15)分断 ── 指示灯HL1、HL2熄灭

表 4-8　XJ01 系列自耦减压起动箱的主要技术数据

型号	控制的电动机功率/kW	最大工作电流/A	自耦变压器功率/kW	电流互感器电流比	热继电器整定电流参考值/s
XJ01—14	14	28	14		28
XJ01—20	20	40	20		40
XJ01—28	28	56	28		56
XJ01—40	40	80	40		80
XJ01—55	55	110	55		110
XJ01—75	75	142	75		142
XJ01—100	100	200	115	300/5	3.2
XJ01—115	115	230	115	300/5	3.8
XJ01—135	135	270	135	600/5	2.2
XJ01—190	190	370	190	600/5	3.1
XJ01—225	225	410	225	800/5	2.5
XJ01—260	260	475	260	800/5	3
XJ01—300	300	535	300	800/5	3.5

二、时间继电器自动控制自耦变压器（补偿器）减压起动控制电路

　　如图 4-14 所示为时间继电器自动控制自耦变压器（补偿器）减压起动控制电路，其工作原理读者可自行分析。

任务准备

　　实施本任务教学所使用的实训设备及工具材料可参考表 4-9。

表 4-9　实训设备及工具材料

序号	名称	型 号 规 格	单位	数量	备注
1	电工常用工具		套	1	
2	万用表	MF47 型	块	1	
3	三相四线电源	380/220V、20A	处	1	

（续）

序号	名称	型号规格	单位	数量	备注
4	三相异步电动机	Y112M—4（4kW、380V、△联结）或自定	台	1	
5	配线板	500mm×600mm×20mm	块	1	
6	低压断路器	DZ5—20/330	只	1	
7	接触器	CJ10—20、线圈电压380V、20A	个	3	
8	熔断器 FU1	RL1—60/25、380V、60A、熔体配25A	套	3	
9	熔断器 FU2	RL1—15/2、380V、15A、熔体配2A	套	2	
10	热继电器	JR16—20/3、三极、20A	只	1	
11	按钮	LA10—2H	只	1	
12	时间继电器	JS20 或 JS7—4A	只	1	
13	自耦变压器	GTZ 定制抽头电压65% U_N	台	1	
14	木螺钉	$\phi3×20mm$、$\phi3×15mm$	个	30	
15	平垫圈	$\phi4mm$	个	30	
16	圆珠笔	自定	支	1	
17	主电路导线	BVR-1.5、1.5mm²（7×0.52mm）（黑色）	m	若干	
18	控制电路导线	BVR—1.0、1.0mm²（7×0.43mm）	m	若干	
19	按钮线	BVR—0.75、0.75mm²	m	若干	
20	接地线	BVR—1.5、1.5mm²（黄绿双色）	m	若干	
21	线槽	18mm×25mm	m	若干	
22	编码套管	自定	m	若干	

任务实施

一、时间继电器自动控制自耦变压器减压起动控制电路的安装与调试

1. 绘制电器元件布置图和接线图

根据如图 4-14 时间继电器自动控制自耦变压器减压起动控制电路图，请读者自行绘制其电器元件布置图和接线图，在此不再赘述。

2. 元器件规格、质量检查

1）根据表 4-8 中的实训设备及工具材料明细表，检查其各元器件、耗材与表中的型号与规格是否一致。

2）检查各元器件的外观是否完整无损，附件、备件是否齐全。

3）用仪表检查各元器件和电动机的有关技术数据是否符合要求。

3. 根据电器元件布置图安装固定低压电器元件

当电器元件检查完毕后，按照所绘制的电器元件布置图安装和固定电器元件。

4. 根据电路图和接线图进行板前线槽布线

当电器元件安装完毕后，按照如图 4-14 所示的电路图和接线图进行板前线槽布线。

操作提示：在进行时间继电器自动控制自耦变压器减压起动控制电路的安装时应注意以下几点：

1）时间继电器和热继电器的整定值，应在不通电时预先整定好，并在通电试车时校正。

2）时间继电器的安装位置，必须使时间继电器在断电后，动铁心释放时的运动方向垂直向下。

3）电动机和自耦变压器的金属外壳及时间继电器的金属底板必须可靠接地，并应将接地线接到指定的接地螺钉上。

4）自耦变压器要安装在箱体内，否则应采取遮护或隔离措施，并在进、出线的端子上进行绝缘处理，以防止发生触电事故。

5）布线时要注意电路中的 KM2 与 KM3 的相序不能接错，否则，会使电动机工作时的转向与起动时相反。

5. 电动机的连接

按照电动机铭牌上的接线方法，正确连接接线端子，然后将电动机定子绕组的电源引入线接到配线板接线端子的 U、V、W 的端子上，最后连接电动机的保护接地线。

6. 自检

当电路安装完毕后，在通电试车前必须经过自检，并经指导教师确认无误后方可通电试车。自检的方法及步骤请读者自行分析，在此不再赘述。

7. 通电试车

学生通过自检和教师确认无误后，在教师的监护下进行通电试车。

二、时间继电器自动控制自耦变压器减压起动控制电路的故障分析及检修

运用前面任务所学的方法自行分析及检修时间继电器自动控制自耦变压器减压起动控制电路的故障。在此仅就 XJ01 系列自耦减压起动器控制电路的故障进行分析，见表 4-10。

表 4-10　电路故障的现象、原因及检查方法

故障现象	原因分析	检查方法
电动机不能起动	1. 从主电路分析 可能存在的故障点有： （1）电源无电压或熔断器已熔断 （2）接触器 KM1 本身有故障 （3）电动机故障 （4）变压器电压抽头选的过低 2. 从控制电路分析 可能存在的故障点有： 热继电器触头 FR，按钮 SB1、SB2，中间继电器 KA 等触头接触不良 	按下起动按钮，观察接触器 KM1 是否吸合，根据 KM1 的动作情况，按以下两种现象分析故障原因 接触器 KM1 不吸合：第一看电源指示灯亮不亮，不亮说明电源无电压或熔断器已熔断。第二看时间继电器是否吸合，不吸合且指示灯1亮，可能是热继电器触头 FR、SB1、SB2 等触头接触不良，第三是接触器 KM1 本身有故障 如果 KM1 动作，电动机不转但发出"嗡嗡"声：第一电动机负载过大，机械部分故障，造成反转矩过大等。第二皮带过紧或电压过低。第三接触器 KM1 的主触头一相接触不良。第四变压器电压抽头选得过低，或电动机本身故障
自耦变压器发出"嗡嗡"声	变压器铁心松动、过载等；变压器线圈接地；电动机短路或其他原因使起动电流过大	断电后检查变压器铁心的压紧螺钉是否松动；用兆欧表检查变压器线圈接地电阻；检查电动机

（续）

故障现象	原因分析	检查方法
自耦变压器过热	1. 自耦变压器短路、接地 2. 起动时间过长或电路不能切换成全压运行 （1）时间继电器延时时间过长、线圈短路、机械受阻等原因造成不能吸合 （2）时间继电器 KT 的延时闭合常开触头不能闭合或接触不良 （3）中间继电器 KA 本身故障不能吸合 （4）起动次数过于频繁	当发现这种故障时，应立即停车，不然会将自耦变压器烧毁（因电动机起动时间很短，自耦变压器也是按短时通电设计的，只允许连续起动两次） 1. 断电后检查用兆欧表检查变压器线圈接地电阻、匝间电阻 2. 切断主电路，通电检查时间继电器延时时间是否过长，触头是否动作和中间继电器 KA 是否动作
接触器 KM1 释放后电动机停转	可能故障点是： 1. KM1 常闭触头接触不良，使接触器 KM2 无法通电 2. 中间继电器 KA 在 KM2 电路上的常开触头接触不良 3. 接触器 KM2 本身有故障不能吸合 4. 切换时间太快。其原因是 KT 整定时间太短，造成电动机起动状态还没结束，便转为工作状态 5. 较长时间的大电流通过热继电器的感温元件造成热继电器辅助触头跳开，电动机停转 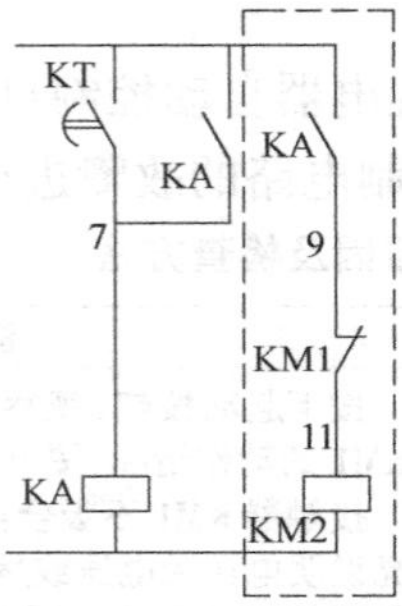	断电后检查： 由于控制电路中使用了变压器，因此，在使用电阻测量法或校验灯法时，应注意变压器回路的影响 1. 使用电阻测量法或校验灯法检查中间继电器 KA 在 KM2 电路上的常开触头时，在按下 KA 的触头架时应同时按下 KM1 的触头架 2. 使用电阻测量法或校验灯法检查虚线框中的其他元件时，按下 SB2 可以防止变压器回路的影响

检查评议

对任务实施的完成情况进行检查，并将结果填入表 4-11。

表 4-11　任务测评表

序号	主要内容	考核要求	评分标准	配分	扣分	得分
1	电路安装调试	根据任务，按照电动机基本控制电路的安装步骤和工艺要求，进行电路的安装与调试	1. 按图接线，不按图接线扣 10 分 2. 电器元件安装正确、整齐、牢固，否则一个扣 2 分 3. 线槽整齐美观，横平竖直、高低平齐，转角 90°，否则每处扣 2 分 4. 线头长短合适，压接圈方向正确，无松动，否则每处扣 1 分 5. 布线齐全，否则一根扣 5 分 6. 编码套管安装正确，否则每处扣 1 分 7. 通电试车功能齐全，否则扣 40 分	60		
2	电路故障检修	人为设置隐蔽故障 3 个，根据故障现象，正确分析故障原因及故障范围，采用正确的检修方法，排除电路故障	1. 不能根据故障现象，画出故障最小范围扣 10 分 2. 检修方法错误扣 5~10 分 3. 故障排除后，未能在电路图中用"×"标出故障点，扣 10 分 4. 故障排除完全。只能排除 1 个故障扣 20 分，3 个故障未能排除扣 30 分	30		

（续）

序号	主要内容	考核要求	评分标准	配分	扣分	得分
3	安全文明生产	劳动保护用品穿戴整齐；电工工具佩带齐全；遵守操作规程；尊重老师，讲文明礼貌；考试结束要清理现场	1. 操作中，违反安全文明生产考核要求的任何一项扣2分，扣完为止 2. 当发现学生有重大事故隐患时，要立即予以制止，并每次扣安全文明生产总分5分	10		
		合　计				
开始时间：			结束时间：			

知识拓展

几种常见的手动控制自耦变压器减压起动控制电路和时间继电器控制自耦变压器减压起动控制电路如图4-19和图4-20所示。读者有兴趣可自行分析其工作原理。

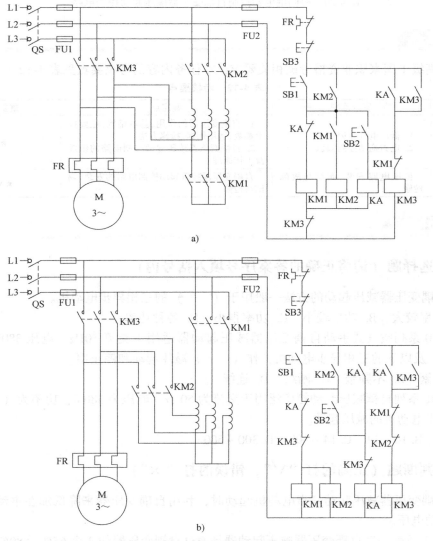

图 4-19　手动控制自耦变压器减压起动控制电路

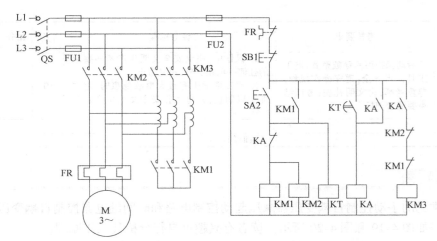

图 4-20　时间继电器控制自耦变压器减压起动控制电路

考证要点

根据高级工国家职业资格考试相关要求，本任务内容的考核要点见表 4-12。

表 4-12　考核要点

行为领域	鉴定范围	鉴定点	重要程度
理论知识	1. 低压电气知识 2. 电力拖动控制知识	1. 自耦变压器的作用、基本结构、主要技术参数、选用依据、检修方法 2. 自耦变压器减压起动控制电路的组成及工作原理	★★
操作技能	低压电路安装、调试与故障检修	自耦变压器减压起动控制电路的安装、调试与检修	★★★

考证测试题

一、选择题（请将正确的答案序号填入括号内）

1. 自耦变压器减压起动的方法一般用于（　　　）的三相异步电动机。

A. 功率较大　B. 功率较小　C. 功率很小　D. 各种功率

2. QJ10 系列空气式手动自耦变压器减压起动器适用于交流 50Hz、电压 380V 及以下、容量 75kW 及以下的三相异步电动机，作（　　　）减压起动和停止用。

A. 频繁　B. 不频繁　C. 断续　D. 连续

3. XJ01 系列自耦减压起动箱广泛用于交流为 50Hz、电压为 380V、功率为（　　　）kW 的三相异步电动机的减压起动。

A. 10　B. 10～14　C. 14～300　D. 300～500

二、判断题（正确的打"√"，错误的打"×"）

1. 自耦变压器减压起动是指电动机起动时，利用自耦变压器来降低加在电动机定子绕组上的起动电压。（　　　）

2. QJD3 系列手动自耦变压器减压起动器是通过自耦变压器的 3 个 65%（80%）抽头接

入电动机进行减压起动的。 （ ）

三、简答题

试分析叙述如图4-20所示控制电路的工作原理，并说明该电路有哪些优点。

任务3 丫-△减压起动控制电路的安装与检修

学习目标

知识目标

正确理解丫-△减压起动控制电路的工作原理。

能力目标

1. 能正确识读丫-△减压起动控制电路的原理图、接线图和布置图。
2. 会按照工艺要求正确安装时间继电器自动控制丫-△减压起动控制电路。
3. 能根据故障现象，检修时间继电器自动控制丫-△减压起动控制电路。

素质目标

养成独立思考和动手操作的习惯，培养小组协调能力和互相学习的精神。

工作任务

任务2介绍的自耦变压器减压起动是在起动时利用自耦变压器降低定子绕组上的起动电压，达到限制电流的目的。但这种方法缺点是设备庞大，成本较高。在实际生产中，如M7475B型平面磨床上的砂轮电动机，由于电动机功率较大，又是△联结，为了限制电动机的起动电流，采用的是丫-△减压起动。如图4-21所示就是典型的时间继电器自动控制丫-△

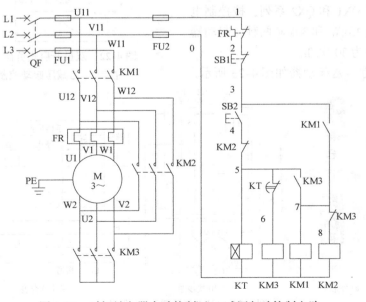

图4-21 时间继电器自动控制丫-△减压起动控制电路

减压起动控制电路。本次任务的主要内容是：完成对时间继电器自动控制丫-△减压起动控制电路的安装与检修。

相关理论

丫-△减压起动是指电动机起动时，把定子绕组接成丫，以降低起动电压，限制起动电流；待电动机起动后，再将定子绕组改接成△联结，使电动机在全压下运行。常见的丫-△减压起动的方法有 3 种，一是手动控制丫-△减压起动控制电路；二是按钮、接触器控制丫-△减压起动控制电路；三是时间继电器自动控制丫-△减压起动控制电路。

一、手动控制丫-△减压起动控制电路

如图 4-22 所示是双投开启式负荷开关（QS2）手动控制丫-△减压起动控制电路。电路的工作原理如下：起动时，首先合上电源开关 QS1，然后把 QS2 扳到"起动"位置，电动机定子绕组便接成丫联结减压起动；当电动机转速上升并接近额定值时，再将 QS2 扳到"运行"位置，电动机定子绕组便接成△联结全压运行。

电动机起动时，定子绕组接成丫联结，加在每相定子绕组上的起动电压只有△联结的 $\frac{1}{\sqrt{3}}$，起动电流为△联结的 $\frac{1}{3}$，起动转矩也只有△联结的 $\frac{1}{3}$。所以这种减压起动方法，只适用于轻载或空载下起动。凡是在正常运行时定子绕组作△联结的异步电动机，均可采用这种减压起动方法。

手动丫-△起动器专门作为手动控制丫-△减压起动用，有 QX1 和 QX2 系列，按控制电动机的容量分为 13kW 和 30kW 两种，起动器的正常操作频率为 30 次/h。

QX1 型手动丫-△起动器如图 4-23 所示。

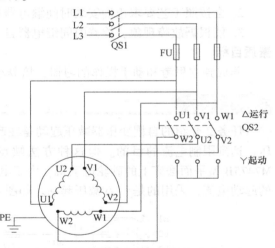

图 4-22 双投开启式负荷开关手动
控制丫-△减压起动控制电路

a) 外形图

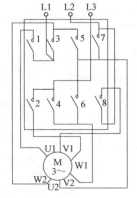

b) 接线图

触头	手柄位置		
	起动丫	停止0	运行△
1	×		×
2	×		×
3			×
4			×
5	×		
6	×		
7			×
8	×		×

注：×－接通

c) 触头分合表

图 4-23 QX1 型手动丫-△起动器

起动器有起动（丫）、停止（0）和运行（△）三个位置，当手柄扳到"0"位置时，8对触头都分断，电动机脱离电源停转；当手柄扳到"丫"位置时，1、2、5、6、8触头闭合接通，3、4、7触头分断，定子绕组的末端 W2、U2、V2 通过触头 5 和 6 接成丫，首端 U1、V1、W1 则分别通过触头 1、8、2 接入三相电源 L1、L2、L3，电动机进行丫减压起动；当电动机转速上升并接近额定转速时，将手柄扳到"△"位置，这时 1、2、3、4、7、8 触头闭合，5、6 触头分断，定子绕组按 U1→触头 1→触头 3→W2、V1→触头 8→触头 7→U2、W1→触头 2→触头 4→V2 接成△全压正常运转。

二、按钮、接触器控制丫-△减压起动控制电路

如图 4-24 所示是通过按钮、接触器控制丫-△减压起动控制电路。该电路使用了三个接触器、一个热继电器和三个按钮。接触器 KM1 起引入电源作用，接触器 KM2 和 KM3 分别作丫起动和△运行作用，SB2 是起动按钮，SB3 是丫-△换接按钮，SB1 是停止按钮，FU1 作为主电路的短路保护，FU2 作为控制电路的短路保护，FR 作为过载保护。

电路工作原理如下：合上电源开关 QS，按下起动按钮 SB2，接触器 KM1 和 KM2 线圈同时得电，KM2 主触头闭合，把电动机绕组接成丫，KM1 主触头闭合接通电动机电源，使电动机 M 接成丫减压起动。当电动机转速上升到一定值时，按下换接按钮 SB3，SB3 常闭触头先分断，切断 KM2 线圈回路，SB3 常开触头后闭合，使 KM3 线圈得电，电动机 M 换接成△运行，整个起动过程完成。当需要电动机停转时，按下停止按钮 SB1 即可。

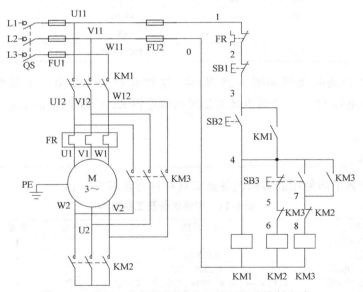

图 4-24　按钮、接触器控制丫-△减压起动控制电路

三、时间继电器自动控制丫-△减压起动控制电路

时间继电器自动控制丫-△减压起动控制电路如图 4-21 所示。

（1）电路原理　首先合上电源开关 QF。然后按下起动按钮 SB2，KM3 线圈得电，KM3 动合触头闭合，KM1 线圈得电，KM1 自锁触头闭合自锁、KM1 主触头闭合；同时，KM3 线

圈得电后，KM3 主触头闭合；电动机 M 接成Ｙ联结减压起动；KM3 联锁触头分断对 KM2 联锁；在 KM3 线圈得电的同时，时间继电器 KT 线圈得电，延时开始，当电动机 M 的转速上升到一定值时，KT 延时结束，KT 动断触头分断，KM3 线圈失电，KM3 动触头分断；KM3 主触头分断，解除Ｙ联结；KM3 联锁触头闭合，KM2 线圈得电，KM2 联锁触头分断对 KM3 联锁；同时 KT 线圈失电，KT 动断触头瞬时闭合，KM2 主触头闭合，电动机 M 接成△联结全压运行。

停止时，按下 SB2 即可。

（2）电路特点 该电路中，接触器 KM3 得电以后，通过 KM3 的辅助常开触头使接触器 KM1 得电动作，这样 KM3 的主触头是在无负载的条件下进行闭合的，故可延长接触器 KM3 主触头的使用寿命。

时间继电器自动控制Ｙ-△减压起动电路有两个系列定型产品，分别是 QX3 和 QX4，称其为Ｙ-△自动起动器，它们的主要技术数据见表 4-13。

表 4-13　Ｙ-△自动起动器的主要技术数据

起动器型号	控制功率/kW			配用热元件的额定电流/A	延时调整范围/s
	220V	380V	500V		
QX3—13	7	13	13	11、16、22	4～16
QX3—30	17	30	30	32、45	4～16
QX4—17	17	17	13	15、19	11、13
QX4—30		30	22	25、34	15、17
QX4—55		55	44	45、61	20、24
QX4—75		75		85	30
QX4—125		125		100～160	14～60

QX3 型Ｙ-△自动起动器如图 4-25 所示。这种起动器主要由三个接触器 KM1、KM2、KM3、一个热继电器 FR、一个通电延时型时间继电器 KT 和两个按钮组成。工作原理读者自行分析。

任务准备

实施本任务教学所使用的实训设备及工具材料可参考表 4-14。

表 4-14　实训设备及工具材料

序号	名称	型号规格	单位	数量	备注
1	电工常用工具		套	1	
2	万用表	MF47 型	块	1	
3	三相四线电源	380/220V、20A	处	1	
4	三相异步电动机	Y112M—4（4kW、380V、△联结）或自定	台	1	
5	配线板	500mm×600mm×20mm	块	1	
6	低压断路器	DZ5—20/330	只	1	
7	接触器	CJ10—20、线圈电压 380V、20A	个	3	
8	熔断器 FU1	RL1—60/25、380V、60A、熔体配 25A	套	3	
9	熔断器 FU2	RL1—15/2、380V、15A、熔体配 2A	套	2	
10	热继电器	JR16—20/3、三极、20A	只	1	
11	按钮	LA10—2H	只	1	
12	时间继电器	JS20 或 JS7—4A	只	1	
13	木螺钉	$\phi3\times20mm$、$\phi3\times15mm$	个	30	
14	平垫圈	$\phi4\ mm$	个	30	

（续）

序号	名称	型号规格	单位	数量	备注
15	圆珠笔	自定	支	1	
16	主电路导线	BVR—1.5、1.5mm²（7×0.52mm）（黑色）	m	若干	
17	控制电路导线	BVR—1.0、1.0mm²（7×0.43mm）	m	若干	
18	按钮线	BVR—0.75、0.75mm²	m	若干	
19	接地线	BVR—1.5、1.5mm²（黄绿双色）	m	若干	
20	线槽	18mm×25mm	m	若干	
21	编码套管	自定	m	若干	

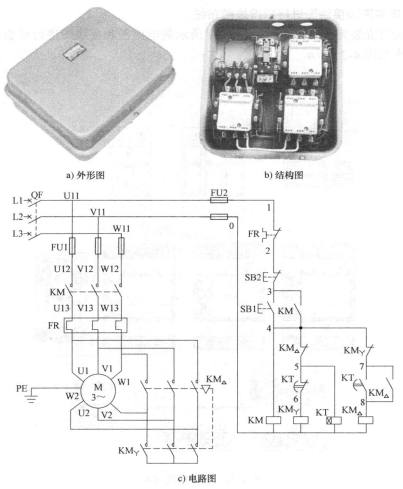

a) 外形图　　　　　　　　　　b) 结构图

c) 电路图

图 4-25　QX3 型 丫-△起动器

任务实施

一、时间继电器自动控制丫-△减压起动控制电路的安装与调试

1. 绘制电器元件布置图和接线图

根据如图 4-21 时间继电器自动控制丫-△减压起动控制电路图，请读者自行绘制其电器

元件布置图和接线图，在此不再赘述。

2. 元器件规格、质量检查

1）根据表4-14中的实训设备及工具材料明细表，检查其各元器件、耗材与表中的型号与规格是否一致。

2）检查各元器件的外观是否完整无损，附件、备件是否齐全。

3）用仪表检查各元器件和电动机的有关技术数据是否符合要求。

3. 根据电器元件布置图安装固定低压电器元件

当电器元件检查完毕后，按照所绘制的电器元件布置图安装和固定电器元件。

4. 根据电路图和接线图进行板前线槽布线

当电器元件安装完毕后，按照如图4-21所示的电路图和接线图进行板前线槽布线。实物接线效果图如图4-26所示。

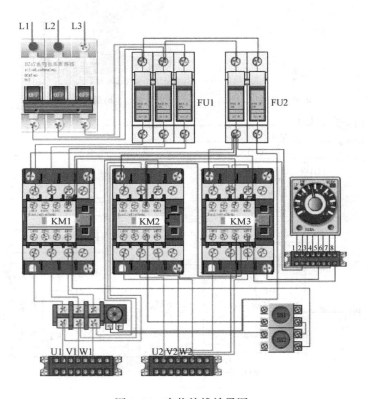

图4-26　实物接线效果图

操作提示：在进行时间继电器自动控制丫-△减压起动控制电路的安装时应注意以下几点：

1）时间继电器和热继电器的整定值，应在不通电时预先整定好，并在通电试车时校正。

2）时间继电器的安装位置，必须使时间继电器在断电后，动铁心释放时的运动方向垂直向下。

3）接线时，要保证电动机△联结的正确性，即接触器主触头闭合时，应保证定子绕组的 U1 与 W2、V1 与 U2、W1 与 V2 相连。

5. 电动机的连接

按照电动机铭牌上的接线方法，正确连接接线端子，接线时，要保证电动机△联结的正确性，即接触器主触头闭合时，应保证定子绕组的 U1 与 W2、V1 与 U2、W1 与 V2 相连接，如图 4-27 所示。最后连接电动机的保护接地线。

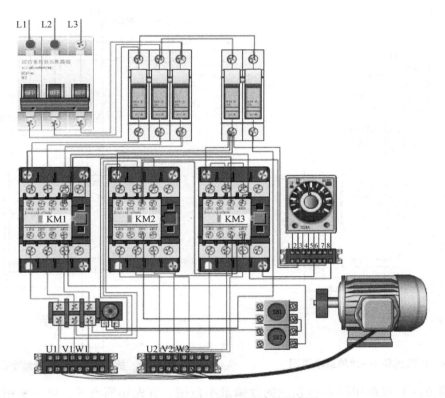

图 4-27　接完电动机后的效果示意图

6. 自检

当电路安装完毕后，在通电试车前必须经过自检，并经指导教师确认无误后方可通电试车。自检的方法及步骤请读者自行分析，在此不再赘述。

7. 通电试车

学生通过自检和教师确认无误后，在教师的监护下进行通电试车。

二、时间继电器自动控制丫-△减压起动控制电路的故障分析及检修

1. 主电路的故障分析及检修

【故障现象 1】丫起动时电动机发出"嗡嗡"声，电动机的转速很慢，5s 后转入△全压正常运行。

【故障分析】这是典型的电动机丫起动缺相运行。采用逻辑分析法对故障现象进行分析可知，其故障最小范围可用虚线表示，如图 4-28 所示。

【检修方法】根据如图4-28所示的故障最小范围，首先切断电源，可以采用电阻测量法进行检测。检测方法可参照前面任务所介绍的方法进行操作，在此不再赘述。

【故障现象2】电动机丫起动时正常，5s后转入△全压运行时，电动机发出"嗡嗡"声，电动机的转速很慢。

【故障分析】这是典型的电动机△运行缺相运行。采用逻辑分析法对故障现象进行分析可知，其故障最小范围可用虚线表示，如图4-29所示。

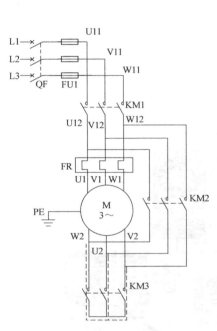

图4-28   故障现象1—故障最小范围

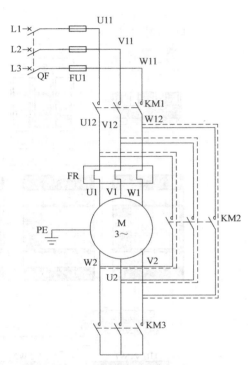

图4-29   故障现象2—故障最小范围

【检修方法】根据如图4-29所示的故障最小范围，首先切断电源，可以采用电阻测量法进行检测。检测方法是：将万用表的量程选到 R×100，然后以接触器 KM2 的主触头为分界点，分别将万用表的 2 根表笔分别搭接在与 KM2 主触头相连接的 U1U2、V1V2、W1W2 的接线柱上，若三次测得回路的阻值都很小，则说明故障点在 KM2 的主触头上；若测得的阻值不正常，说明故障点在与 KM2 主触头连接的回路上，运用前面任务学过的方法可判断出故障点并排除故障。

【故障现象3】无论是丫起动还是△运行，电动机都发出"嗡嗡"声，并且转速都很慢。

【故障分析】这是典型的电动机丫-△减压起动缺相运行。采用逻辑分析法对故障现象进行分析可知，其故障最小范围可用虚线表示，如图4-30所示。

【检修方法】根据如图4-30所示的故障最小范围，首先按下停止按钮，可以采用电压测量法和电阻测量法进行检测。检测方法是：以接触器 KM1 的主触头为分界点，在主触头的上方采用电压测量法分别测量三相电源电压是否正常，如果正常说明故障在接触器 KM1 主触头上，具体检修过程读者可参照前面任务自行分析和检测。

2. 控制电路的故障分析与检修

丫-△减压起动控制电路的一般故障检修与前面任务所述的方法基本相同，在此仅就一些复杂的故障检修现象进行介绍。

【故障现象 1】按下起动按钮 SB2 后，KT 动作，电动机丫起动，起动时间到，电动机仍然处于丫起动状态，不会转入△运行。

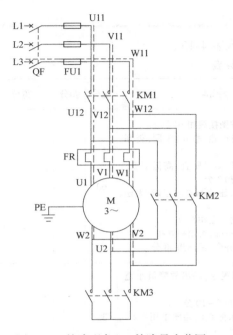

图 4-30　故障现象 3—故障最小范围

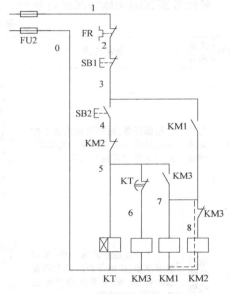

图 4-31　故障现象 1—故障最小范围

【故障分析】采用逻辑分析法对故障现象进行分析可知，其故障最小范围可用虚线表示，如图 4-31 所示。

【检修方法】根据如图 4-31 所示的故障最小范围，首先按下停止按钮，然后断开 KM1 线圈回路，可以采用验电笔测试法进行检测。检测方法是：断开 KM1 线圈回路，以接触器 KM3 的辅助常闭触头为分界点，用验电笔测量 KM3 辅助常闭触头(7-8)两端是否有电，来观察故障点，具体检修过程读者可参照前面任务自行分析和检测。

【故障现象 2】按下起动按钮 SB2 后，KT、KM3 不动作，电动机不能转入△运行。

【故障分析】采用逻辑分析法对故障现象进行分析可知，其故障最小范围可用虚线表示，如图 4-32 所示。

【检修方法】根据如图 4-32 所示的故障最小范围，首先按下停止按钮，采用验电笔测试法进行检

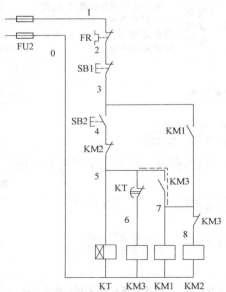

图 4-32　故障现象 2—故障最小范围

测。检测方法是：以接触器 KM3 的辅助常开触头为分界点，用验电笔测量 KM3 辅助常闭触头（5-7）两端是否有电，来观察故障点，若两端带电正常，则说明故障点在 KM3 辅助常闭触头（5-7）上，若不正常，则故障点在与 KM3 辅助常闭触头（5-7）连接的导线上。

想一想，练一练　按下起动按钮 SB2 后，KT 动作、KM3 不动作，电动机无Ｙ起动，起动时间到，电动机直接转入△起动运行。请画出故障最小范围，并说出检修方法。

检查评议

对任务实施的完成情况进行检查，并将结果填入表 4-15。

表 4-15　任务测评表

序号	主要内容	考核要求	评分标准	配分	扣分	得分
1	电路安装调试	根据任务，按照电动机基本控制电路的安装步骤和工艺要求，进行电路的安装与调试	1. 按图接线，不按图接线扣 10 分 2. 电器元件安装正确、整齐、牢固，否则一个扣 2 分 3. 线槽整齐美观，横平竖直、高低平齐，转角 90°，否则每处扣 2 分 4. 线头长短合适，压接圈方向正确，无松动，否则每处扣 1 分 5. 布线齐全，否则一根扣 5 分 6. 编码套管安装正确，否则每处扣 1 分 7. 通电试车功能齐全，否则扣 40 分	60		
2	电路故障检修	人为设置隐蔽故障 3 个，根据故障现象，正确分析故障原因及故障范围，采用正确的检修方法，排除电路故障	1. 不能根据故障现象，画出故障最小范围扣 10 分 2. 检修方法错误扣 5~10 分 3. 故障排除后，未能在电路图中用"×"标出故障点，扣 10 分 4. 故障排除完全。只能排除 1 个故障扣 20 分，3 个故障都未能排除扣 30 分	30		
3	安全文明生产	劳动保护用品穿戴整齐；电工工具佩带齐全；遵守操作规程；尊重老师，讲文明礼貌；考试结束要清理现场	1. 操作中，违反安全文明生产考核要求的任何一项扣 2 分，扣完为止 2. 当发现学生有重大事故隐患时，要立即予以制止，并每次扣安全文明生产总分 5 分	10		
合　计						
开始时间：			结束时间：			

考证要点

根据高级工国家职业资格考试相关要求，本任务内容的考核要点见表 4-16。

表 4-16　考核要点

行为领域	鉴定范围	鉴定点	重要程度
理论知识	1. 低压电气知识 2. 电力拖动控制知识	Ｙ-△减压起动控制电路的组成及工作原理	★★
操作技能	低压电路安装、调试与故障检修	时间继电器自动控制Ｙ-△减压起动控制电路的安装、调试与检修	★★★

考证测试题

一、选择题（请将正确的答案序号填入括号内）

1. 为了使三相异步电动机能采用丫-△减压起动，电动机在正常运行时必须是（　　）。
A. 丫联结　B. △联结　C. 丫/△联结　D. 延边△联结

2. 丫-△减压起动时的起动转矩为直接起动转矩的（　　）倍。
A. 2　　　　B. 1/2　　　　C. 3　　　　D. 1/3

3. 丫-△减压起动时的起动电流为电动机额定电流的（　　）倍。
A. 2　　　　B. 1/2　　　　C. 3　　　　D. 1/3

4. 丫-△减压起动控制接线时，要保证电动机△联结的正确性，即接触器主触头闭合时应保证定子绕组（　　）。
A. U1 与 U2、V1 与 V2、W1 与 W2 相连
B. U1 与 V2、V1 与 W2、W1 与 U2 相连
C. U1 与 W2、V1 与 U2、W1 与 V2 相连
D. U1 与 W1、V1 与 V2、U2 与 W2 相连

二、判断题（正确的打"√"，错误的打"×"）

1. 三型异步电动机都可以采用丫-△减压起动，大功率丫联结的三相异步电动机也可采用丫-△减压起动。（　　）

2. △联结的三相异步电动机在起动时，定子绕组接成丫联结，加在每相定子绕组上的起动电压只有△联结的1/3。（　　）

3. 凡是在正常运行时定子绕组作△联结的三相异步电动机，均可采用丫-△减压起动。（　　）

三、简答题

丫-△减压起动有什么特点？叙述其工作原理。

项目5

三相异步电动机制动控制电路的安装与检修

生产机械在电动机的拖动下运转，当电动机失电后，由于惯性作用电动机不可能立即停转，而会继续转动一段时间才会完全停止。这种现象一是会使生产机械的工作效率变低，二是对于某些生产机械是不适宜的。为了能使电动机迅速停转，满足生产机械的要求，需要对电动机进行制动。

所谓制动，就是给电动机一个与转动方向相反的转矩使它迅速停转（或限制其转速）。制动的方法一般有两类：机械制动和电力制动。

任务1　电磁抱闸制动器制动控制电路的安装与检修

学习目标

知识目标

1. 熟悉电磁抱闸制动器的功能、基本结构、工作原理及型号含义。
2. 正确理解电磁抱闸制动器制动控制电路的工作原理。

能力目标

1. 能正确识读电磁抱闸制动器制动控制电路的原理图、接线图和布置图。
2. 会电磁抱闸制动器的选用与简单检修。
3. 会按照工艺要求正确安装电磁抱闸制动器制动控制电路。
4. 能根据故障现象，检修电磁抱闸制动器制动控制电路。

素质目标

养成独立思考和动手操作的习惯，培养小组协调能力和互相学习的精神。

工作任务

电动机断开电源后，利用机械装置产生的反作用力矩使其迅速停转的方法叫机械制动。机械制动常用的方法有电磁抱闸制动器制动和电磁离合器制动。如X62W万能铣床的主轴电动机就采用电磁离合器制动以实现准确停车。而在20/5t桥式起重机上，主钩、副钩、大车、小车全部采用电磁抱闸制动器制动以保证电动机失电后的迅速停车。如图5-1所示是

20/5t 桥式起重机副钩上采用的电磁抱闸制动器制动控制电路。本次任务的主要内容是：完成对电磁抱闸制动器制动控制电路的安装与检修。

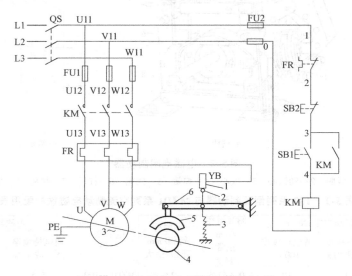

图 5-1　电磁抱闸制动器制动控制电路
1—线圈　2—动铁心　3—弹簧　4—闸轮　5—闸瓦　6—杠杆

相关理论

一、电磁抱闸制动器

1. 结构、型号及含义

（1）结构

a) MZD1系列交流制动电磁铁　　　b) TJ2系列闸瓦制动器

图 5-2　制动电磁铁与闸瓦制动器

电磁抱闸主要由两部分组成：制动电磁铁和闸瓦制动器制动电磁铁由铁心、动铁心和线圈三部分组成。闸瓦制动器包括闸轮、闸瓦、杠杆和弹簧等部分。如图 5-2 所示为常用的 MZD1 系列交流制动电磁铁与 TJ2 系列闸瓦制动器，它们配合使用共同组成电磁抱闸制动器，其结构如图 5-3a 所示，符号如图 5-3b 所示。TJ2 系列闸瓦制动器与 MZD1 系列交流制动电磁铁的配用表见表 5-1。

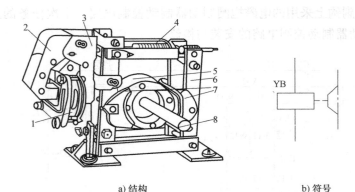

a) 结构　　　　　　　　　　　b) 符号

图 5-3　电磁抱闸制动器

1—线圈　2—动铁心　3—铁心　4—弹簧　5—闸轮　6—杠杆　7—闸瓦　8—轴

表 5-1　TJ2 系列闸瓦制动器与 MZD1 系列交流制动电磁铁的配用表

制动器型号	制动力矩/N·m		闸瓦退距/mm 正常/最大	调整杆行程/mm 开始/最大	电磁铁型号	电磁转距/N·m	
	通电持续率25%或40%	通电持续率100%				通电持续率25%或40%	通电持续率100%
TJ2—100	20	10	0.4/0.6	2/3	MZD1—100	5.5	3
TJ2—200/100	40	20	0.4/0.6	2/3	MZD1—200	5.5	3
TJ2—200	160	80	0.5/0.8	2.5/3.8	MZD1—200	40	20
TJ2—300/200	240	120	0.5/0.8	2.5/3.8	MZD1—200	40	20
TJ2—300	500	200	0.7/1	3/4.4	MZD1—300	100	40

（2）型号及含义　制动电磁铁和闸瓦制动器的型号及含义如下：

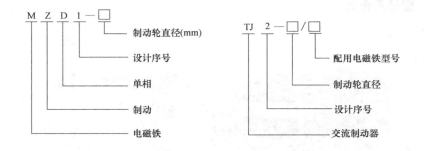

2. 工作原理

电磁抱闸制动器分为断电制动型和通电制动型两种。

断电制动型的工作原理：当制动电磁铁的线圈得电时，制动器的闸瓦与闸轮分开，无制动作用；当线圈失电时，制动器的闸瓦紧紧抱住闸轮制动。

通电制动型的工作原理：当制动电磁铁的线圈得电时，闸瓦紧紧抱住闸轮制动；当线圈失电时，制动器的闸瓦与闸轮分开，无制动作用。

二、电磁抱闸制动器断电制动控制电路

图 5-1 就是由断电制动型电磁抱闸制动器组成的制动控制电路。其工作原理如下：

1. 起动控制

首先合上电源开关 QS。按下起动按钮 SB1，接触器 KM 线圈得电，其自锁触头和主触头闭合，电动机 M 接通电源，同时电磁抱闸制动器 YB 线圈得电，动铁心与铁心吸合，动铁心克服弹簧拉力，迫使制动杠杆向上移动，从而使制动器的闸瓦与闸轮分开，电动机正常运转。

2. 制动控制

按下停止按钮 SB2，接触器 KM 线圈失电，其自锁触头和主触头分断，电动机 M 失电，同时电磁抱闸制动器 YB 线圈也失电，动铁心与铁心分开，在弹簧拉力的作用下，制动器的闸瓦紧紧抱住闸轮，电动机被迅速制动而停转。

断电制动型电磁抱闸制动器在起重机械上被广泛采用。其优点是能够准确定位，同时可防止电动机突然断电时，重物自行坠落，缺点是不经济。因为电磁抱闸制动器线圈耗电时间与电动机一样长。另外，由于电磁抱闸制动器在切断电源后的制动作用，使手动调整工件位置很困难，因此，对要求电动机制动后能调整工件位置的机床设备，可采用通电制动型控制电路。

任务准备

实施本任务教学所使用的实训设备及工具材料可参考表 5-2。

表 5-2 实训设备及工具材料

序号	名称	型号规格	单位	数量	备注
1	电工常用工具		套	1	
2	万用表	MF47 型	块	1	
3	三相四线电源	380/220V、20A	处	1	
4	三相异步电动机	Y112M—4（4kW、380V、△联结）或自定	台	1	
5	配线板	500mm×600mm×20mm	块	1	
6	组合开关	HZ10—25/3	只	1	
7	接触器	CJ10—20、线圈电压 380V、20A	个	1	
8	熔断器 FU1	RL1—60/25、380V、60A、熔体配 25A	套	3	
9	熔断器 FU2	RL1—15/2、380V、15A、熔体配 2A	套	2	
10	热继电器	JR16—20/3、三极、20A	只	1	
11	按钮	LA10—2H	只	2	
12	制动电磁铁	TJ2—200（配以 MZD1—200 电磁铁）	台	1	
13	木螺钉	$\phi3×20mm$、$\phi3×15mm$	个	30	
14	平垫圈	$\phi4mm$	个	30	
15	圆珠笔	自定	支	1	
16	主电路导线	BVR—1.5、1.5mm²（7×0.52mm）（黑色）	m	若干	
17	控制电路导线	BVR—1.0、1.0mm²（7×0.43mm）	m	若干	
18	按钮线	BVR—0.75、0.75mm²	m	若干	
19	接地线	BVR—1.5、1.5mm²（黄绿双色）	m	若干	
20	线槽	18mm×25mm	m	若干	
21	编码套管	自定	m	若干	

一、电磁抱闸制动器制动控制电路的安装与调试

1. 绘制电器元件布置图和接线图

电磁抱闸制动器制动控制电路的电器元件布置图和接线图请读者自行绘制，在此不再赘述。

2. 元器件规格、质量检查

1）根据表 5-2 中的实训设备及工具材料明细表，检查其各元器件、耗材与表中的型号

与规格是否一致。

2）检查各元器件的外观是否完整无损，附件、备件是否齐全。

3）用仪表检查各元器件和电动机的有关技术数据是否符合要求。

3. 根据电器元件布置图安装固定低压电器元件

当电器元件检查完毕后，按照所绘制的电器元件布置图安装和固定电器元件。在此仅介绍电磁抱闸制动器的安装与调整。

1）电磁抱闸制动器必须与电动机一起安装在固定的底座或座墩上，其地脚螺栓必须拧紧，且有防松措施；电动机轴伸出端上的制动闸轮必须与闸瓦制动器的抱闸机构在同一平面上，而且轴心要一致。

2）电磁抱闸制动器安装后，必须在切断电源的情况下先进行粗调，然后在通电试车时再进行微调。粗调时以断电状态下用外力转不动电动机的转轴，而当用外力将制动电磁铁吸合后，电动机转轴能自由转动为合格标准。

4. 根据电路图和接线图进行板前线槽布线

当电器元件安装完毕后，按照如图5-1所示的电路图和接线图进行板前线槽布线。

5. 电动机的连接

按照电动机铭牌上的接线方法，正确连接接线端子，然后将电动机定子绕组的电源引入线接到配线板接线端子的U、V、W的端子上，最后连接电动机的保护接地线。

6. 自检

当电路安装完毕后，在通电试车前必须经过自检，并经指导教师确认无误后方可通电试车。其自检的方法及步骤与前面任务基本相同，不同点是在热继电器的下端V和W之间连接有电磁制动器线圈，重点检查线圈的通断情况。

7. 通电试车

学生通过自检和教师确认无误后，在教师的监护下进行通电试车。

二、电磁抱闸制动器制动控制电路的故障分析及检修

由于电磁抱闸制动器制动控制电路与三相异步电动机接触器自锁控制电路基本相同，其电气故障的检测方法也基本相同，在此仅就制动方面的故障进行介绍，其故障现象、原因分析及检查方法见表5-3。

表5-3　故障现象、原因分析及检查方法

故障现象	原因分析	检查方法
电动机起动后，电磁抱闸制动器闸瓦与闸轮过热	闸瓦与闸轮的间距没有调整好，间距太小，造成闸瓦与闸轮有摩擦	检查闸瓦与闸轮的间距，调整间距后并起动电动机，待电动机运行一段时间后，停车检查闸瓦与闸轮过热是否消失
电动机断电后不能立即制动	闸瓦与闸轮的间距过大	检查调小闸瓦与闸轮的间距，调整间距后起动电动机，停车检查制动情况
电动机堵转	电磁抱闸制动器线圈损坏或线圈连接电路断路，造成抱闸装置在通电的情况下没有放开	断开电源，拆下电动机的连接线；用电阻测量法或校验灯法检查故障点

检查评议

对任务实施的完成情况进行检查，并将结果填入表 5-4。

表 5-4　任务测评表

序号	主要内容	考核要求	评分标准	配分	扣分	得分
1	电路安装调试	根据任务,按照电动机基本控制电路的安装步骤和工艺要求,进行电路的安装与调试	1. 按图接线,不按图接线扣10分 2. 电器元件安装正确、整齐、牢固,否则一个扣2分 3. 线槽整齐美观,横平竖直、高低平齐,转角90°,否则每处扣2分 4. 线头长短合适,压接圈方向正确,无松动,否则每处扣1分 5. 布线齐全,否则一根扣5分 6. 编码套管安装正确,否则每处扣1分 7. 通电试车功能齐全,否则扣40分	60		
2	电路故障检修	人为设置隐蔽故障3个,根据故障现象,正确分析故障原因及故障范围,采用正确的检修方法,排除电路故障	1. 不能根据故障现象,画出故障最小范围扣10分 2. 检修方法错误扣5~10分 3. 故障排除后,未能在电路图中用"×"标出故障点,扣10分 4. 故障排除完全。只能排除1个故障扣20分,3个故障都未能排除扣30分	30		
3	安全文明生产	劳动保护用品穿戴整齐;电工工具佩带齐全;遵守操作规程;尊重老师,讲文明礼貌;考试结束要清理现场	1. 操作中,违反安全文明生产考核要求的任何一项扣2分,扣完为止 2. 当发现学生有重大事故隐患时,要立即予以制止,并每次扣安全文明生产总分5分	10		
			合　计			
	开始时间:			结束时间:		

知识拓展

电磁离合器简介

电磁离合器制动的原理和电磁抱闸制动器的制动原理相似,所不同的是电磁离合器是利用动、静摩擦片之间产生足够大的摩擦力,使电动机断电后立即制动的。

(1) 电磁离合器的结构　断电制动型电磁离合器如图 5-4 所示。

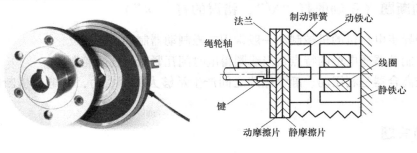

a) 外形图　　　　　　　　　　　b) 结构示意图

图 5-4　断电制动型电磁离合器

（2）电气控制电路　电磁离合器的制动控制电路与电磁抱闸制动器的制动控制电路基本相同。

（3）制动原理　电磁离合器制动的原理为：电动机断电时，线圈失电，制动弹簧将静摩擦片紧紧地压在动摩擦片上，此时电动机通过绳轮轴被制动。当电动机通电运转时，线圈也同时得电，电磁铁的动铁心被静铁心吸合，使静摩擦片分开，于是动摩擦片连同绳轮轴在电动机的带动下正常起动运转。当电动机切断电源时，线圈也同时失电，制动弹簧立即将静摩擦片连同铁心推向转动的动摩擦片，弹簧张力迫使动、静摩擦片之间产生足够大的摩擦力，使电动机断电后受制动迅速停转。

考证要点

根据高级工国家职业资格考试相关要求，本任务内容的考核要点见表5-5。

表5-5　考核要点

行为领域	鉴定范围	鉴定点	重要程度
理论知识	1. 低压电气知识 2. 电力拖动控制知识	1. 电磁抱闸制动器的作用、基本结构、主要技术参数、选用依据、检修方法 2. 电磁抱闸制动器制动控制电路的组成及工作原理	★★
操作技能	低压电路安装、调试与故障检修	电磁抱闸制动器制动控制电路的安装、调试与检修	★★★

考证测试题

一、选择题（请将正确的答案序号填入括号内）

1. 对于断电制动型电磁抱闸制动器制动控制电路，当电磁制动器线圈（　　）时，电动机迅速停转。

A. 失电　　　　　B. 获电　　　　　C. 电流很大　　　　　D. 短路

2. 电磁抱闸制动器按动作类型分为（　　）种。

A. 2　　　　　　B. 3　　　　　　C. 4　　　　　　D. 5

二、判断题（正确的打"√"，错误的打"×"）

1. 三相异步电动机的机械制动一般常用电磁制动器制动。　　　　　　　　　　（　　）

2. 电磁制动器通电型的特点是当线圈得电时闸瓦紧紧抱住闸轮制动。　　　　（　　）

3. 电磁离合器是利用动、静摩擦片之间产生足够大的摩擦力，使电动机断电后立即制动的。　　　　　　　　　　　　　　　　　　　　　　　　　　　　　　（　　）

三、简答题

1. 什么是机械制动？常见的机械制动有哪两种？

2. 电磁抱闸制动器分为哪两种类型？叙述其制动原理。

■ **任务2** 反接制动控制电路的安装与检修 ■

知识目标

1. 熟悉速度继电器的功能、基本结构、工作原理及型号含义。
2. 正确理解反接制动控制电路的工作原理。

能力目标

1. 能正确识读反接制动控制电路的原理图、接线图和布置图。
2. 会按照工艺要求正确安装反接制动控制电路。
3. 能根据故障现象，检修反接制动控制电路。

素质目标

养成独立思考和动手操作的习惯，培养小组协调能力和互相学习的精神。

■ 工作任务

　　任务1介绍的断电制动型电磁抱闸制动器在起重机械上被广泛采用。其优点是能够准确定位，同时可防止电动机突然断电时重物的自行坠落。当重物起吊到一定高度时，按下停止按钮，电动机和电磁抱闸制动器的线圈同时断电，闸瓦立即抱住闸轮，电动机立即制动停转，重物随之被准确定位。如果电动机处于工作状态，电路发生故障而突然断电，电磁抱闸制动器同样会使电动机迅速制动停转，从而避免重物自行坠落。但这种制动方法的缺点是不经济，因为电磁抱闸制动器线圈的耗电时间与电动机一样长。另外，断电制动型电磁抱闸制动器不能满足对于要求电动机断电制动后仍能调整工件位置的设备，对于此类设备一般采用电力制动。

　　所谓电力制动是指使电动机在切断电源停转的过程中，产生一个和电动机实际旋转方向相反的制动力矩（电磁力矩），迫使电动机迅速制动停转的方法。电力制动常用的方法有：反接制动、能耗制动、电容制动和再生发电制动等。

　　如图5-5所示为单向起动反接制动控制电路。本次任务的主要内容是：完成对单向起动反接制动控制电路的安装与检修。

■ 相关理论

一、反接制动

　　依靠改变电动机定子绕组的电源相序来产生制动力矩，迫使电动机迅速停转的方法称为反接制动。反接制动原理图如图5-6所示。当电动机为正常运行时，电动机定子绕组的电源相序为L1-L2-L3，电动机将沿旋转磁场方向以 $n < n_1$ 的速度正常运转。当电动机需要停转时，可拉开开关QS，使电动机先脱离电源（此时转子仍按原方向旋转），当将开关迅速向下投合时，使电动机三相电源的相序发生改变，旋转磁场反转，此时转子将以 $n_1 + n$ 的相对速度沿原转动方向切割旋转磁场，在转子绕组中产生感应电流，其方向可由左手定则判断出来，可见此转矩方向与电动机的转动方向相反，因而使电动机受制动迅速停转。

　　值得注意的是：当电动机转速接近零值时，应立即切断电动机的电源，否则电动机将反

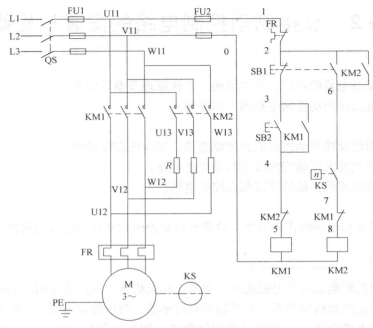

图 5-5　单向起动反接制动控制电路

转。在反接制动设备中，为保证电动机的转速被制动到接近零值时能迅速切断电源，防止电动机反向起动，常利用速度继电器来自动及时的切断电源。

二、速度继电器

速度继电器是反映转速和转向的继电器，其主要作用是以旋转速度的快慢为指令信号，与接触器配合实现对电动机的反接制动控制，故又称为反接制动继电器。

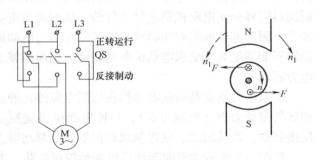

图 5-6　反接制动原理图

（1）型号及含义　常用速度继电器的型号及其含义如下：

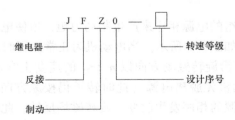

（2）结构及工作原理　如图 5-7 所示是常用的 JY1 型速度继电器的结构和工作原理。它主要由定子、转子、可动支架、触头系统及端盖等部分组成。转子由永久磁铁制成，固定

在转轴上；定子由硅钢片叠成并装有笼型短路绕组，能做小范围偏转；触头系统由两组转换触头组成，一组在转子正转时动作，另一组在转子反转时动作。

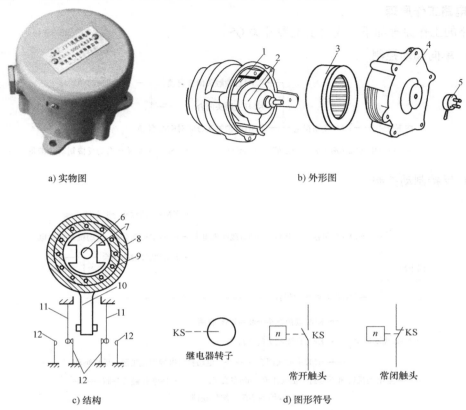

a) 实物图　　　　　　　　　　　　　　　　b) 外形图

c) 结构　　　　　　　　　　　　　　d) 图形符号

图 5-7　JY1 型速度继电器的结构和工作原理

1—可动支架　2—转子　3、8—定子　4—端盖　5—连接头　6—电动机轴　7—转子（永久磁铁）
9—定子绕组　10—胶木摆杆　11—簧片（动触头）　12—静触头

当电动机旋转时，带动与电动机同轴相连的速度继电器的转子旋转，相当于在空间中产生旋转磁场；从而在定子笼型短路绕组中产生感应电流，感应电流与永久磁铁的旋转磁场相互作用，产生电磁转矩，使定子随永久磁铁转动的方向偏转，与定子相连的胶木摆杆也随之偏转。当定子偏转到一定角度，胶木摆杆推动簧片，使继电器的触头动作。

当转子转速减小到零时，由于定子的电磁转矩减小，胶木摆杆恢复原状态，触头随即复位。

速度继电器的动作转速一般不低于 100 ~ 300r/min，复位转速约在 100r/min 以下。常用的速度继电器中，JY1 型能在转速 3000r/min 以下可靠地工作，JFZ0 型的两组触头改用两个微动开关，使其触头的动作转速不受定子偏转速度的影响。额定工作转速有 300 ~ 1000r/min（JFZ0 – 1 型）和 1000 ~ 3600r/min（JFZ0 – 2 型）两种。

三、单向起动反接制动控制电路分析

1. 电路组成

如图 5-5 所示为单向起动反接制动控制电路，反接制动属于电力制动。其电路的主电路和正反转控制电路的主电路基本相同，只是在反接制动时增加了三个限流电阻 R。电路中

KM1 为正转运行接触器，KM2 为反接制动接触器，KS 为速度继电器，其轴与电动机轴相连（图 5-5 中用点划线表示）。

2. 电路工作原理

电路的工作原理如下：先合上电源开关 QS。

（1）单向起动控制

（2）反接制动控制

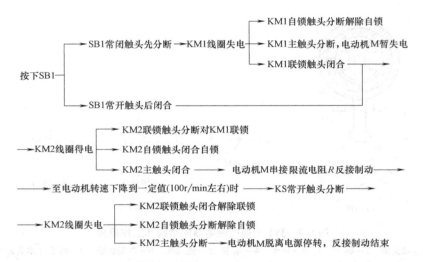

反接制动时，由于旋转磁场与转子的相对转速（$n_1 + n$）很高，故转子绕组中感应电流很大，致使定子绕组中的电流很大，一般约为电动机额定电流的 10 倍。因此，反接制动适用于 10kW 以下小容量电动机的制动，并且对 4.5kW 以上的电动机进行反接制动时，需在定子绕组回路中串入限流电阻 R，以限制反接制动电流。限流电阻 R 的大小可参考下述经验计算公式进行估算。

在电源电压 380V 时，若要使反接制动电流等于电动机直接起动时起动电流的 $\frac{1}{2}$，即 $\frac{1}{2} I_{st}$，则三相电路每相应串入的限流电阻 R（Ω）值可取为：

$$R \approx 1.5 \times \frac{220}{I_{st}}$$

若要使反接制动电流等于起动电流 I_{st}，则每相应串入的限流电阻 R'（Ω）值可取为：

$$R' \approx 1.3 \times \frac{220}{I_{st}}$$

如果反接制动时，只在电源两相中串接限流电阻，则电阻值应加大，分别取上述电阻值的 1.5 倍。

反接制动的优点是制动力强，制动迅速。缺点是制动准确性差，制动过程中冲击强烈，易损坏传动零件，制动能量消耗大，不宜经常制动。因此，反接制动一般适用于制动要求迅速、系统惯性较大、不经常起动与制动的场合，如铣床、镗床、中型车床等主轴的制动控制。

任务准备

实施本任务教学所使用的实训设备及工具材料可参考表 5-6。

表 5-6　实训设备及工具材料

序号	名称	型号规格	单位	数量	备注
1	电工常用工具		套	1	
2	万用表	MF47 型	块	1	
3	三相四线电源	380/220V、20A	处	1	
4	三相异步电动机	Y112M—4（4kW、380V、△联结）或自定	台	1	
5	配线板	500mm×600mm×20mm	块	1	
6	组合开关	HZ10—25/3	只	1	
7	接触器	CJ10—20、线圈电压 380V、20A	个	2	
8	熔断器 FU1	RL1—60/25、380V、60A、熔体配 25A	套	3	
9	熔断器 FU2	RL1—15/2、380V、15A、熔体配 2A	套	2	
10	热继电器	JR16—20/3、三极、20A	只	1	
11	按钮	LA10—2H	只	1	
12	速度继电器	JY1	只	2	
13	限流电阻	自定	只	3	
14	木螺钉	$\phi 3 \times 20mm$；$\phi 3 \times 15mm$	个	30	
15	平垫圈	$\phi 4mm$	个	30	
16	圆珠笔	自定	支	1	
17	主电路导线	BVR—1.5、1.5mm²（7×0.52mm）（黑色）	m	若干	
18	控制电路导线	BVR—1.0、1.0mm²（7×0.43mm）	m	若干	
19	按钮线	BVR—0.75、0.75mm²	m	若干	
20	接地线	BVR—1.5、1.5mm²（黄绿双色）	m	若干	
21	线槽	18mm×25mm	m	若干	
22	编码套管	自定	m	若干	

任务实施

一、单向起动反接制动控制电路的安装与调试

1. 绘制电器元件布置图和接线图

根据如图 5-5 所示单向起动反接制动控制电路图，请读者自行绘制其电器元件布置图和接线图，在此不再赘述。

2. 元器件规格、质量检查

1）根据表 5-6 中的实训设备及工具材料明细表，检查其各元器件、耗材与表中的型号与规格是否一致。

2）检查各元器件的外观是否完整无损，附件、备件是否齐全。

3）用仪表检查各元器件和电动机的有关技术数据是否符合要求。

3. 根据电器元件布置图安装固定低压电器元件

当电器元件检查完毕后，按照所绘制的电器元件布置图安装和固定电器元件。在此仅介绍速度继电器的安装与使用。

1）速度继电器的转轴应与电动机同轴连接，使两轴的中心线重合。速度继电器的轴可用联轴器与电动机的轴连接。

2）速度继电器安装接线时，应注意正反向触头不能接错，否则不能实现反接制动控制。

3）速度继电器的金属外壳应可靠接地。

4. 根据电路图和接线图进行板前线槽配线

当电器元件安装完毕后，按照如图 5-5 所示的电路图和接线图进行板前线槽配线。

> 操作提示：1）布线时要注意电路中的 KM2 的相序不能接错，否则，会使电动机不能制动，而且电动机的转向与起动时相同。
>
> 2）速度继电器安装接线时，应注意正反向触头不能接错，否则不能实现反接制动控制。

5. 电动机的连接

按照电动机铭牌上的接线方法，正确连接接线端子，然后将电动机定子绕组的电源引入线接到配线板接线端子的 U、V、W 的端子上，最后连接电动机的保护接地线。

6. 自检

当电路安装完毕后，在通电试车前必须经过自检，并经指导教师确认无误后方可通电试车。自检的方法及步骤请读者自行分析，在此不再赘述。

7. 通电试车

学生通过自检和教师确认无误后，在教师的监护下进行通电试车。

二、单向起动反接制动控制电路的故障分析及检修

1. 主电路的故障分析及检修

电动机单方向起停主电路的故障现象和检修方法与前面任务中主电路的故障现象和检修方法相同，在此不再赘述，读者可自行分析，在此仅介绍反接制动时主电路的故障分析与检修。

【故障现象】电动机正常运行时，当按下停止按钮 SB1 后，接触器 KM1 断电，KM2 动作，但电动机不能立即停下，继续沿着原来的方向做惯性运动，并且转速很慢，发出"嗡嗡"声。

【故障分析】这是典型的反接制动缺相

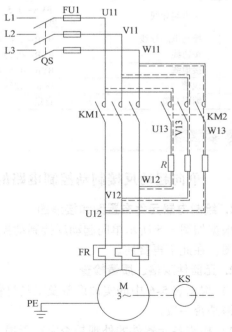

图 5-8 故障最小范围

运行现象。采用逻辑分析法对故障现象进行分析可知，其故障最小范围可用虚线表示，如图5-8 所示。

【检修方法】　根据如图5-8 所示的故障最小范围，可以采用电压测量法和采用验电笔测试法，以接触器 KM2 的主触头为分界点进行检测。检测方法可参照前面任务所介绍的方法进行操作，在此不再赘述。

2. 控制电路的故障分析及检修

运用前面接触器联锁正反转控制电路任务中所学的方法读者可自行分析及检修单向起动反接制动控制电路的故障。在此仅就速度继电器造成控制电路的故障进行分析，见表5-7。

表 5-7　控制电路故障的现象、原因及检查方法

故障现象	原因分析	检查方法
反接制动时速度继电器失效,电动机不制动	(1) 胶木摆杆断裂 (2) 触头接触不良 (3) 弹性动触片断裂或失去弹性 (4) 笼型绕组开路	(1) 更换胶木摆杆 (2) 清洗触头表面污垢 (3) 弹性动触片断裂或失去弹性更换弹性动触片 (4) 更换笼型绕组
电动机不能正常制动	速度继电器的弹性动触片调整不当	(1) 将调整螺钉向下旋,弹性动触片弹性增大,速度较高时继电器才动作 (2) 将调整螺钉向上旋,弹性动触片弹性减少,速度较低时继电器即动作
制动效果不显著	(1) 速度继电器的整定转速过高 (2) 速度继电器永磁转子磁性减退 (3) 限流电阻 R 阻值太大	首先调松速度继电器的整定弹簧,观察制动效果是否有明显改善。如若制动效果不明显改善,则减小限流电阻 R 阻值,调整后再观察其变化,若仍然制动效果不明显,则更换速度继电器
制动后电动机反转	由于制动太强,速度继电器的整定速度太低致使电动机反转	(1) 调紧调节螺钉 (2) 增加弹簧弹力
制动时电动机振动过大	由于制动太强,限流电阻 R 阻值太小,造成制动时电动机振动过大	适当减小限流电阻

检查评议

对任务实施的完成情况进行检查，并将结果填入表5-8 的评分表内。

表 5-8　任务测评表

序号	主要内容	考核要求	评分标准	配分	扣分	得分
1	电路安装调试	根据任务,按照电动机基本控制电路的安装步骤和工艺要求,进行电路的安装与调试	1. 按图接线,不按图接线扣10 分 2. 电器元件安装正确、整齐、牢固,否则一个扣2 分 3. 线槽整齐美观,横平竖直、高低平齐,转角90°,否则每处扣2 分 4. 线头长短合适,压接圈方向正确,无松动,否则每处扣1 分 5. 布线齐全,否则一根扣5 分 6. 编码套管安装正确,否则每处扣1 分 7. 通电试车功能齐全,否则扣40 分	60		
2	电路故障检修	人为设置隐蔽故障3 个,根据故障现象,正确分析故障原因及故障范围,采用正确的检修方法,排除电路故障	1. 不能根据故障现象,画出故障最小范围扣10 分 2. 检修方法错误扣5~10 分 3. 故障排除后,未能在电路图中用"×"标出故障点,扣10 分 4. 故障排除完全。只能排除1 个故障扣20 分,3 个故障都未能排除扣30 分	30		

（续）

序号	主要内容	考核要求	评分标准	配分	扣分	得分
3	安全文明生产	劳动保护用品穿戴整齐；电工工具佩带齐全；遵守操作规程；尊重老师，讲文明礼貌；考试结束要清理现场	1. 操作中，违反安全文明生产考核要求的任何一项扣2分，扣完为止 2. 当发现学生有重大事故隐患时，要立即予以制止，并每次扣安全文明生产总分5分	10		
合 计						
开始时间：			结束时间：			

知识拓展

双向起动反接制动控制电路

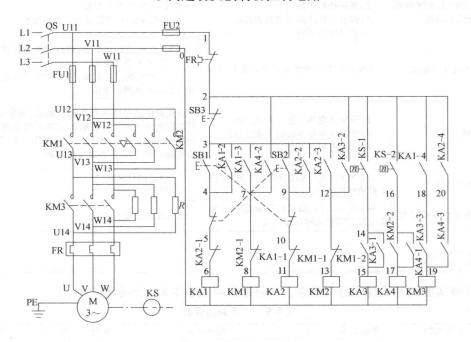

图 5-9　双向起动反接制动控制电路

如图 5-9 所示是典型的双向起动反接制动控制电路。图中 KM1 既是正转运行的接触器，也是反转运行时的反接制动接触器；KM2 既是反转运行的接触器，又是正转运行时的反接制动接触器；KM3 作短接限流电阻 R 用；中间继电器 KA1、KA3 和接触器 KM1、KM3 配合完成电动机的正向起动、反接制动的控制要求；中间继电器 KA2、KA4 和接触器 KM2、KM3 配合完成电动机的反向起动、反接制动的控制要求；速度继电器 KS 有两对常开触头 KS-1、KS-2，分别用于控制电动机正转和反转时反接制动的时间；R 既是反接制动的限流电阻，又是正反向起动的限流电阻。中间继电器 KA3、KA4 可避免停车时，由于速度继电器 KS-1 或 KS-2 触头的偶然闭合而接通电源。有兴趣的读者可自行分析电路的工作原理。

双向起动反接制动控制电路所用电器较多，电路较为复杂，但操作方便，运行安全可靠，是一种比较完善的控制电路。

　　几种常见的双向起动反接制动控制电路如图 5-10、图 5-11、图 5-12 所示，有兴趣的读者可自行分析电路的工作原理。

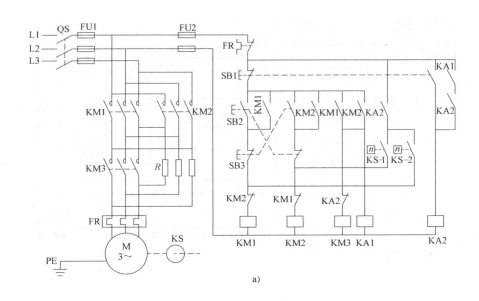

a)

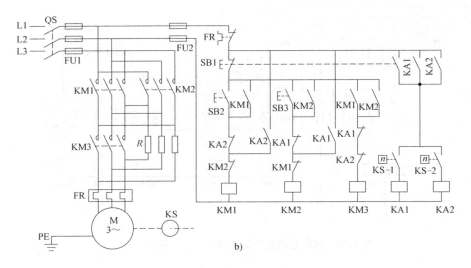

b)

图 5-10　双向起动反接制动控制电路

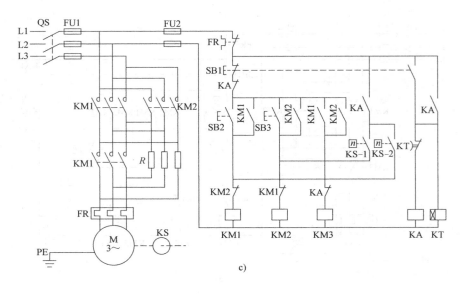

c)

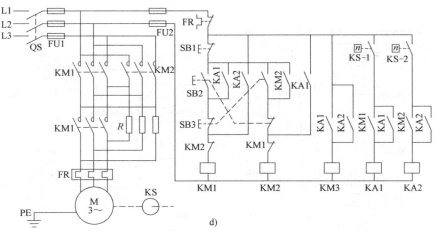

d)

图 5-10　双向起动反接制动控制电路（续）

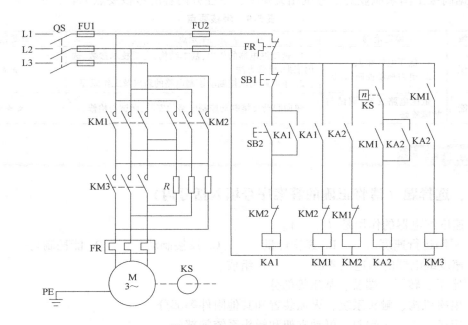

图 5-11 串接电阻减压起动及反接制动控制电路

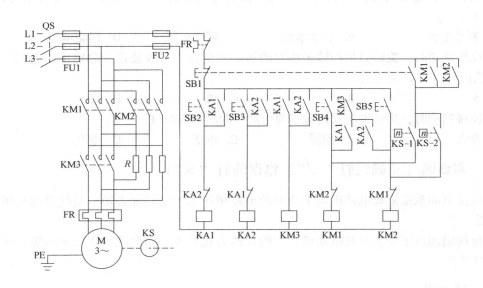

图 5-12 点动与连续、反接制动控制电路

考证要点

根据高级工国家职业资格考试相关要求，本任务内容的考核要点见表5-9。

表5-9　考核要点

行为领域	鉴定范围	鉴定点	重要程度
理论知识	1. 低压电气知识 2. 电力拖动控制知识	1. 速度继电器的作用、基本结构、主要技术参数、选用依据、检修方法 2. 单向起动反接制动控制电路的组成及工作原理	★★
操作技能	低压电路安装、调试与故障检修	单向起动反接制动控制电路的安装、调试与检修	★★★

考证测试题

一、选择题（请将正确的答案序号填入括号内）

1. 速度继电器的作用是（　　　）。

A. 限制运行速度　　　　B. 速度计量　　　　C. 反接制动　　　　D. 能耗制动

2. 速度继电器的构造主要由（　　　）组成。

A. 定子、转子、端盖、基座等部分

B. 电磁机构、触头系统、灭弧装置和其他附件等部分

C. 定子、转子、端盖、可动支架和触头系统等部分

D. 电磁机构、触头系统和其他附件等部分

3. 三相异步电动机反接制动时，采用对称制电阻接法，可以在限制制动转矩的同时，也限制（　　　）。

A. 制动电流　　　　B. 起动电流　　　　C. 制动电压　　　　D. 起动电压

4. 反接制动时，旋转磁场与转子相对的运动速度很大，致使定子绕组中的电流一般为额定电流的（　　　）倍左右。

A. 5　　　　B. 7　　　　C. 10　　　　D. 15

5. 反接制动时，旋转磁场反向转动与电动机的转动方向（　　　）。

A. 相反　　　　B. 相同　　　　C. 不变　　　　D. 垂直

二、判断题（正确的打"√"，错误的打"×"）

1. 反接制动是指依靠电动机定子绕组的电源相序来产生制动力矩，迫使电动机迅速停转的方法。（　　　）

2. 反接制动由于制动时对电动机产生的冲击力比较大，因此应串入限流电阻，可用于大功率电动机。（　　　）

三、简答题

1. 什么是电力制动？常用电力制动的方法有几种？

2. 什么是反接制动？它有什么优缺点？

3. 简述速度继电器的结构及工作原理。

任务3 能耗制动控制电路的安装与检修

知识目标

正确理解能耗制动控制电路的工作原理。

能力目标

1. 能正确识读能耗制动控制电路的原理图、接线图和布置图。
2. 会按照工艺要求正确安装能耗制动控制电路。
3. 能根据故障现象，检修能耗制动控制电路。

素质目标

养成独立思考和动手操作的习惯，培养小组协调能力和互相学习的精神。

工作任务

任务2介绍的反接制动优点是设备简单，调整方使，制动迅速，价格低；缺点是制动冲击大，制动能量损耗大，不宜频繁制动，且制动准确度不高，故适用于制动要求迅速，系统惯性较大制动不频繁的场合。而对于要求频繁制动的场合则采用能耗制动控制，如C5225车床工作台主拖动电动机的制动采用的就是能耗制动控制电路。如图5-13所示是典型的无变压器单相半波整流能耗制动控制电路。本次任务的主要内容是：完成对无变压器单相半波整流能耗制动控制电路的安装与检修。

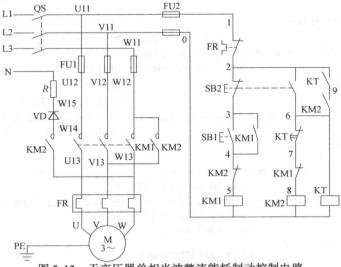

图5-13 无变压器单相半波整流能耗制动控制电路

相关理论

一、能耗制动

当电动机切断交流电源后，立即在定子绕组中通入直流电，迫使电动机停转的方法称为

能耗制动。其制动原理如图 5-14 所示。先断
开电源开关 QS1，切断电动机的交流电源，
这时转子仍沿原方向惯性运转；随后立即合
上开关 QS2，并将 QS1 向下合闸，电动机 V、
W 两相定子绕组通入直流电，使定子绕组中
产生一个恒定的静止磁场，这样作惯性运转
的转子因切割磁力线而在转子绕组中产生感
应电流，其方向可用右手定则判断出来，上
面标"×"，下面标"·"。绕组中一旦产生

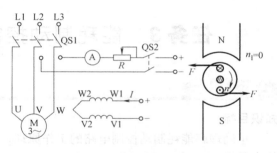

图 5-14　能耗制动原理图

了感应电流，同时又受到静止磁场的作用，将产生电磁转矩，用左手定则判断，可知转矩的
方向与电动机的转向相反，使电动机受制动迅速停转。由于这种制动方法是通过在定子绕组中
通入直流电以消耗转子惯性运转的动能来进行制动的，所以称为能耗制动，又称动能制动。

　　常见的能耗制动的方法有 2 种，一是无变压器单相半波整流能耗制动控制电路；二是有
变压器单相桥式整流能耗制动控制电路。对于 10kW 以下的电动机，常采用无变压器单相半
波整流能耗制动控制电路，如图 5-13 所示。对于 10kW 以上的电动机，常采用有变压器单
相桥式整流单向起动能耗制动自动控制电路。

二、无变压器单相半波整流能耗制动控制电路

　　无变压器单相半波整流能耗制动控制电路如图 5-13 所示，电路采用单相半波整流器作
为直流电源，所用附加设备较少，电路简单，成本低。其工作原理如下：

1. 起动控制

首先合上电源开关 QS。

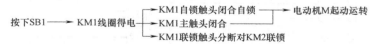

2. 停止制动控制

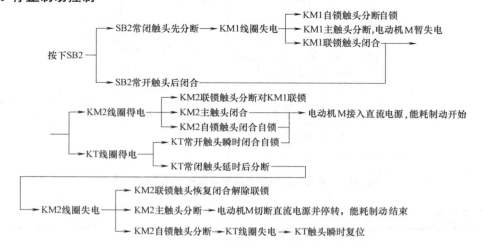

三、有变压器单相桥式整流单向起动能耗制动控制电路

　　有变压器单相桥式整流单向起动能耗制动自动控制电路，如图 5-15 所示。其中直流电

源由单相桥式整流器 VC 供给，TC 是整流变压器，电阻 R 用来调节直流电流，从而调节制动强度，整流变压器一次侧与整流器的直流侧同时进行切换，有利于提高触头的使用寿命。

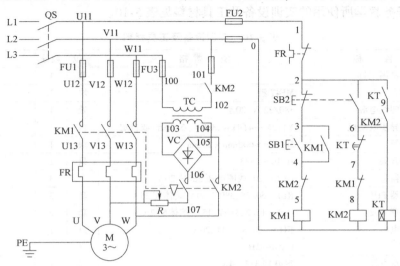

图 5-15　有变压器单相桥式整流单向起动能耗制动控制电路

能耗制动的优点是制动准确、平稳，且能量消耗较小。缺点是需要附加直流电源装置，设备费用较高，制动力较弱，在低速时制动力矩小。因此能耗制动一般用于要求制动准确、平稳的场合，如磨床、立式铣床等的控制电路中。

四、能耗制动所需直流电源

现以常用的单相桥式整流电路为例，能耗制动所需直流电源一般按以下方法进行估算和选取：

1）测量出电动机三根进线中任意两根之间的电阻 $R(\Omega)$。

2）测量出电动机的进线空载电流 $I_0(\text{A})$。

3）能耗制动所需的直流电流 $I_\text{L}(\text{A})$，$I_\text{L} = KI_0$，所需的直流电压 $U_\text{L}(\text{V})$，$U_\text{L} = I_\text{L}R$。其中 K 是系数，一般取 $3.5 \sim 4$。若考虑到电动机定子绕组的发热情况，并使电动机达到比较满意的制动效果，对转速高、惯性大的传动装置可取其上限。

4）单相桥式整流电源变压器二次绕组电压和电流有效值分别为

$$U_2 = \frac{U_\text{L}}{0.9}(\text{V})$$

$$I_2 = \frac{I_\text{L}}{0.9}(\text{A})$$

变压器计算容量为

$$S = U_2 I_2 \quad (\text{V} \cdot \text{A})$$

如果制动不频繁，可取变压器实际容量为

$$S' = \left(\frac{1}{3} \sim \frac{1}{4}\right)S \ (\text{V} \cdot \text{A})$$

5）可调电阻 $R \approx 2\Omega$，电阻功率 $P_\text{R}(\text{W})$，$P_\text{R} = I_\text{L}^2 R$，实际选用时，电阻功率也可小些。

任务准备

实施本任务教学所使用的实训设备及工具材料见表 5-10。

表 5-10 实训设备及工具材料

序号	名　称	型 号 规 格	单位	数量	备注
1	电工常用工具		套	1	
2	万用表	MF47 型	块	1	
3	三相四线电源	380/220V、20A	处	1	
4	三相异步电动机	Y112M—4(4kW、380V、△联结)或自定	台	1	
5	配线板	500mm×600mm×20mm	块	1	
6	组合开关	HZ10—25/3	只	1	
7	接触器	CJ10—20、线圈电压 380V、20A	个	3	
8	熔断器 FU1	RL1—60/25、380V、60A、熔体配 25A	套	3	
9	熔断器 FU2	RL1—15/2、380V、15A、熔体配 2A	套	2	
10	热继电器	JR16—20/3、三极、20A	只	1	
11	按钮	LA10—2H	只	2	
12	时间继电器	JS20 或 JS7—4A	只	1	
13	制动电阻	0.5Ω、50W(外接)	只	1	
14	整流二极管	2CZ30、30A、600V	只	1	
15	木螺钉	φ3×20mm、φ3×15mm	个	30	
16	平垫圈	φ4mm	个	30	
17	圆珠笔	自定	支	1	
18	主电路导线	BVR—1.5、1.5mm²(7×0.52mm)(黑色)	m	若干	
19	控制电路导线	BVR—1.0、1.0mm²(7×043mm)	m	若干	
20	按钮线	BVR—0.75、0.75mm²	m	若干	
21	接地线	BVR—1.5、1.5mm²(黄绿双色)	m	若干	
22	线槽	18mm×25mm	m	若干	
23	编码套管	自定	m	若干	

任务实施

一、无变压器单相半波整流能耗制动控制电路的安装与调试

1. 绘制电器元件布置图和接线图

根据如图 5-13 所示无变压器单相半波整流能耗制动控制电路原理图，请读者自行绘制其电器元件布置图和接线图，在此不再赘述。

2. 元器件规格、质量检查

1）根据表 5-10 中的实训设备及工具材料明细表，检查其各元器件、耗材与表中的型号与规格是否一致。

2）检查各元器件的外观是否完整无损，附件、备件是否齐全。

3）用仪表检查各元器件和电动机的有关技术数据是否符合要求。

3. 根据电器元件布置图安装固定低压电器元件

当电器元件检查完毕后，按照所绘制的电器元件布置图安装和固定电器元件。

4. 根据电路图和接线图进行板前线槽配线

当电器元件安装完毕后，按照如图 5-13 所示的电路图和接线图进行板前线槽配线。

> 操作提示：在进行无变压器单相半波整流能耗制动控制电路的安装时应注意以下几点：
>
> 1）时间继电器的整定时间不宜过长，以免制动时间过长而引起电动机定子绕组过热。
>
> 2）整流二极管要配装散热器和固定散热器的支架。
>
> 3）进行停车制动时，停止按钮 SB2 要按到底。

5. 电动机的连接

按照电动机铭牌上的接线方法，正确连接接线端子，最后连接电动机的保护接地线。

6. 自检

当电路安装完毕后，在通电试车前必须经过自检，并经指导教师确认无误后方可通电试车。自检的方法及步骤请读者自行分析，在此不再赘述。

7. 通电试车

学生通过自检和教师确认无误后，在教师的监护下进行通电试车。

二、无变压器单相半波整流能耗制动控制电路的故障分析及检修

1. 主电路的故障分析及检修

电动机单方向运行主电路的故障分析与检修参见三相异步电动机接触器自锁控制电路的故障分析与检修方法，在此仅就主电路不能制动的故障进行分析。

【故障现象】按下停止按钮 SB2，接触器 KM1 失电，KM2 得电动作，但电动机继续按原方向做惯性运动，不能立即停车。

【故障分析】这是典型的电动机断开交流电源后未能接入直流电源所造成的故障。采用逻辑分析法对故障现象进行分析可知，其故障最小范围可用虚线表示，如图 5-16 所示。

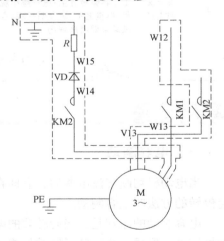

图 5-16　故障最小范围

【检修方法】根据如图 5-16 所示的故障最小范围，可以采用量电法和电阻测量法进行检测。具体检测方法是：用验电笔先测量 KM2 主触头的上端头是否有电；如没有电，则是 KM2 主触头的上端头连接导线断路；如有电，则断开电源，用万用表的电阻挡，黑表笔固定在 KM2 主触头的上端头，按下 KM2 的触头架，红表笔逐点测量通断情况，故障点在测量的通断两点之间。

2. 控制电路的故障分析与检修

控制电路的一般故障检修与前面任务所述的方法基本相同，请读者自行分析。

检查评议

对任务实施的完成情况进行检查，并将结果填入表 5-11。

表 5-11　任务测评表

序号	主要内容	考核要求	评分标准	配分	扣分	得分
1	电路安装调试	根据任务,按照电动机基本控制电路的安装步骤和工艺要求,进行电路的安装与调试	1. 按图接线,不按图接线扣 10 分 2. 电器元件安装正确、整齐、牢固,否则一个扣 2 分 3. 线槽整齐美观,横平竖直、高低平齐,转角 90°,否则每处扣 2 分 4. 线头长短合适,压接圈方向正确,无松动,否则每处扣 1 分 5. 布线齐全,否则一根扣 5 分 6. 编码套管安装正确,否则每处扣 1 分 7. 通电试车功能齐全,否则扣 40 分	60		
2	电路故障检修	人为设置隐蔽故障 3 个,根据故障现象,正确分析故障原因及故障范围,采用正确的检修方法,排除电路故障	1. 不能根据故障现象,画出故障最小范围扣 10 分 2. 检修方法错误扣 5~10 分 3. 故障排除后,未能在电路图中用"×"标出故障点,扣 10 分 4. 故障排除完全。只能排除 1 个故障扣 20 分,3 个故障都未能排除扣 30 分	30		
3	安全文明生产	劳动保护用品穿戴整齐;电工工具佩带齐全;遵守操作规程;尊重老师,讲文明礼貌;考试结束要清理现场	1. 操作中,违反安全文明生产考核要求的任何一项扣 2 分,扣完为止 2. 当发现学生有重大事故隐患时,要立即予以制止,并每次扣安全文明生产总分 5 分	10		
合　计						
开始时间:			结束时间:			

知识拓展

一、电容制动

　　当电动机切断交流电源后,立即在电动机定子绕组的出线端接入电容器来迫使电动机迅速停转的方法叫电容制动。

　　电容制动的原理是:当旋转着的电动机断开交流电源时,转子内仍有剩磁。随着转子的惯性转动,形成一个随转子转动的旋转磁场。该磁场切割定子绕组产生感应电动势,并通过电容器回路形成感应电流,这个电流产生的磁场与转子绕组中的感应电流相互作用,产生一个与旋转方向相反的制动力矩,使电动机受制动迅速停转。

　　电容制动控制电路图如图 5-17 所示。电阻 R_1 是调节电阻,用以调节制动力矩的大小,电阻 R_2 为放电电阻。经验证明,对于 380V、50Hz 的笼型异步电动机而言,每千瓦每相约需要 150μF 的电容。电容器的耐压程度应不小于电动机的额定电压。

　　实验证明,对于 5.5kW、△联结的三相异步电动机,无制动停车时间为 22s,采用电容制动后其停车时间仅需 1s。对于 5.5kW、Y联结的三相异步电动机,无制动停车时间为 36s,采用电容制动后其停车时间仅为 2s。所以电容制动是一种制动迅速、能量损耗小、设备简单的制动方法,一般用于 10kW 以下的小容量电动机,特别适用于存在机械摩擦和阻尼的生产机械以及需要多台电动机同时制动的场合。有兴趣的读者可自行分析电路的工作原理。

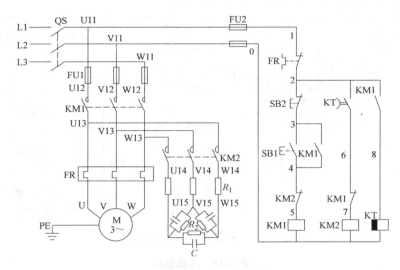

图 5-17 电容制动控制电路图

二、再生发电制动（又称回馈制动）

再生发电制动主要用在起重机械和多速异步电动机上。下面以起重机械为例说明其制动原理。

当起重机在高处开始下放重物时，电动机转速 n 小于同步转速 n_1，这时电动机处于电动运行状态，其转子电流和电磁转矩的方向如图 5-18a 所示。但由于重力的作用，在重物的下放过程中，会使电动机的转速 n 大于同步转速 n_1，这时电动机处于发电运行状态，转子相对于旋转磁场切割磁力线的运动方向发生了改变（沿顺时针方向），其转子电流和电磁转矩的方向都与电动运行时相反，如图 5-18b 所示。可见电磁力矩变为制动力矩限制了重物的下降速度，保证了设备和人身安全。

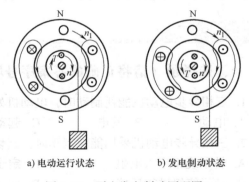

a) 电动运行状态   b) 发电制动状态

图 5-18 再生发电制动原理图

三、常见的正反转能耗制动控制电路

常见的正反转能耗制动控制电路如图 5-19 所示，有兴趣的读者可自行分析其工作原理。

考证要点

根据高级工国家职业资格考试相关要求，本任务内容的考核要点见表 5-12。

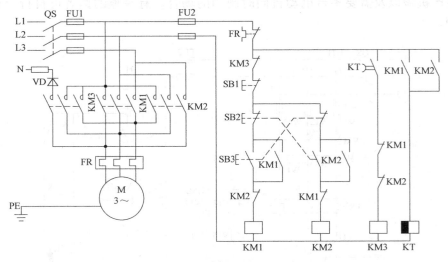

图 5-19　正反转能耗制动控制电路

表 5-12　考核要点

行为领域	鉴定范围	鉴定点	重要程度
理论知识	1. 低压电气知识 2. 电力拖动控制知识	能耗制动控制电路的组成及工作原理	★★
操作技能	低压电路安装、调试与故障检修	能耗制动控制电路的安装、调试与检修	★★★

考证测试题

一、选择题（请将正确的答案序号填入括号内）

1. 三相异步电动机能耗制动时，电动机处于（　　）状态。

A. 电动　　　　B. 发电　　　　C. 起动　　　　D. 调速

2. 三相异步电动机采用能耗制动时，当切断电源后，将（　　）。

A. 转子绕组串入电阻　　　　　　B. 定子绕组任意两相反接

C. 转子绕组进行反接　　　　　　D. 定子绕组送入直流电

3. 对于要求制动准确、平稳的场合，应采用（　　）制动。

A. 反接　　　　B. 能耗　　　　C. 电容　　　　D. 再生发电

4. 三相异步电动机的能耗制动是向三相异步电动机定子绕组中通入（　　）电流。

A. 单相交流　　　B. 三相交流　　　C. 直流　　　　D. 反相序三相交流

二、判断题（正确的打"√"，错误的打"×"）

1. 能耗制动是依靠电动机定子绕组的电源相序来产生制动力矩，迫使电动机迅速停转的。
　　　　　　　　　　　　　　　　　　　　　　　　　　　　　　　　　　　（　　）

2. 能耗制动由于制动时对电动机产生的冲击力比较大，因此应串入限流电阻。

（　　）

3. 能耗制动的制动力矩与通入定子绕组中的直流电流成正比，因此电流越大越好。

（　　）

三、简答题

什么是能耗制动？它有什么优缺点？叙述其与反接制动的异同点。

项目6

多速异步电动机制动控制电路的安装与检修

在实际的机械加工生产中，许多生产机械为了适应各种工件加工工艺的要求，主轴需要有较大的调速范围，常采用的方法主要有两种：一种是通过变速箱机械调速；另一种是通过电动机调速。

由三相异步电动机的转速公式 $n = (1-s)\dfrac{60f_1}{p}$ 可知，改变异步电动机转速可通过三种方法来实现：一是改变电源频率 f_1；二是改变转差率 s；三是改变磁极对数 p。

改变异步电动机磁极对数的调速称为变极调速。变极调速是通过改变定子绕组的连接方式来实现的，它是有级调速，且只适用于笼型异步电动机。凡磁极对数可改变的电动机称为多速电动机。常见的多速电动机有双速、三速、四速等几种类型。但随着变频技术的快速发展和变频设备价格的快速下降，变频调速的使用逐步增加，多速电动机变极调速技术在设备中的使用在逐步减少。本书仅介绍双速和三速异步电动机的控制电路。

■ 任务1　双速异步电动机控制电路的安装与检修 ■

学习目标

知识目标

1. 熟悉双速异步电动机的定子绕组连接图。
2. 正确理解双速异步电动机控制电路的工作原理。

能力目标

1. 能正确识读双速异步电动机控制电路的原理图、接线图和布置图。
2. 会按照工艺要求正确安装双速异步电动机控制电路。
3. 能根据故障现象，检修双速异步电动机控制电路。

素质目标

养成独立思考和动手操作的习惯，培养小组协调能力和互相学习的精神。

工作任务

利用改变定子绕组极数的方法进行调速的异步电动机称为多速电动机。其中，双速异步电动机应用广泛，也比较经济，其调速方法有△/丫丫变极调速和丫/丫丫变极调速。如图6-1

所示为常见的时间继电器控制双速异步电动机控制电路。本次任务的主要内容是：完成对时间继电器控制双速异步电动机控制电路的安装与检修。

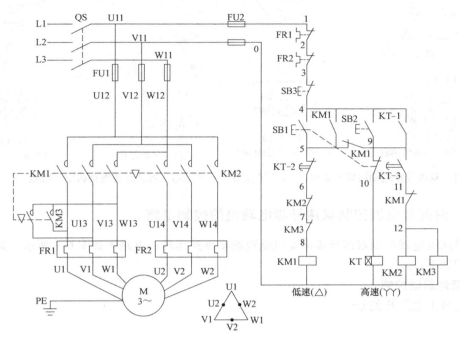

图6-1　时间继电器控制双速异步电动机控制电路

相关理论

一、△/丫丫变极调速

双速异步电动机定子绕组共有6个出线端。通过改变6个出线端与电源的连接方式，就可以得到两种不同的转速。双速异步电动机定子绕组△/丫丫接线图如图6-2所示。低速时接成△联结，磁极为4极，同步转速为1500r/min；高速时接成丫丫联结，磁极为2极，同步转速为3000r/min。可见，双速异步电动机高速运转时的转速是低速运转转速的两倍。

对于△/丫丫联结的双速异步电动机，其变极调速前后的输出功率基本不变，因此适用于负载功率基本恒定的恒功率调速，例如普通金属切削机床等机械。

二、丫/丫丫变极调速

如图6-3所示，当U1、V1、W1接到三相交流电源时，三相绕组为丫联结时，磁级为4极；如果将U1、V1、W1连接在一起，将U2、V2、W2接到电源上，则三相绕组成为丫丫联结，磁级为2极。对于丫/丫丫联结的双速异步电动机，其变极调速前后的输出转矩基本不变，因此适用于负载转矩基本恒定的恒转矩调速，例如起重机、带式运输机等机械。

值得注意的是，双速异步电动机定子绕组从一种接法改变为另一种接法时，必须把电源相序反接，以保证电动机的旋转方向不变。

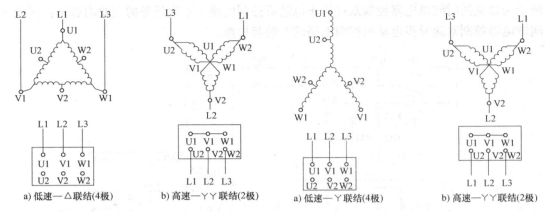

图 6-2　双速异步电动机定子绕组△/丫丫接线图　　图 6-3　双速异步电动机定子绕组丫/丫丫接线图

三、时间继电器控制双速异步电动机的控制电路

用时间继电器控制双速异步电动机低速起动高速运转的电路图如图 6-1 所示。其电路的工作原理如下：

1. 低速起动控制

首先合上电源开关 QS。

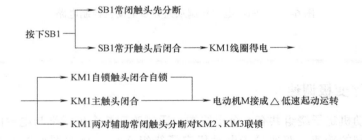

2. 高速运行控制

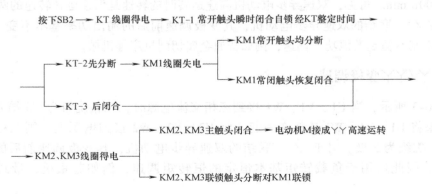

3. 停止控制

停止时，按下 SB3 即可。若电动机只需高速运转时，可直接按下 SB2，则电动机△低速

起动后，$\curlyvee\curlyvee$ 高速运转。

任务准备

实施本任务教学所使用的实训设备及工具材料可参考表 6-1。

表 6-1 实训设备及工具材料

序号	名 称	型 号 规 格	单位	数量	备注
1	电工常用工具		套	1	
2	万用表	MF47 型	块	1	
3	三相四线电源	380/220V、20A	处	1	
4	双速异步电动机	△/$\curlyvee\curlyvee$联结或自定	台	1	
5	配线板	500mm×600mm×20mm	块	1	
6	组合开关	HZ10—25/3	只	1	
7	接触器	CJ10—20、线圈电压380V、20A	个	3	
8	熔断器 FU1	RL1—60/25、380V、60A、熔体配25A	套	3	
9	熔断器 FU2	RL1—15/2、380V、15A、熔体配2A	套	2	
10	热继电器	JR16—20/3、三极、20A	只	2	
11	按钮	LA10—3H	只	1	
12	时间继电器	JS7—4A	只	1	
13	木螺钉	$\phi3\times20$mm、$\phi3\times15$mm	个	30	
14	平垫圈	$\phi4$mm	个	30	
15	圆珠笔	自定	支	1	
16	主电路导线	BVR—1.5、1.5mm²（7×0.52mm）（黑色）	m	若干	
17	控制电路导线	BVR—1.0、1.0mm²（7×0.43mm）	m	若干	
18	按钮线	BVR—0.75、0.75mm²	m	若干	
19	接地线	BVR—1.5、1.5mm²（黄绿双色）	m	若干	
20	线槽	18mm×25mm	m	若干	
21	编码套管	自定	m	若干	

任务实施

一、时间继电器控制双速异步电动机控制电路的安装与调试

1. 绘制电器元件布置图和接线图

时间继电器控制双速异步电动机的控制电路电器元件布置图和接线图请读者自行绘制，在此不再赘述。

2. 元器件规格、质量检查

1）根据表 6-1 中的实训设备及工具材料明细表，检查其各元器件、耗材与表中的型号与规格是否一致。

2）检查各元器件的外观是否完整无损，附件、备件是否齐全。

3）用仪表检查各元器件和电动机的有关技术数据是否符合要求。

3. 根据电器元件布置图安装固定低压电器元件

当电器元件检查完毕后，按照所绘制的电器元件布置图安装和固定电器元件。

4. 根据电路图和接线图进行板前线槽布线

当电器元件安装完毕后，按照如图 6-1 所示的电路图和接线图进行板前线槽布线。

操作提示：

1）注意主电路中接触器 KM1、KM2 在两种转速下电源相序的改变，接线时不能接错，否则，由于两种转速下电动机的转向相反，换向时会产生很大的冲击电流。

2）控制双速异步电动机△联结的接触器 KM1 和丫丫联结的 KM2 的主触头不能对换接线，否则不但无法实现双速控制要求，而且会在丫丫运转时造成电源短路事故。

3）热继电器 FR1、FR2 的整定电流及其在主电路中的接线不能搞错。

5. 电动机的连接

按照电动机铭牌上的接线方法，正确连接接线端子，最后连接电动机的保护接地线。

6. 自检

当电路安装完毕后，在通电试车前必须经过自检，并经指导教师确认无误后方可通电试车。自检的方法及步骤请读者自行分析，在此不再赘述。

7. 通电试车

学生通过自检和教师确认无误后，在教师的监护下进行通电试车。

二、时间继电器控制双速异步电动机控制电路的故障分析及检修

1. 主电路的故障分析及检修

时间继电器控制双速异步电动机控制电路主电路的故障现象和检修方法与前面任务中主电路的故障现象和检修方法相似，在此不再赘述，读者可自行分析。

2. 控制电路的故障分析及检修

【故障现象 1】当按下低速起动按钮 SB1 后，电动机低速不能起动；当按下高速起动按钮 SB2 时，电动机仍然不能低速起动，5s 后，电动机直接转入高速起动运行。

【故障分析】采用逻辑分析法对故障现象进行分析可知，其故障最小范围可用虚线表示，如图 6-4 所示。

【检修方法】根据如图 6-4 所示的故障最小范围，可以采用验电笔测试法进行检测。检测方法是：首先断开 KM1（5-9）的辅助常闭触头，切断回路电源，然后分别用验电笔检测故障最小范围的触头和连接的导线，即可找出故障点。

想一想练一练 当按下低速起动按钮 SB1 后，电动机低速不能起动；当按下高速起动按钮 SB2 时，电动机低速起动正常，5s 后，电动机直接转入高速运行。请画出故障最小范围，并说出检修方法。

【故障现象 2】当按下低速起动按钮 SB1 后，电动机低速起动运行正常；当按下高速起动按钮 SB2 时，KM1、KT 不动作，电动机不能低速起动，5s 后，电动机不能转入高速起动运行。

【故障分析】采用逻辑分析法对故障现象进行分析可知，其故障最小范围可用虚线表示，如图 6-5 所示。

【检修方法】根据如图 6-5 所示的故障最小范围，可以采用电压测试法和验电笔测试法进行检测。检测方法是：首先断开接触器 KM1 线圈控制回路，切断回路电源，检测方法可参照前面任务所介绍的方法进行操作，在此不再赘述。

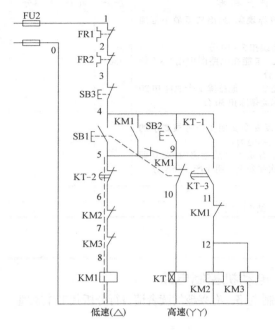

图 6-4　故障现象 1—故障最小范围　　　　图 6-5　故障现象 2—故障最小范围

想一想练一练

1）当按下低速起动按钮 SB1 后，电动机低速起动运行正常；当按下高速起动按钮 SB2 时，电动机低速起动，但 KT 不动作，5s 后，电动机仍然处于低速运行状态，不能转入高速起动运行。请画出故障最小范围，并说出检修方法。

2）当按下低速起动按钮 SB1 后，电动机低速起动运行正常；当按下高速起动按钮 SB2 时，电动机低速起动，5s 后，电动机自行停止，不能转入高速起动运行。请画出故障最小范围，并说出检修方法。

检查评议

对任务实施的完成情况进行检查，并将结果填入表 6-2。

表 6-2　任务测评表

序号	主要内容	考核要求	评分标准	配分	扣分	得分
1	电路安装调试	根据任务,按照电动机基本控制电路的安装步骤和工艺要求,进行电路的安装与调试	1. 按图接线,不按图接线扣 10 分 2. 电器元件安装正确、整齐、牢固,否则一个扣 2 分 3. 线槽整齐美观,横平竖直、高低平齐,转角 90°,否则每处扣 2 分 4. 线头长短合适,压接圈方向正确,无松动,否则每处扣 1 分 5. 布线齐全,否则一根扣 5 分 6. 编码套管安装正确,否则每处扣 1 分 7. 通电试车功能齐全,否则扣 40 分	60		

（续）

序号	主要内容	考核要求	评分标准	配分	扣分	得分
2	电路故障检修	人为设置隐蔽故障3个，根据故障现象，正确分析故障原因及故障范围，采用正确的检修方法，排除电路故障	1. 不能根据故障现象，画出故障最小范围扣10分 2. 检修方法错误扣5～10分 3. 故障排除后，未能在电路图中用"×"标出故障点，扣10分 4. 故障排除完全。只能排除1个故障扣20分，3个故障都未能排除扣30分	30		
3	安全文明生产	劳动保护用品穿戴整齐；电工工具佩带齐全；遵守操作规程；尊重老师，讲文明礼貌；考试结束要清理现场	1. 操作中，违反安全文明生产考核要求的任何一项扣2分，扣完为止 2. 当发现学生有重大事故隐患时，要立即予以制止，并每次扣安全文明生产总分5分	10		
		合计				
	开始时间：		结束时间：			

知识拓展

几种常见的双速异步电动机控制电路

如图6-6所示是几种常见的双速异步电动机控制电路，有兴趣的读者请自行分析其工作原理。

考证要点

根据高级工国家职业资格考试相关要求，本任务内容的考核要点见表6-3。

表6-3　考核要点

行为领域	鉴定范围	鉴定点	重要程度
理论知识	1. 低压电气知识 2. 电力拖动控制知识	1. 双速异步电动机定子绕组的接线方法 2. 双速异步电动机控制电路的组成及工作原理	★★
操作技能	低压电路安装、调试与故障检修	双速异步电动机控制电路的安装、调试与检修	★★★

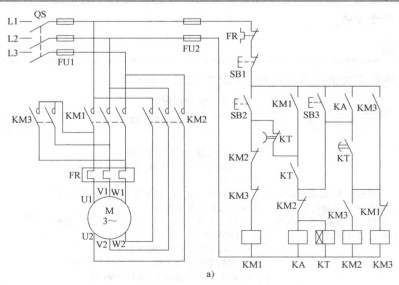

a)

图6-6　几种常见的双速异步电动机控制电路

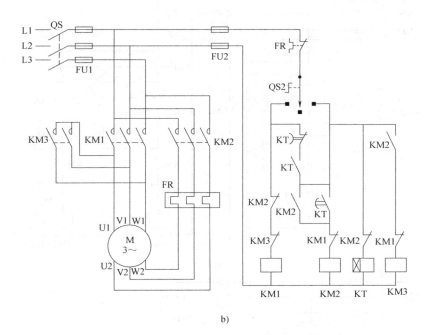

b)

c)

图6-6　几种常见的双速异步电动机控制电路（续）

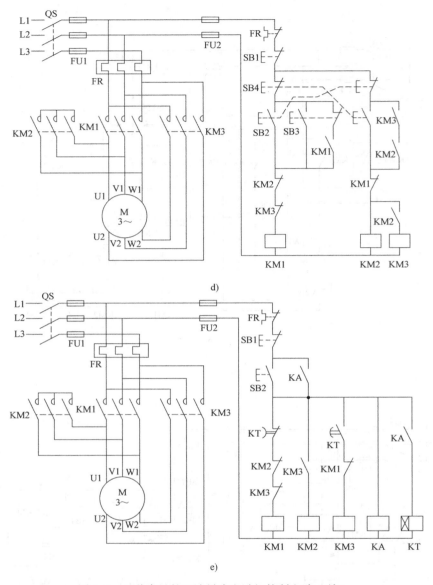

图 6-6　几种常见的双速异步电动机控制电路（续）

考证测试题

一、选择题（请将正确的答案序号填入括号内）

1. 三相异步电动机的调速方法有（　　　）种。

A. 2　　　　　　　　　B. 3　　　　　　　　　C. 4　　　　　　　　　D. 5

2. 采用△/丫丫联结三相变极调速时，调速前后电动机的（　　　）基本不变。

A. 输出转矩　　　　　B. 输出转速　　　　　C. 输出功率　　　　　D. 磁极对数

3. 采用丫/丫丫联结三相变极调速时，调速前后电动机的（　　　）基本不变。

A. 输出转矩　　　　　B. 输出转速　　　　　C. 输出功率　　　　　D. 磁极对数

4. 三相异步电动机变极调速的方法一般只适用于（　　　）。

A. 笼型异步电动机　　　　　　　　　B. 绕线式异步电动机

C. 同步电动机　　　　　　　　　　　D. 转差率电动机

5. 定子绕组作△联结的 4 极电动机，接成丫丫联结后，磁极对数为（　　　）。

A. 1　　　　　　　　B. 2　　　　　　　　C. 3　　　　　　　　D. 4

二、判断题（正确的打"√"，错误的打"×"）

1. 三相异步电动机的变极调速属于无极调速。　　　　　　　　　　　　　（　　）

2. 改变三相异步电动机磁极对数的调速称为变极调速。　　　　　　　　　（　　）

3. 双速异步电动机定子绕组从一种接法改变为另一种接法时，必须把电源相序反接，以保证电动机的旋转方向不变。　　　　　　　　　　　　　　　　　　　（　　）

4. 双速异步电动机控制电路中，按下高速起动按钮，可以不经过低速起动而直接进入高速起动运转。　　　　　　　　　　　　　　　　　　　　　　　　　　（　　）

三、简答题

1. 三相异步电动机的调速方法有哪三种？笼型异步电动机的变极调速是如何实现的？

2. 双速异步电动机定子绕组共有几个出线端？分别画出双速异步电动机在低、高速时定子绕组的接线图。

四、电路设计

现有一台双速异步电动机，试按下述要求设计控制电路：

（1）分别用两个按钮操作电动机的高速起动与低速起动，用一个总停止按钮操作电动机的停止。

（2）高速起动时，应先接成低速，然后经延时后再换接到高速。

（3）有短路保护和过载保护。

任务 2　三速异步电动机控制电路的安装与检修

学习目标

知识目标

正确理解三速异步电动机控制电路的工作原理。

能力目标

1. 能正确识读三速异步电动机控制电路的原理图、接线图和布置图。

2. 会按照工艺要求正确安装三速异步电动机控制电路。

3. 能根据故障现象，检修三速异步电动机控制电路。

素质目标

养成独立思考和动手操作的习惯，培养小组协调能力和互相学习的精神。

工作任务

　　如图 6-7 所示为时间继电器控制三速异步电动机控制电路。本次任务的主要内容是：完成对时间继电器控制三速异步电动机控制电路的安装与检修。

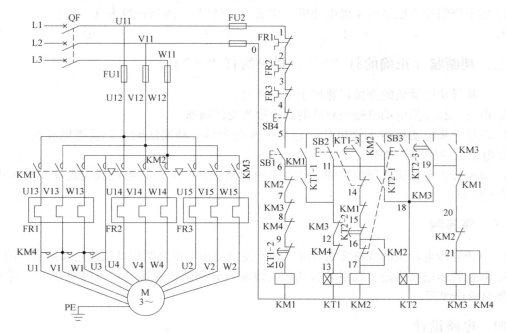

图 6-7　时间继电器控制三速异步电动机控制电路

相关理论

一、三速异步电动机定子绕组的连接

　　三速异步电动机有两套定子绕组，分两层安放在定子槽内，第一套绕组（双速）有七个出线端 U1、V1、W1、U3、U2、V2、W2，可作 △ 或 YY 联结；第二套绕组（单速）有三个出线端 U4、V4、W4，只作 Y 联结，如图 6-8a 所示。当分别改变两套定子绕组的连接方式（即改变磁极对数）时，电动机就可以得到三种不同的转速。

　　三速异步电动机定子绕组的接线方法如图 6-8b、c、d 和表 6-4 所示。图中，W1 和 U3 出线端分开的目的是当电动机定子绕组接成 Y 中速运转时，避免在 △ 联结的定子绕组中产生感应电流。

表 6-4　三速异步电动机定子绕组接线方式

转速	电源接线			并　头	联 结 方 式
	L1	L2	L3		
低速	U1	V1	W1	U3 、W1	△
中速	U4	V4	W4	—	Y
高速	U2	V2	W2	U1、V1、W1、U3	YY

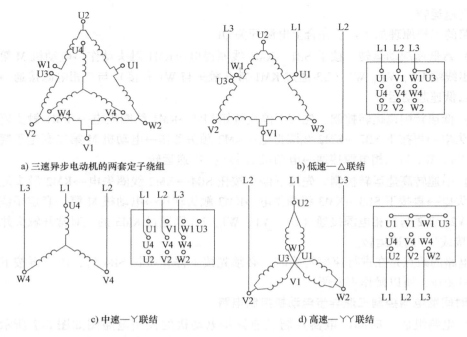

a) 三速异步电动机的两套定子绕组

b) 低速—△联结

c) 中速—丫联结

d) 高速—丫丫联结

图 6-8 三速异步电动机定子绕组接线图

二、三速异步电动机控制电路

1. 接触器控制三速异步电动机控制电路

用按钮和接触器控制三速异步电动机的电路图如图 6-9 所示。其中 SB1、KM1 控制电动机△联结下低速运转；SB2、KM2 控制电动机丫联结下中速运转；SB3、KM3 控制电动机丫丫

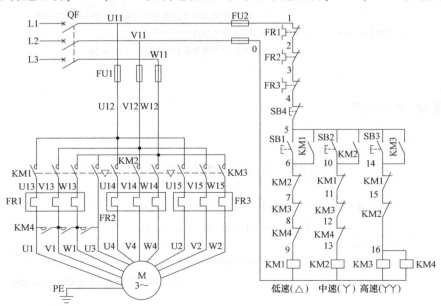

图 6-9 按钮和接触器控制三速异步电动机电路图

联结下高速运转。

电路的工作原理如下：首先合上电源开关 QF。

（1）△低速起动运转 按下 SB1→KM1 线圈得电→KM1 触头动作→电动机 M 第一套定子绕组出线端 U1、V1、W1（U3 通过 KM1 常开触头与 W1 并接）与三相电源接通→电动机 M 接成△低速起动运转。

（2）低速转中速运转控制 先按下停止按钮 SB4→KM1 线圈失电→KM1 触头复位→电动机 M 失电→再按下 SB2→KM2 线圈得电→KM2 触头动作→电动机 M 第二套定子绕组出线端 U4、V4、W4 与三相电源接通→电动机 M 接成丫中速运转。

（3）中速转高速运转控制 先按下停止按钮 SB4→KM2 线圈失电→KM2 触头复位→电动机 M 失电→再按下 SB3→KM3 线圈得电→KM3 触头动作→电动机 M 第一套定子绕组出线端 U2、V2、W2 与三相电源接通（U1、V1、W1、U3 则通过 KM3 的三对常开触头并联）电动机 M 接成丫丫高速运转。

该电路的缺点是在进行速度转换时，必须先按下停止按钮 SB4 后，才能再按下相应的起动按钮变速，所以操作不方便。

2. 时间继电器控制三速异步电动机控制电路

（1）电路组成 时间继电器控制三速异步电动机的控制电路图如图 6-7 所示。其中 SB1、KM1 控制电动机△联结下低速起动运转；SB2、KT1、KM2 控制电动机从△联结下低速起动到丫联结下中速运转的自动变换；SB3、KT1、KT2、KM3 控制电动机从△联结下低速起动到丫联结下中速运转过渡到丫丫联结下高速运转的自动变换。

（2）电路工作原理 电路的工作原理如下：首先合上电源开关 QF。

低速起动运转

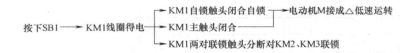

低速起动丫中速运转：

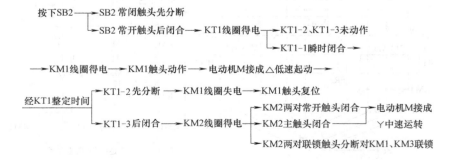

低速起动丫中速运转过渡丫丫高速运转：

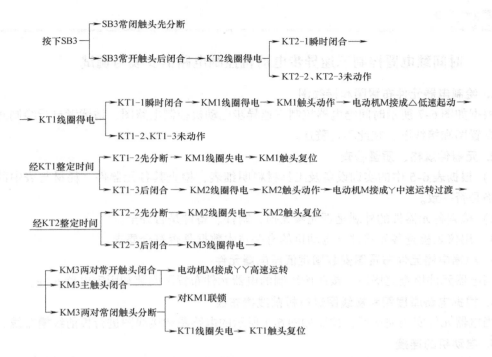

停止控制：按下 SB4 即可完成停止控制。

任务准备

实施本任务教学所使用的实训设备及工具材料可参考表6-5。

表6-5 实训设备及工具材料

序号	名 称	型 号 规 格	单位	数量	备注
1	电工常用工具		套	1	
2	万用表	MF47 型	块	1	
3	三相四线电源	380/220V、20A	处	1	
4	三速异步电动机	YD160M—8/6/4、或自定	台	1	
5	配线板	500mm×600mm×20mm	块	1	
6	低压断路器	DZ—20/330	只	1	
7	接触器	CJ10—20、线圈电压380V、20A	个	4	
8	熔断器FU1	RL1—60/25、380V、60A、熔体配25A	套	3	
9	熔断器FU2	RL1—15/2、380V、15A、熔体配2A	套	2	
10	热继电器	JR16—20/3、三极、20A	只	3	
11	按钮	LA10—3H	只	2	
12	时间继电器	JS7—4A	只	2	
13	木螺钉	$\phi 3 \times 20mm；\phi 3 \times 15mm$	个	30	
14	平垫圈	$\phi 4mm$	个	30	
15	圆珠笔	自定	支	1	
16	主电路导线	BVR—1.5、1.5mm²(7×0.52mm)(黑色)	m	若干	
17	控制电路导线	BVR—1.0、1.0mm²(7×0.43mm)	m	若干	
18	按钮线	BVR—0.75、0.75mm²	m	若干	
19	接地线	BVR—1.5、1.5mm²(黄绿双色)	m	若干	
20	线槽	18mm×25mm	m	若干	
21	编码套管	自定	m	若干	

任务实施

一、时间继电器控制三速异步电动机控制电路的安装与调试

1. 绘制电器元件布置图和接线图

根据如图 6-7 所示时间继电器控制三速异步电动机控制电路图，请读者自行绘制其电器元件布置图和接线图，在此不再赘述。

2. 元器件规格、质量检查

1）根据表 6-5 中的实训设备及工具材料明细表，检查其各元器件、耗材与表中的型号与规格是否一致。

2）检查各元器件的外观是否完整无损，附件、备件是否齐全。

3）用仪表检查各元器件和电动机的有关技术数据是否符合要求。

3. 根据电器元件布置图安装固定低压电器元件

当电器元件检查完毕后，按照所绘制的电器元件布置图安装和固定电器元件。

4. 根据电路原理图和接线图进行板前线槽布线

当电器元件安装完毕后，按照如图 6-7 所示的电路图和接线图进行板前线槽布线。

5. 电动机的连接

按照电动机铭牌上的接线方法，正确连接接线端子。接线时，要看清电动机出线端的标记，掌握其接线要点：△低速时，U1、V1、W1 经 KM1 接电源，W1、U3 并接；丫中速时，U4、V4、W4 经 KM2 接电源，W1、U3 必须断开，空着不接；丫丫高速时，U2、V2、W2 经 KM3 接电源，U1、V1、W1、U3 并接，最后连接电动机的保护接地线。

> 操作提示：
>
> 1）主电路接线时，要看清电动机出线端的标记，掌握其接线要点。接线要细心，保证正确无误。
>
> 2）热继电器 FR1、FR2、FR3 的整定电流在三种转速下是不同的，调整时不要搞错。
>
> 3）通电试车前，要复验一下电动机的接线是否正确，并测试绝缘电阻是否符合要求。

6. 自检

当电路安装完毕后，在通电试车前必须经过自检，并经指导教师确认无误后方可通电试车。自检的方法及步骤请读者自行分析，在此不再赘述。

7. 通电试车

学生通过自检和教师确认无误后，在教师的监护下进行通电试车。

二、时间继电器控制三速异步电动机控制电路的故障分析及检修

1. 主电路的故障分析及检修

主电路的故障现象和检修方法与前面任务中主电路的故障现象和检修方法相同，在此不再赘述，读者可自行分析。

2. 控制电路的故障分析及检修

运用前面任务所学的方法读者可自行分析及检修时间继电器控制三速异步电动机控制电路的故障。

在此仅就部分故障进行分析,见表6-6。

表6-6 电路故障的现象、原因及检查方法

故 障 现 象	原 因 分 析	检 查 方 法
电动机低速、中速、高速都不能起动	(1)按下 SB1 或 SB2 或 SB3 后,KM1 、KM2、KM3、KM4 均不动作,可能的故障点在电源电路及 FU2、FR1、FR2、FR3、SB4 和1、2、3、4、5 号导线 (2)按下 SB1 或 SB2 或 SB3 后,KM1 、KM2、KM3、KM4 均动作,可能的故障点在 FU1	(1)用验电笔检查电源电路中 QF 的上下接线端是否有电,若没有电,故障在电源 (2)用验电笔检查 FU2 和 FR1、FR2、FR3、SB4 常闭触头的上下接线端是否有电,故障点在有电与无电之间 (3)用验电笔检查 FU1 的上下接线端是否有电
电动机低速、中速起动正常,但高速不起动	电动机低速、中速起动正常,但按下 SB3 后电动机不起动,故障点可能在以下电路:SB3 常开触头、KM1 、KM2 常闭触头接触不良;KM3、KM4线圈损坏断路;5、14、15、16、0 导线出现断路	首先用验电笔检测 SB3 上接线桩是否有电,若无电,则为 5 号导线断路;若有电,则断开电源,按下 SB3,用万用表的电阻档,一表笔固定在 SB3 的下接线端,另一表笔测量 14、15、16、0 各点,电阻较大的就是故障点

检查评议

对任务实施的完成情况进行检查,并将结果填入表6-7。

表6-7 任务测评表

序号	主要内容	考核要求	评分标准	配分	扣分	得分
1	电路安装调试	根据任务,按照电动机基本控制电路的安装步骤和工艺要求,进行电路的安装与调试	1. 按图接线,不按图接线扣10分 2. 电器元件安装正确、整齐、牢固,否则一个扣2分 3. 线槽整齐美观,横平竖直、高低平齐,转角90°,否则每处扣2分 4. 线头长短合适,压接圈方向正确,无松动,否则每处扣1分 5. 布线齐全,否则一根扣5分 6. 编码套管安装正确,否则每处扣1分 7. 通电试车功能齐全,否则扣40分	60		
2	电路故障检修	人为设置隐蔽故障3个,根据故障现象,正确分析故障原因及故障范围,采用正确的检修方法,排除电路故障	1. 不能根据故障现象,画出故障最小范围扣10分 2. 检修方法错误扣5～10分 3. 故障排除后,未能在电路图中用"×"标出故障点,扣10分 4. 故障排除完全。只能排除1个故障扣20分,3个故障都未能排除扣30分	30		
3	安全文明生产	劳动保护用品穿戴整齐;电工工具佩带齐全;遵守操作规程;尊重老师,讲文明礼貌;考试结束要清理现场	1. 操作中,违反安全文明生产考核要求的任何一项扣2分,扣完为止 2. 当发现学生有重大事故隐患时,要立即予以制止,并每次扣安全文明生产总分5分	10		
			合 计			
	开始时间:		结束时间:			

考证要点

根据高级工国家职业资格考试相关要求，本任务内容的考核要点见表6-8。

表6-8 考核要点

行为领域	鉴定范围	鉴定点	重要程度
理论知识	1. 低压电气知识 2. 电力拖动控制知识	1. 三速异步电动机定子绕组接线方法 2. 三速异步电动机控制电路的组成及工作原理	★★
操作技能	低压电路安装、调试与故障检修	三速异步电动机控制电路的安装、调试与检修	★★★

考证测试题

一、选择题（请将正确的答案序号填入括号内）

1. 三速异步电动机有两套定子绕组，第一套双速绕组可作（　　）联结；第二套单速绕组只作丫联结。

A. 丫联结　　　　　　B. △联结　　　　　　C. 丫丫联结　　　　　D. △或丫丫联结

2. 三速异步电动机定子绕组有（　　）出线端。

A. 3　　　　　　　　B. 6　　　　　　　　C. 9　　　　　　　　D. 11

二、简答题

三速异步电动机有几套绕组？定子绕组共有几个出线端？分别画出三速异步电动机在低、中、高速时定子绕组的接线图。

项目7

三相绕线转子异步电动机
控制电路的安装与检修

项目 4 介绍的三相异步电动机的减压起动控制电路，由于起动转矩较小，减压起动需要在空载或轻载下起动。在实际生产中对要求起动转矩较大、且能平滑调速的场合，常采用三相绕线转子异步电动机。三相绕线转子异步电动机的优点是可以通过滑环在转子绕组中串接电阻来改善电动机的机械特性，从而达到减小起动电流、增大起动转矩以及平滑调速的目的。本项目将介绍三相绕线转子异步电动机转子绕组串接电阻起动控制电路、转子绕组中串接频敏变阻器控制电路和凸轮控制器控制转子绕组串接电阻起动电路。

任务1 转子绕组串接电阻起动控制电路的安装与检修

学习目标

知识目标

1. 熟悉电流继电器的功能、基本结构、工作原理及型号含义。
2. 正确理解转子绕组串接电阻起动控制电路的工作原理。

能力目标

1. 能正确识读转子绕组串接电阻起动控制电路的原理图、接线图和布置图。
2. 会时间继电器的选用与简单检修。
3. 会按照工艺要求正确安装转子绕组串接电阻起动控制电路。
4. 能根据故障现象，检修转子绕组串接电阻起动控制电路。

素质目标

养成独立思考和动手操作的习惯，培养小组协调能力和互相学习的精神。

工作任务

三相绕线转子异步电动机电流继电器自动控制转子绕组串接电阻起动控制电路如图 7-1 所示。本次任务的主要内容是：完成对电流继电器自动控制转子绕组串接电阻起动控制电路的安装与检修。

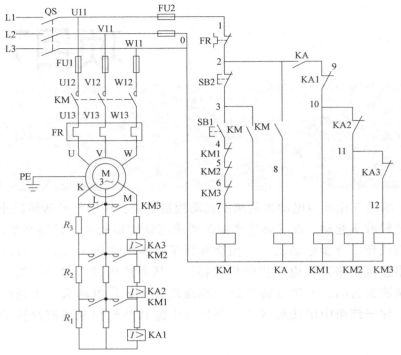

图 7-1　电流继电器自动控制转子绕组串接电阻起动控制电路

相关理论

一、转子绕组串接电阻起动的原理

起动时，在转子绕组串入作 Y 联结、分级切换作用的三相起动电阻器，以减小起动电流、增加起动转矩。随着电动机转速的升高，逐级减小可变电阻器阻值。起动完毕后，切除可变电阻器，转子绕组被直接短接，电动机便在额定状态下运行。

电动机转子绕组中串接的外加电阻在每段切除前和切除后，三相电阻始终是对称的，称为三相对称电阻器，如图 7-2a 所示。起动过程依次切除 R_1、R_2、R_3，最后全部电阻被切除。

二、电流继电器

反映输入量为电流的继电器叫作电流继电器。如图 7-3a、b 所示是常见的 JT4 系列和 JL14 系列电流继电器。使用时，电流继电器的线圈串联在被测电路中，当

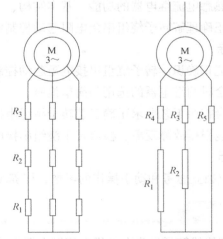

a) 转子串接三相对称电阻器　　b) 转子串接三相不对称电阻器

图 7-2　三相对称电阻器及
三相不对称电阻器

通过线圈的电流达到预定值时，其触头动作。为了降低串入电流继电器线圈后对原电路工作状态的影响，要求串接的电流继电器的线圈匝数少，导线粗，阻抗小。

电流继电器分为过电流继电器和欠电流继电器两种。电流继电器在电路图中的符号如图7-3c 所示。

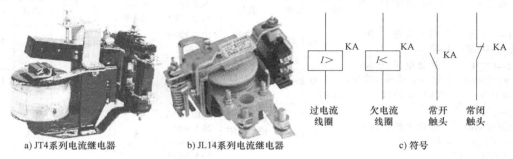

a) JT4系列电流继电器　　　　b) JL14系列电流继电器　　　　c) 符号

图 7-3　电流继电器

1. 过电流继电器

通过继电器的电流超过预定值时动作的继电器称为过电流继电器。过电流继电器的吸合电流为 1.1 ~ 4 倍的额定电流，也就是说，在电路正常工作时，过电流继电器线圈通过额定电流时是不吸合的；当电路中发生短路或过载故障，通过线圈的电流达到或超过预定值时，铁心和动铁心吸合，带动触头动作。

常用的过电流继电器有 JT4 、JL5、JL12 及 JL14 等系列，广泛用于直流电动机或绕线转子电动机的控制电路中，在频繁及重载起动的场合，作为电动机和主电路的过载或短路保护。

2. 欠电流继电器

通过继电器的电流减小到低于其整定值时动作的继电器称为欠电流继电器。欠电流继电器的吸引电流一般为线圈额定电流的 0.3 ~ 0.65，释放电流为额定电流的 0.1 ~ 0.2。因此，在电路正常工作时，欠电流继电器的动铁心与铁心始终是吸合的。当电流降至低于整定值时，欠电流继电器释放，发出信号，从而改变电路的状态。

常用的欠电流继电器有 JL14—□□ZQ 等系列，常用于在直流电动机和电磁吸盘电路中做弱磁保护。

3. 型号含义及技术参数

常用 JT4 系列交流通用继电器和 JL14 系列交直流通用电流继电器的型号及含义如下：

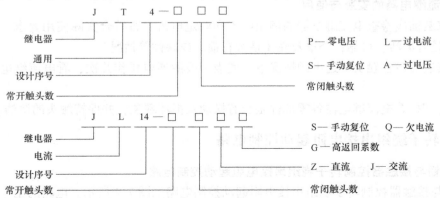

　　JT4 系列为交流通用继电器，在这种继电器的磁系统上装设不同的线圈，便可制成过电流、欠电流、过电压或欠电压等继电器。JT4 系列交流通用继电器的主要技术参数见表 7-1。

表 7-1　JT4 系列为交流通用继电器的主要技术参数

型号	可调参数调整范围	标称误差	返回系数	触头数量	吸引线圈额定电压（或电流）	消耗功率/W	复位方式	机械寿命/万次	电寿命/万次	质量/kg
JT4—□□A 过电压继电器	吸合电压（1.05～1.20）U_N	±10%	0.1～0.3	1 常开 1 常闭	110V、220V、380V	75	自动	1.5	1.5	2.1
JT4—□□P 零电压（或中间）继电器	吸合电压（0.60～0.85）U_N 或释放电压（0.10～0.35）U_N		0.2～0.4	1 常开、1 常闭 或 2 常开 或 2 常闭	110V、127V、220V、380V		自动	100	10	1.8
JT4—□□L 过电流继电器	吸合电流（1.10～3.50）I_N		0.1～0.3		5A、10A、15A、20A、40A、80A、150A、30A、600A	5	手动	1.5	1.5	1.7
JT4—□□S 动过电流继电器										

　　JL14 系列交直流通用电流继电器，可取代 JT4—L 和 JT4—S 系列，其主要技术参数见表 7-2。

表 7-2　JL14 系列交直流通用电流继电器的主要技术参数

电流种类	型号	吸引线圈额定电流 I_N/A	吸合电流调整范围	触头组合形式 常开	触头组合形式 常闭	备注
直流	JL14—□□Z	1、1.5、2.5、10、15、25、40、60、100、150、300、500、1200、1500	（0.70～3.00）I_N	3	3	
	JL14—□□ZS		（0.30～0.65）I_N 或释放电流在（0.10～0.20）I_N 范围调整	2	1	手动复位
	JL14—□□ZQ			1	2	欠电流
交流	JL14—□□J		（1.10～4.00）I_N	1	1	
	JL14—□□JS			2	2	手动复位
	JL14—□□JG			1	1	返回系数大于 0.65

4. 电流继电器的选用

　　1）电流继电器的额定电流一般可按电动机长期工作的额定电流来选择。对于频繁起动的电动机，额定电流可选大一个等级。

　　2）电流继电器的触头种类、数量、额定电流及复位方式应满足控制电路的要求。

　　3）过电流继电器的整定电流一般取电动机额定电流的 1.7～2 倍，频繁起动的场合可取电动机额定电流的 2.25～2.5 倍。欠电流继电器的整定电流一般取电动机额定电流的 0.10～0.20。

5. 电流继电器的安装与使用

　　1）安装前应检查电流继电器的额定电流和整定电流是否符合实际使用要求；电流继电器的动作是否灵活、可靠；外罩及壳体是否有损坏或缺件等情况。

　　2）安装后应在触头不通电的情况下，使吸引线圈通电操作几次，看电流继电器动作是否可靠。

　　3）定期检查电流继电器各零部件是否有松动及损坏现象，并保持触头的清洁。

三、转子绕组串接电阻起动控制电路

1. 按钮与接触器控制转子绕组串接电阻起动控制电路

　　按钮与接触器控制转子绕组串接电阻起动控制电路如图 7-4 所示。电路的工作原理较简单，读者可自行分析。该电路的缺点是操作不便，工作的安全性和可靠性较差，所以在生产实际中常采用时间继电器自动控制的电路。

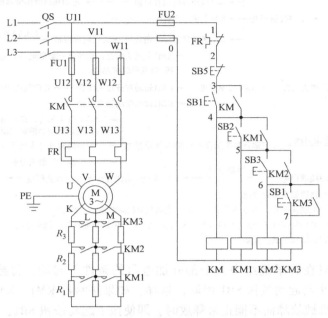

图 7-4　按钮与接触器控制转子绕组串接电阻起动控制电路

2. 时间继电器自动控制转子绕组串接电阻起动控制电路

时间继电器自动控制转子绕组串接电阻起动控制电路如图 7-5 所示。该电路利用三个时间继电器 KT1、KT2、KT3 和三个接触器 KM1、KM2、KM3 的相互配合来依次自动切除转子绕组中的三级电阻。

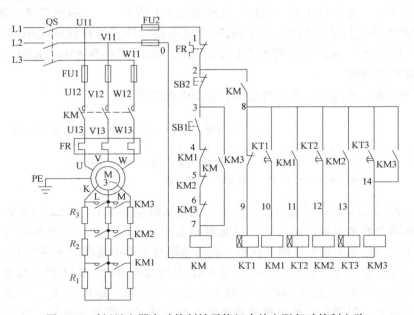

图 7-5　时间继电器自动控制转子绕组串接电阻起动控制电路

电路的工作原理如下：合上电源开关 QS。

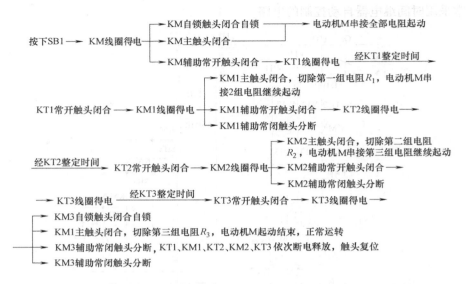

为保证电动机只在转子绕组串入全部外加电阻的条件下起动，将接触器 KM1、KM2、KM3 的辅助常闭触头与起动按钮 SB1 串联，这样，如果接触器 KM1、KM2、KM3 中的任何一个因触头熔焊或机械故障而不能正常释放时，即使按下起动按钮 SB1，控制电路也不会得电，电动机不会接通电源起动运转。

停止时，只需按下 SB2 即可。

3. 电流继电器自动控制转子绕组串接电阻起动控制电路

绕线转子异步电动机刚起动时转子电流较大，随着电动机转速的增大，转子电流逐渐减小，根据这一特性，可以利用电流继电器自动控制接触器来逐级切除转子绕组的电阻。

（1）电路组成　电流继电器自动控制电路如图 7-1 所示。三个过电流继电器 KA1、KA2 和 KA3 的线圈串接在转子绕组中，它们的吸合电流都一样，但释放电流不同，KA1 最大，KA2 次之，KA3 最小，从而能根据转子电流的变化，控制接触器 KM1、KM2、KM3 依次动作，逐级切除起动电阻。

（2）工作原理　电路的工作原理如下：合上电源开关 QS。

由于电动机 M 起动时转子电流较大，三个过电流继电器 KA1、KA2 和 KA3 均吸合，它们接在控制电路中的常闭触头均断开，使接触器 KM1、KM2、KM3 的线圈都不能得电，接在转子电路中的常开触头都处于断开状态，起动电阻被全部串接在转子绕组中。随着电动机转速的升高，转子电流逐渐减小，当减小至 KA1 的释放电流时，KA1 首先释放，KA1 的常闭触头恢复闭合，接触器 KM1 得电，主触头闭合，切除第一组电阻 R_1。当 R_1 被切除后，转子电流重新增大，但随着电动机转速的继续升高，转子电流又会减小，待减小至 KA2 的

释放电流时，KA2 释放，接触器 KM2 动作，切除第二组电阻 R_2，如此继续下去，直至全部电阻被切除，电动机起动完毕，进入正常运转状态。

中间继电器 KA 的作用是保证电动机转子电路在接入全部电阻的情况下起动。因为电动机开始起动时，转子电流从零增大到最大值需要一定的时间，这样有可能出现电流继电器 KA1、KA2 和 KA3 还未动作，接触器 KM1、KM2、KM3 就已经吸合而把电阻 R_1、R_2、R_3 短接，造成电动机直接起动。接入 KA 后，起动时由 KA 的常开触头断开 KM1、KM2、KM3 线圈的通电回路，保证了起动时转子绕组串入全部电阻。

任务准备

实施本任务教学所使用的实训设备及工具材料可参考表 7-3。

表 7-3　实训设备及工具材料

序号	名　　称	型号规格	单位	数量	备注
1	电工常用工具		套	1	
2	万用表	MF47 型	块	1	
3	三相四线电源	380/220V、20A	处	1	
4	三相绕线转子异步电动机	YZR—132MA—6、2.2kW、380V、6A/11.2A、980r/min	台	1	
5	配线板	500mm × 600mm × 20mm	块	1	
6	组合开关	HZ10—25/3	只	1	
7	接触器	CJ10—20、线圈电压 380V、20A	个	3	
8	熔断器 FU1	RL1—60/25、380V、60A、熔体配 25A	套	3	
9	熔断器 FU2	RL1—15/2、380V、15A、熔体配 2A	套	2	
10	热继电器	JR16—20/3、三极、20A	只	1	
11	按钮	LA10—3H 或 LA4—3H	只	3	
12	电流继电器	JL14—11J、线圈额定电流 10A、电压 380V	只	3	
13	电阻器	2K1 − 12 − 6/1	只	3	
14	木螺钉	ϕ3mm × 20mm、ϕ3mm × 15mm	个	30	
15	平垫圈	ϕ4mm	个	30	
16	圆珠笔	自定	支	1	
17	主电路导线	BVR—1.5、1.5mm² (7 × 0.52mm)（黑色）	m	若干	
18	控制电路导线	BVR—1.0、1.0mm² (7 × 0.43mm)	m	若干	
19	按钮线	BVR—0.75、0.75mm²	m	若干	
20	接地线	BVR—1.5、1.5mm²（黄绿双色）	m	若干	
21	线槽	18mm × 25mm	m	若干	
22	编码套管	自定	m	若干	

任务实施

一、电流继电器自动控制转子绕组串接电阻起动控制电路的安装与调试

1. 绘制电器元件布置图和接线图

电流继电器自动控制转子绕组串接电阻起动控制电路的电器元件布置图和接线图请读者自行绘制，在此不再赘述。

2. 元器件规格、质量检查

1）根据表 7-3 中的实训设备及工具材料，检查其各元器件、耗材与表中的型号与规格

是否一致。

2）检查各元器件的外观是否完整无损，附件、备件是否齐全。

3）用仪表检查各元器件和电动机的有关技术数据是否符合要求。

3. 根据电器元件布置图安装固定低压电器元件

当电器元件检查完毕后，按照所绘制的电器元件布置图安装和固定电器元件。

4. 根据电路图和接线图进行板前线槽配线

当电器元件安装完毕后，按照如图 7-1 所示的电路图和接线图进行板前线槽配线。

5. 电动机的连接

按照电动机铭牌上的接线方法，正确连接接线端子，然后将电动机定子绕组的电源引入线接到配线板接线端子的 U、V、W 的端子上，将起动电阻器串接在转子绕组 K、L、M 的端子上，最后连接电动机的保护接地线。

6. 自检

当电路安装完毕后，在通电试车前必须经过自检，并经指导教师确认无误后方可通电试车。自检的方法及步骤具体如下：

首先将万用表的选择开关拨到电阻档（R×1 档），并进行校零。断开电源开关 QS，并摘下接触器灭弧罩。

（1）主电路的检测

1）将万用表表笔跨接在 QS 下端子 U11 和端子排 U1 处，应测得断路，按下 KM 的触头架，万用表检测显示通路，重复 V11-V1 和 W11-W1 之间的检测。

2）将万用表表笔跨接在 QS 下端子 U11 和端子排 V11 处，应测得断路，按下 KM 的触头架，万用表检测显示通路；将万用表表笔跨接转子换相器的任意两相上，再逐一按下 KA1、KA2 和 KA3 的触头架，万用表显示阻值在逐渐减少。重复另外两相之间的检测。

（2）控制电路的检测

1）将万用表表笔跨接在 U11 和 V11 之间，应测得断路；按下 SB1 不放，应测 KM 的线圈电阻。

2）将万用表表笔跨接在 U11 和 V11 之间，应测得断路；按下 SB2 不放，同时按下 KM 的触头架，应测 KA 的线圈电阻。

3）将万用表表笔跨接在 U11 和 V11 之间，应测得断路；按下 KA 的触头架，应测 KM1、KM2 和 KM3 的线圈电阻并联值。依次再按下 KA1 的触头架，应测得断路；按下 KA2 的触头架，应测得 KM1 线圈电阻；按下 KA3 的触头架，应测得 KM1 和 KM2 的线圈电阻并联值。

7. 通电试车

学生通过自检和教师确认无误后，在教师的监护下进行通电试车。

二、电流继电器自动控制转子绕组串接电阻起动控制电路的故障分析及检修

1. 主电路的故障分析及检修

电流继电器自动控制转子绕组串接电阻起动控制电路主电路的故障现象和检修方法与前面任务中主电路的故障现象和检修方法相似，在此不再赘述，读者可自行分析。

2. 控制电路的故障分析及检修

其控制电路的常见故障现象和检修方法与前面任务相似，在此不再赘述，读者可自行分析。在此仅就部分故障进行分析，见表7-4。

表7-4　控制电路部分故障现象、分析及检修方法

故障现象	故障原因	检修方法
起动电阻过热	全部电阻过热： （1）KA故障或KM的常开触头接触不良 （2）KA1故障或KA1的常闭触头故障 （3）KM3的常开触头接触不良 （4）电流继电器KA1、KA2或KA3故障	（1）按下SB1后，观察KA是否动作，若KA没有动作，则KA线圈故障或KM常开触头故障。若KA有动作，则用验电笔检查KA的常开触头的下端头是否有电，有电正常，无电则KA的常开触头故障 （2）KA1动作后，用验电笔检查KA1的常开触头的下端头是否有电，有电正常，无电则KA1的常开触头故障。 （3）断开电源，按下KM3的触头架，用电阻测量法检查KM3的常开触头接触是否良好 （4）起动过程中观察电流继电器KA1、KA2或KA3是否动作
	电阻 R_1 或 R_2 过热： （1）KA1或KA2的整定值不准确，造成KM1或KM2不动作，R_1 或 R_2 不能被切除 （2）KM1或KM2的主触头故障 （3）电阻与接线或电阻片间松动，接触电阻过大而发热	（1）检查KA1或KA2的整定值 （2）检查KM1或KM2的主触头 （3）检查 R_1 或 R_2 电阻与接线或电阻片间的连接情况
电动机起动时只有瞬间转动就停车	（1）接触器KM的自锁触头接触不良 （2）热继电器电流整定值过小，经受不了起动电流的冲击而将其本身的常闭触头跳开 （3）起动时电压波动过大，使接触器欠电压而释放。这种现象多出现在电源线很长的电路中。由于起动时起动电流较大，本来已使电路压降较大，加之外电网电压波动或电网电压太低，很容易出现这种故障	（1）用验电笔或电压表检查KM的自锁触头的接触是否良好 （2）检查热继电器电流整定值是否符合要求 （3）用电压表检查起动时的电压波动情况

检查评议

对任务实施的完成情况进行检查，并将结果填入表7-5。

表7-5　任务测评表

序号	主要内容	考核要求	评分标准	配分	扣分	得分
1	电路安装调试	根据任务，按照电动机基本控制电路的安装步骤和工艺要求，进行电路的安装与调试	1. 按图接线，不按图接线扣10分 2. 电器元件安装正确、整齐、牢固，否则一个扣2分 3. 线槽整齐美观，横平竖直、高低平齐，转角90°，否则每处扣2分 4. 线头长短合适，压接圈方向正确，无松动，否则每处扣1分 5. 布线齐全，否则一根扣5分 6. 编码套管安装正确，否则每处扣1分 7. 通电试车功能齐全，否则扣40分	60		
2	电路故障检修	人为设置隐蔽故障3个，根据故障现象，正确分析故障原因及故障范围，采用正确的检修方法，排除电路故障	1. 不能根据故障现象，画出故障最小范围扣10分 2. 检修方法错误扣5~10分 3. 故障排除后，未能在电路图中用"×"标出故障点，扣10分 4. 故障排除完全。只能排除1个故障扣20分，3个故障都未排除扣30分	30		

（续）

序号	主要内容	考核要求	评分标准	配分	扣分	得分
3	安全文明生产	劳动保护用品穿戴整齐；电工工具佩带齐全；遵守操作规程；尊重老师，讲文明礼貌；考试结束要清理现场	1. 操作中，违反安全文明生产考核要求的任何一项扣2分，扣完为止 2. 当发现学生有重大事故隐患时，要立即予以制止，并每次扣安全文明生产总分5分	10		
		合计				
		开始时间：	结束时间：			

知识拓展

转子绕组串接电阻正反转减压起动控制电路简介

常见的转子绕组串接电阻正反转减压起动控制电路如图7-6所示。读者有兴趣可自行分析其工作原理。

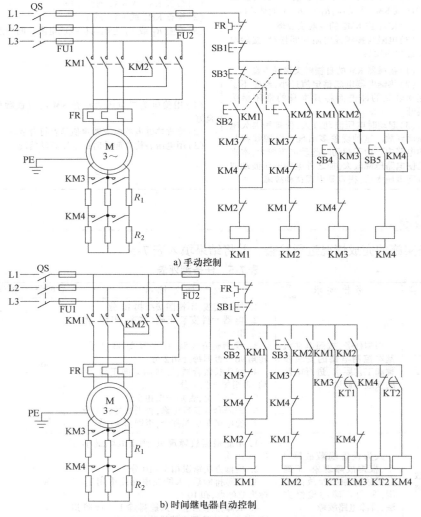

a) 手动控制

b) 时间继电器自动控制

图7-6　转子绕组串接电阻正反转减压起动控制电路

考证要点

根据高级工国家职业资格考试相关要求，本任务内容的考核要点见表 7-6。

表 7-6 考核要点

行为领域	鉴定范围	鉴定点	重要程度
理论知识	1. 低压电气知识 2. 电力拖动控制知识	1. 电流继电器的作用、基本结构、主要技术参数、选用依据、检修方法 2. 转子绕组串接电阻起动控制电路的组成及工作原理	★★
操作技能	低压电路安装、调试与故障检修	转子绕组串接电阻起动控制电路的安装、调试与检修	★★★

考证测试题

一、选择题（请将正确的答案序号填入括号内）

1. 转子绕组串接电阻起动适用于（   ）。

A. 笼型异步电动机　　　　B. 绕线式异步电动机

C. 串励直流电动机　　　　D. 并励直流电动机

2. 过电流继电器在电路中主要起到（   ）的作用。

A. 欠电流保护　　　B. 过载保护　　　C. 过电流保护　　　D. 短路保护

二、判断题（正确的打"√"，错误的打"×"）

1. 绕线转子异步电动机不能直接起动。　　　　　　　　　　　　　　（   ）

2. 转子绕组串接电阻起动仅适用于绕线式异步电动机。　　　　　　　（   ）

三、简答题

1. 绕线转子异步电动机有哪些主要特点？适用于什么场合？

2. 简述转子绕组串接电阻起动的原理。

任务 2 转子绕组串接频敏变阻器控制电路的安装与检修

学习目标

知识目标

1. 熟悉频敏变阻器的功能、基本结构、工作原理及型号含义。

2. 正确理解转子绕组串接频敏变阻器控制电路的工作原理。

能力目标

1. 能正确识读转子绕组串接频敏变阻器控制电路的原理图、接线图和布置图。

2. 会按照工艺要求正确安装转子绕组串接频敏变阻器控制电路。

3. 能根据故障现象，检修转子绕组串接频敏变阻器控制电路。

素质目标

养成独立思考和动手操作的习惯，培养小组协调能力和互相学习的精神。

工作任务

任务 1 介绍的转子绕组串接电阻起动控制电路，为获得良好的起动性能，一般将起动电阻分为多级，这样所用的电器较多，控制电路复杂，设备投资大，维修不便，而且在逐级切出电阻器的过程中，会产生一定的机械冲击。在实际生产中对于不频繁起动的设备，一般采用在转子绕组中用频敏变阻器代替起动电阻，来控制绕线式异步电动机的起动。如图 7-7 所示为时间继电器自动控制转子绕组串接频敏变阻器控制电路。本次任务的主要内容是：完成对时间继电器自动控制转子绕组串接频敏变阻器控制电路的安装与检修。

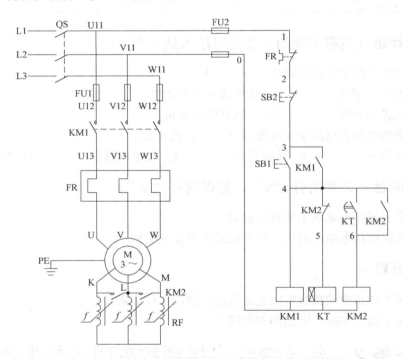

图 7-7   时间继电器自动控制转子绕组串接频敏变阻器控制电路

相关理论

一、频敏变阻器

1. 外形、结构及符号

频敏变阻器是一种阻抗值随频率明显变化（敏感于频率）、静止的无触头电器元件。频敏变阻器实质上是一个铁心损非常大的三相电抗器，它实质上是一个由几块 30～50mm 厚的铸铁片或钢板叠成的铁心，外面套上绕组，组成的铁心损耗非常大的三相电抗器。其结构类似于没有二次绕组的三相变压器。频敏变阻器是一种有独特结构的新型无触头元件。其外部结构与三相电抗器相似，即由三个铁心柱和三个绕组组成，三个绕组接成星形，并通过滑环和电刷与绕线式异步电动机三相转子绕组相接。

常用的频敏变阻器有 BP1、BP2、BP3、BP4 和 BP6 等系列，如图 7-8a、b 所示是 BP1 系列的频敏变阻器。频敏变阻器在电路图中的符号如图 7-8c 所示。

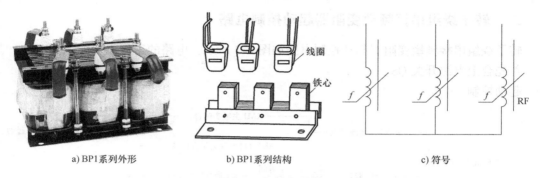

a) BP1系列外形　　　　　b) BP1系列结构　　　　　c) 符号

图 7-8　频敏变阻器

频敏变阻器主要由铁心和绕组两部分组成。它的上、下铁心用四根拉紧螺栓固定，拧开螺栓上的螺母，可以在上下铁心之间增减非磁性垫片，以调整空气隙长度。出厂时上下铁心间的空气隙为零。

频敏变阻器的绕组备有四个抽头，一个抽头在绕组背面，标号为 N；另外三个抽头在绕组的正面，标号分别为 1、2、3。抽头 1-N 之间为 100% 匝数，2-N 之间为 85% 匝数，3-N 之间为 71% 匝数。出厂时三组线圈均接在 85% 匝数抽头处，并接成Y联结。

2. 工作原理

在电动机起动过程中，三相绕组通入电流，由于铁心是用厚钢板制成，交变磁通在铁心中产生很大涡流，从而产生很大的铁心损耗。在电动机刚起动的瞬间，转子电流的频率最高（等于电源的频率），频敏变阻器的等效阻抗最大，限制了电动机的起动电流；随着转子频率的改变，涡流趋肤效应大小也在改变。频率升高时，涡流截面变小，电阻增大；频率降低时，涡流截面自动加大，电阻减小，随着电动机转速的升高，转子电流的频率逐渐下降，频敏变阻器的等效阻值也逐渐减小。理论分析和实验证明，频敏变阻器铁心的等值电阻和电抗均近似地与转差率的平方成正比。由电磁感应产生的等效电抗和由铁心损耗构成的等效电阻较大，限制了电动机的起动电流，增大起动转矩。随着电动机转速的升高，转子电流的频率降低，等效电抗和等效电阻自动减小，从而达到自动变阻的目的，实现平滑无级起动，使电动机转速平稳地上升到额定转速。

3. 频敏变阻器的选用

1）根据电动机拖动的生产机械的起动负载特性和操作频繁程度来选择，频敏变阻器基本适用场合见表 7-7。

表 7-7　频敏变阻器基本适用场合

负　载　特　性			轻　　载	重　　载
适用频敏变阻器系列	频繁程度	偶尔	BP1、BP2、BP4	BP4G、BP6
		频繁	BP1、BP2、BP3	

2）按电动机功率选择频敏变阻器的规格。在确定频敏变阻器的系列后，根据电动机的功率查有关技术手册，即可确定配用的频敏变阻器规格。

4. 频敏变阻器的特点

频敏变阻器具有起动性能好，无电流和机械冲击，结构简单，价格低廉，使用维护方便等优点。但功率因数较低，起动转矩较小，不宜用于重载起动的场合。

二、转子绕组串接频敏变阻器起动控制电路

转子绕组串接频敏变阻器起动控制电路如图 7-7 所示，电路的工作原理如下：

首先合上电源开关 QS。

起动控制

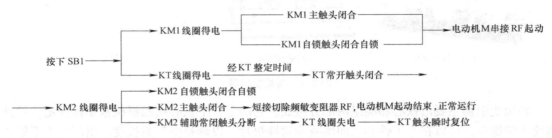

停止时，按下 SB2 即可。

任务准备

实施本任务教学所使用的实训设备及工具材料见表 7-8。

表 7-8 实训设备及工具材料

序号	名　称	型 号 规 格	单位	数量	备注
1	电工常用工具		套	1	
2	万用表	MF47 型	块	1	
3	三相四线电源	380/220V、20A	处	1	
4	三相绕线异步电动机	YZR—132MA—6（2.2kW、380V、6A/11.2A、980r/min）或自定	台	1	
5	配线板	500mm×600mm×20mm	块	1	
6	组合开关	HZ10—25/3	只	1	
7	接触器	CJ10—20，线圈电压380V，20 A	个	2	
8	熔断器 FU1	RL1—60/25，380V，60A，熔体配 25A	套	3	
9	熔断器 FU2	RL1—15/2，380V，15A，熔体配 2A	套	2	
10	热继电器	JR16—20/3，三极，20A	只	1	
11	按钮	LA10—2H	只	1	
12	时间继电器	JS20 或 JS7—4A	只	1	
13	频敏变阻器	BP1—004/10003	台	1	
14	木螺钉	ϕ3mm×20mm，ϕ3mm×15mm	个	30	
15	平垫圈	ϕ4mm	个	30	
16	圆珠笔	自定	支	1	
17	主电路导线	BVR—1.5，1.5mm²（7×0.52mm）（黑色）	m	若干	
18	控制电路导线	BVR—1.0，1.0mm²（7×0.43mm）	m	若干	

（续）

序号	名　称	型号规格	单位	数量	备注
19	按钮线	BVR—0.75,0.75mm²	m	若干	
20	接地线	BVR—1.5,1.5mm²（黄绿双色）	m	若干	
21	线槽	18mm×25mm	m	若干	
22	编码套管	自定	m	若干	

任务实施

一、时间继电器自动控制转子绕组串接频敏变阻器起动控制电路的安装与调试

1. 绘制电器元件布置图和接线图

根据如图 7-7 所示时间继电器自动控制转子绕组串接频敏变阻器控制电路原理图，请读者自行绘制其电器元件布置图和接线图，在此不再赘述。

2. 元器件规格、质量检查

1）根据表 7-8 中的实训设备及工具材料，检查其各元器件、耗材与表中的型号与规格是否一致。

2）检查各元器件的外观是否完整无损，附件、备件是否齐全。

3）用仪表检查各元器件和电动机的有关技术数据是否符合要求。

3. 根据电器元件布置图安装固定低压电器元件

当电器元件检查完毕后，按照所绘制的电器元件布置图安装和固定电器元件。

4. 根据电路图和接线图进行板前线槽布线

当电器元件安装完毕后，按照如图 7-7 所示的电路图和接线图进行板前线槽布线。

5. 电动机的连接

按照电动机铭牌上的接线方法，正确连接接线端子，然后将电动机定子绕组的电源引入线接到配线板接线端子的 U、V、W 的端子上，将频敏变阻器接到转子绕组的 K、L、M 端子上，最后连接电动机的保护接地线。

6. 自检

当电路安装完毕后，在通电试车前必须经过自检，并经指导教师确认无误后方可通电试车。自检的方法及步骤请读者自行分析，在此不再赘述。

操作提示：

在进行时间继电器自动控制转子绕组串接频敏变阻器控制电路的试车调试时，若发现电动机起动转矩或起动电流过大或过小，应按下述方法调整频敏变阻器的匝数和气隙：

1）起动电流过大、起动过快时，应换接抽头，使匝数增加。增加匝数可使起动电流和起动转距减小。

2）起动电流和起动转矩过小、起动太慢时，应换接抽头，使匝数减少。匝数减少将使起动电流和起动转距同时增大。

3）如果存在刚起动时，起动转矩偏大，有机械冲击现象，而起动完毕后，稳定转速又偏低的情况，可在上下铁心间增加气隙。拧开变阻器两面上的四根拉紧螺栓的螺母，在上、下铁心之间增加非磁性垫片。增加气隙将使起动电流略微增加，起动转距稍有减小，但起动完毕时的转矩稍有增大，使稳定转速得以提高。

7. 通电试车

学生通过自检和教师确认无误后，在教师的监护下进行通电试车。

二、时间继电器自动控制转子绕组串接频敏变阻器起动控制电路的故障分析及检修

运用任务1所介绍的方法读者自行分析及检修时间继电器自动控制转子绕组串接频敏变阻器控制电路的故障。在此仅就频敏变阻器的故障进行分析，见表7-9。

表7-9 电路故障的现象、原因及检查方法

故 障 现 象	原 因 分 析	检 查 方 法
频敏变阻器温度过高	（1）电动机起动后，频敏变阻器没有被切除或时间继电器延时时间太长 （2）频敏变阻器线圈绝缘损坏或受机械损伤，匝间绝缘电阻和对地绝缘电阻变小	（1）检查时间继电器的延时时间，并检查其是否动作；若动作，则检查 KM2 是否动作；KM2 动作，则检查 KM2 常开触头的接触是否良好 （2）用兆欧表检查频敏变阻器线圈对地绝缘电阻和匝间绝缘电阻，其阻值应不小于1MΩ

检查评议

对任务实施的完成情况进行检查，并将结果填入表7-10。

表7-10 任务测评表

序号	主要内容	考 核 要 求	评 分 标 准	配分	扣分	得分
1	电路安装调试	根据任务，按照电动机基本控制电路的安装步骤和工艺要求，进行电路的安装与调试	1. 按图接线，不按图接线扣10分 2. 电器元件安装正确、整齐、牢固，否则一个扣2分 3. 线槽整齐美观，横平竖直、高低平齐，转角90°，否则每处扣2分 4. 线头长短合适，压接圈方向正确，无松动，否则每处扣1分 5. 布线齐全，否则一根扣5分 6. 编码套管安装正确，否则每处扣1分 7. 通电试车功能齐全，否则扣40分	60		
2	电路故障检修	人为设置隐蔽故障3个，根据故障现象，正确分析故障原因及故障范围，采用正确的检修方法，排除电路故障	1. 不能根据故障现象，画出故障最小范围扣10分 2. 检修方法错误扣5～10分 3. 故障排除后，未能在电路图中用"×"标出故障点，扣10分 4. 故障排除完。只能排除1个故障扣20分，3个故障都未能排除扣30分	30		
3	安全文明生产	劳动保护用品穿戴整齐；电工工具佩带齐全；遵守操作规程；尊重老师，讲文明礼貌；考试结束要清理现场	1. 操作中，违反安全文明生产考核要求的任何一项扣2分，扣完为止 2. 当发现学生有重大事故隐患时，要立即予以制止，并每次扣安全文明生产总分5分	10		
			合 计			
	开始时间：		结束时间：			

知识拓展

转子绕组串接频敏变阻器正反转起动控制电路简介

常见的转子绕组串接频敏变阻器正反转起动控制电路如图7-9所示。读者有兴趣可自行

分析其工作原理。

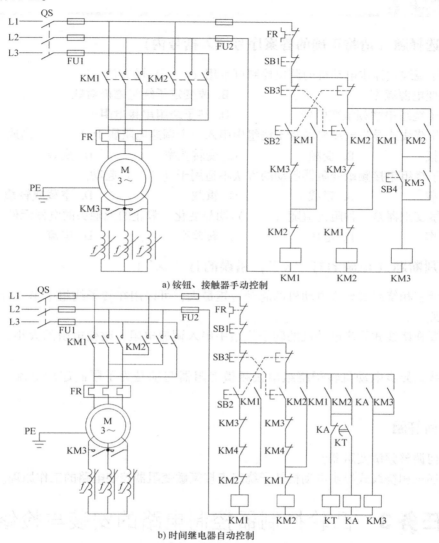

a) 铵钮、接触器手动控制

b) 时间继电器自动控制

图 7-9　转子绕组串接频敏变阻器正反转起动控制电路

考证要点

根据高级工国家职业资格考试相关要求，本任务内容的考核要点见表 7-11。

表 7-11　考核要点

行为领域	鉴定范围	鉴定点	重要程度
理论知识	1. 低压电气知识 2. 电力拖动控制知识	1. 频敏变阻器的作用、基本结构、主要技术参数、选用依据、检修方法 2. 转子绕组串接频敏变阻器起动控制电路的组成及工作原理	★★
操作技能	低压电路安装、调试与故障检修	转子绕组串接频敏变阻器起动控制电路的安装、调试与检修	★★★

考证测试题

一、选择题（请将正确的答案序号填入括号内）

1. 三相绕线式异步电动机的调速控制可常用（　　）的方法。
A. 改变电源频率　　　　　　　　　B. 改变定子绕组磁极对数
C. 转子绕组串联频敏变阻器　　　　D. 转子绕组串接电阻

2. 三相绕线式异步电动机的转子绕组中串入一个调速电阻属于（　　）调速。
A. 变极　　　　　B. 变频　　　　　C. 变转差率　　　　　D. 变容

3. 转子绕组串接频敏变阻器起动的方法不适用于（　　）起动。
A. 空载　　　　　B. 轻载　　　　　C. 重载　　　　　　　D. 空载或轻载

4. 频敏变阻器是一种阻抗值随（　　）明显变化、静止的无触头的电器元件。
A. 频率　　　　　B. 电压　　　　　C. 转差率　　　　　　D. 电流

二、判断题（正确的打"√"，错误的打"×"）

1. 要使三相绕线式异步电动机的起动转矩最大，可以用在转子绕组中串入合适电阻的方法来实现。　　　　　　　　　　　　　　　　　　　　　　　　　　　　　（　　）

2. 只要在绕线式异步电动机的转子绕组中串入调速电阻，改变电阻的大小，就可平滑调速。　　　　　　　　　　　　　　　　　　　　　　　　　　　　　　　　　（　　）

3. 绕线式异步电动机转子绕组串接频敏变阻器起动是为了限制起动电流，增大起动转矩。　　　　　　　　　　　　　　　　　　　　　　　　　　　　　　　　　　（　　）

三、简答题

1. 如何调整频敏变阻器？
2. 简述三相绕线式异步电动机转子绕组串接频敏变阻器控制电路的工作原理。

任务3　凸轮控制器控制电路的安装与检修

学习目标

知识目标
1. 熟悉凸轮控制器的功能、基本结构、工作原理及型号含义。
2. 正确理解绕线式异步电动机凸轮控制器控制电路的工作原理。

能力目标
1. 能正确识读绕线式异步电动机凸轮控制器控制电路的原理图、接线图和布置图。
2. 会按照工艺要求正确安装绕线式异步电动机凸轮控制器控制电路。
3. 能根据故障现象，检修绕线式异步电动机凸轮控制器控制电路。

素质目标
养成独立思考和动手操作的习惯，培养小组协调能力和互相学习的精神。

工作任务

　　中、小型容量的绕线式异步电动机的起动、调速及正反转控制，常常采用凸轮控制器来实现，以简化操作，如实际生产中的桥式起重机上大部分采用这种控制电路。如图 7-10a 所示为典型的绕线式异步电动机凸轮控制器控制电路。本次任务的主要内容是：完成对绕线式异步电动机凸轮控制器控制电路的安装与检修。

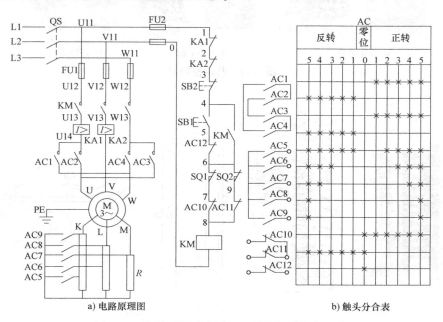

a) 电路原理图　　　　　　　　　　　　　　　　b) 触头分合表

图 7-10　绕线式异步电动机凸轮控制器控制电路

相关理论

一、凸轮控制器

1. 凸轮控制器的功能

　　凸轮控制器是利用凸轮来操作动触头动作的控制器，主要用于控制容量不大于 30kW 的中小型绕线转子异步电动机的起动、调速和换向。常用的凸轮控制器有 KTJ1、KTJ15、KT10、KT14 及 KT15 等系列，如图 7-11 所示是 KT10、KT14 及 KT15 系列凸轮控制器。

2. 凸轮控制器的结构原理

　　（1）结构　KTJ1 型凸轮控制器如图 7-12 所示。它主要由手轮（或手柄）、触头系统、转轴、凸轮和外壳等部分组成。其触头系统共有 12 对触头，9 对常开，3 对常闭。其中，4 对常开触头接在主电路中，用于控制电动机的正反转，并配有石棉水泥制成的灭弧罩。其余 8 对触头接在控制电路中，不带灭弧罩。

　　（2）工作原理　凸轮控制器的动触头 7 与凸轮 12 固定在转轴 11 上，每个凸轮控制一个触头。当转动手轮 1 时，凸轮 12 随转轴 11 转动，当凸轮的凸起部分顶住滚轮 10 时，动触头 7、静触头 6 分开；当凸轮的凹处与滚轮相碰时，动触头受到触头弹簧 8 的作用压在静触

a) KT10 系列   b) KT14 系列   c) KT15 系列

图 7-11　凸轮控制器

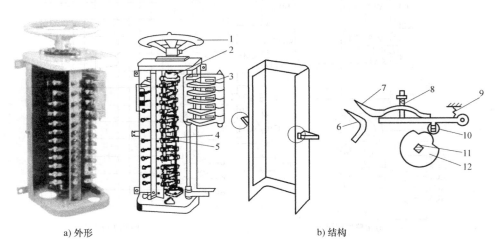

a) 外形   b) 结构

图 7-12　KTJ1 型凸轮控制器

1—手轮　2、11—转轴　3—灭弧罩　4、7—动触头　5、6—静触头　8—触头弹簧

9—弹簧　10—滚轮　12—凸轮

头上，动、静触头闭合。在方轴上叠装形状不同的凸轮片，可使各个触头按预定的顺序闭合或断开，从而实现不同的控制目的。

　　凸轮控制器的触头分合情况，通常用触头分合表来表示。KTJ1—50/1 型凸轮控制器的触头分合表如图 7-13 所示。图中的上面两行表示手轮的 11 个位置，左侧一列表示凸轮控制器的 12 对触头。各触头在手轮处于某一位置时的接通状态用符号 "×" 标记，无此符号表示触头是分断的。

3. 凸轮控制器的型号及含义

　　凸轮控制器的型号及含义如下：

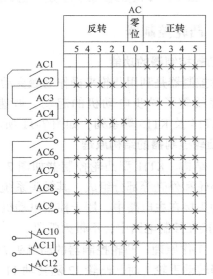

图 7-13　KTJ1—50/1 型凸轮控制器的触头分合表

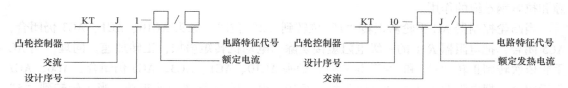

4. 凸轮控制器的选用

凸轮控制器主要根据电动机的额定功率、额定电压、额定电流、工作制和控制位置数等来选择。KTJ1 系列凸轮控制器的主要技术数据见表 7-12。

表 7-12　KTJ1 系列凸轮控制器的主要技术数据

型　号	位置数		额定电流/A		额定控制功率/kW		每小时操作次数不高于	质量/kg
	向前（上升）	向后（下降）	长期工作制	通电持续率在 40% 以下的工作制	220V	380V		
KTJ1—50/1	5	5	50	75	16	16		28
KTJ1—50/2	5	5	50	75	*	*		26
KTJ1—50/3	1	1	50	75	11	11		28
KTJ1—50/4	5	5	50	75	11	11		23
KTJ1—50/5	5	5	50	75	2×11	2×11	600	28
KTJ1—50/6	5	5	50	75	11	11		32
KTJ1—80/1	6	6	80	120	22	30		38
KTJ1—80/3	6	6	80	120	22	30		38
KTJ1—150/1	7	7	150	225	60	100		—

注：＊表示无定子电路触头，其最大功率由定子电路中的接触器容量决定。

二、绕线式异步电动机凸轮控制器控制电路

1. 电路组成

绕线式异步电动机凸轮控制器控制电路原理图如图 7-10a 所示。图中组合开关 QS 作为电源开关；熔断器 FU1、FU2 分别作为主电路和控制电路的短路保护；接触器 KM 控制电动机电源的通断，同时起欠电压和失电压保护作用；行程开关 SQ1、SQ2 分别作电动机正反转时工作机构的限位保护；过电流继电器 KA1、KA2 作电动机的过载保护；R 是电阻器；凸轮控制器 AC 有 12 对触头，其分合状态如图 7-10b 所示。其中最上面 4 对配有灭弧罩的常开触头 AC1 ~ AC4 接在主电路中用于控制电动机正反转；中间 5 对常开触头 AC5 ~ AC9 与转子电阻 R 相接，用来逐级切换电阻以控制电动机的起动和调速；最下面的 3 对常闭触头 AC10 ~ AC12 用作零位保护。

2. 电路工作原理

电路的工作原理如下：首先将凸轮控制器 AC 的手轮置于"0"位，然后合上电源开关 QS，这时 AC 最下面的 3 对触头 AC10 ~ AC12 闭合，为控制电路的接通作准备。按下 SB1，接触器 KM 得电自锁，为电动机的起动作准备。

（1）正转控制　将凸轮控制器 AC 的手轮从"0"位转到正转"1"位置，这时触头 AC10 仍闭合，保持控制电路接通；触头 AC1、AC3 闭合，电动机 M 接通三相电源正转起动，此时由于 AC 的触头 AC5 ~ AC9 均断开，转子绕组串接全部电阻 R 起动，所以起动电流较小，起动转矩也较小。如果电动机此时负载较重，则不能起动，但可起到消除传动齿轮间

隙和拉紧钢丝绳的作用。

当凸轮控制器 AC 手轮从正转"1"位转到"2"位时，触头 AC10、AC1、AC3 仍闭合，AC5 闭合，把电阻器 R 上的一级电阻短接切除，电动机转矩增加，正转加速。同理，当 AC 手轮依次转到正转"3"和"4"位置时，触头 AC10、AC1、AC3、AC5 仍闭合，AC6、AC7 先后闭合，把电阻器 R 上的两级电阻相继短接，电动机 M 继续加速正转。当手轮转到"5"位置时，AC5～AC9 五对触头全部闭合，转子绕组电阻被全部切除，电动机起动完毕进入正常运转。

(2) 停止控制　停止时，将 AC 手轮扳回零位即可。

(3) 反转控制　当将 AC 手轮扳到反转"1"～"5"位置时，触头 AC2、AC4 闭合，接入电动机的三相电源相序改变，电动机将反转。反转的控制过程与正转相似，读者可自行分析。

值得注意的是：凸轮控制器最下面的三对触头 AC10～AC12 只有当手轮置于"0"位时才全部闭合，而手轮在其余各档位置时都只有一对触头闭合（AC10 或 AC11），而其余两对断开。从而保证了只有手轮置于"0"位时，按下起动按钮 SB1 才能使接触器 KM 线圈得电动作，然后通过凸轮控制器 AC 使电动机逐级起动，从而避免了电动机在转子绕组不串接起动电阻的情况下直接起动，同时也防止了由于误按 SB1 而使电动机突然快速运转产生的意外事故。

任务准备

实施本任务教学所使用的实训设备及工具材料可参考表 7-13 所示。

表 7-13　实训设备及工具材料

序号	名　称	型　号　规　格	单位	数量	备注
1	电工常用工具		套	1	
2	万用表	MF47 型	块	1	
3	三相四线电源	380/220V，20A	处	1	
4	三相绕线式异步电动机	YZR—132MA—6(2.2kW、380V、6A/11.2A、980r/min) 或自定	台	1	
5	配线板	500mm×600mm×20mm	块	1	
6	组合开关	HZ10—25/3	只	1	
7	接触器	CJ10—20，线圈电压 380V，20A	个	1	
8	熔断器 FU1	RL1—60/25，380V，60A，熔体配 25A	套	3	
9	熔断器 FU2	RL1—15/2，380V，15A，熔体配 2A	套	2	
10	热继电器	JR16—20/3，三极，20A	只	1	
11	按钮	LA10—2H	只	1	
12	凸轮控制器	KTJ1—50/2，50A，380V	只	1	
13	起动电阻器	2K1－12－6/1	台	1	
14	位置开关	LX19—212，380V，5A，内侧双轮	个	2	
15	木螺钉	φ3mm×20mm、φ3mm×15mm	个	30	
16	平垫圈	φ4mm	个	30	
17	圆珠笔	自定	支	1	
18	主电路导线	BVR—1.5，1.5mm²(7×0.52mm)(黑色)	m	若干	
19	控制电路导线	BVR—1.0，1.0mm²(7×0.43mm)	m	若干	
20	按钮线	BVR—0.75，0.75mm²	m	若干	
21	接地线	BVR—1.5，1.5mm²(黄绿双色)	m	若干	
22	线槽	18mm×25mm	m	若干	
23	编码套管	自定	m	若干	

任务实施

一、绕线式异步电动机凸轮控制器控制电路的安装与调试

1. 绘制电器元件布置图和接线图

根据如图 7-10 所示绕线式异步电动机凸轮控制器控制电路图，请读者自行绘制其电器元件布置图和接线图，在此不再赘述。

2. 元器件规格、质量检查

1）根据表 7-12 中的实训设备及工具材料，检查其各元器件、耗材与表中的型号与规格是否一致。

2）检查各元器件的外观是否完整无损，附件、备件是否齐全。

3）用仪表检查各元器件和电动机的有关技术数据是否符合要求。

3. 根据电器元件布置图安装固定低压电器元件

当电器元件检查完毕后，按照所绘制的电器元件布置图安装和固定电器元件。在此仅介绍凸轮控制器的安装注意事项：

1）安装前应检查凸轮控制器外壳及零件有无损坏，并清除内部灰尘。

2）安装前应操作凸轮控制器手轮不少于 5 次，检查有无卡轧现象。检查触头的分合顺序是否符合触头分合表的要求，每一对触头是否动作可靠。

3）凸轮控制器必须牢固可靠地用安装螺钉固定在墙壁或支架上，其金属外壳上的接地螺钉必须与接地线可靠连接。

> 操作提示：
>
> 在进行绕线式异步电动机凸轮控制器控制电路的通电调试时，应注意以下问题：
>
> 1）凸轮控制器安装结束后，应进行空载试验。起动时，若手轮转到"2"位置后电动机仍未转动，则应停止起动检查电路。
>
> 2）起动操作时，手轮不能转动太快，应逐级起动，防止电动机的起动电流过大。停止使用时，应将手轮准确地停在零位。

4. 根据电路原理图和接线图进行板前线槽布线

当电器元件安装完毕后，按照如图 7-10 所示的电路图、触头分合表和接线图进行板前线槽布线。

5. 电动机的连接

按照电动机铭牌上的接线方法，正确连接接线端子，然后将电动机定子绕组的电源引入线接到配线板接线端子的 U、V、W 的端子上，将起动电阻器接到转子绕组的 K、L、M 端子上，最后连接电动机的保护接地线。

6. 自检

当电路安装完毕后，在通电试车前必须经过自检，并经指导教师确认无误后方可通电试车。自检的方法及步骤请读者自行分析，在此不再赘述。

7. 通电试车

通电试车的操作顺序：

1）将凸轮控制器 AC 手轮置于"0"位。

2）合上电源开关 QS。

3）按下起动按钮 SB1。

4）将凸轮控制器手轮依次转到"1"～"5"档的位置，并分别测量电动机的转速。

5）将手轮从正转"5"档位置逐渐恢复到"0"位后，再依次转到反转"1"～"5"档的位置，并分别测量电动机的转速。

6）将手轮从反转"5"档位置逐渐恢复到"0"位后，按下停止按钮 SB2，切断电源开关 QS。

二、绕线式异步电动机凸轮控制器控制电路的故障分析及检修

运用前面任务所学的方法读者可自行分析及检修绕线式异步电动机凸轮控制器控制电路的故障。在此仅就凸轮控制器常见的故障进行分析，见表 7-14。

表 7-14　凸轮控制器故障的现象、原因及检查方法

故障现象	原因分析	检查方法
主电路中常开主触头间短路	(1)灭弧罩破裂 (2)触头间绝缘损坏 (3)手轮转动过快	(1)调换灭弧罩 (2)调换凸轮控制器 (3)降低手轮转动速度
触头过热使触头支持件烧焦	(1)触头接触不良 (2)触头压力变小 (3)触头上连接螺钉松动 (4)触头容量过小	(1)修整触头 (2)调整或更换触头压力弹簧 (3)旋紧螺钉 (4)调换控制器
触头熔焊	(1)触头弹簧脱落或断裂 (2)触头脱落或磨光	(1)调换触头弹簧 (2)更换触头
操作时有卡轧现象及噪声	(1)滚动轴承损坏 (2)异物嵌入凸轮鼓或触头	(1)调换轴承 (2)清除异物

检查评议

对任务实施的完成情况进行检查，并将结果填入表 7-15。

表 7-15　任务测评表

序号	主要内容	考核要求	评分标准	配分	扣分	得分
1	电路安装调试	根据任务,按照电动机基本控制电路的安装步骤和工艺要求,进行电路的安装与调试	1. 按图接线,不按图接线扣10分 2. 电器元件安装正确、整齐、牢固,否则一个扣2分 3. 线槽整齐美观,横平竖直、高低平齐,转角90°,否则每处扣2分 4. 线头长短合适,压接圈方向正确,无松动,否则每处扣1分 5. 布线齐全,否则一根扣5分 6. 编码套管安装正确,否则每处扣1分 7. 通电试车功能齐全,否则扣40分	60		
2	电路故障检修	人为设置隐蔽故障3个,根据故障现象,正确分析故障原因及故障范围,采用正确的检修方法,排除电路故障	1. 不能根据故障现象,画出故障最小范围扣10分 2. 检修方法错误扣5～10分 3. 故障排除后,未能在电路图中用"×"标出故障点,扣10分 4. 故障排除完全。只能排除1个故障扣20分,3个故障都未能排除扣30分	30		

（续）

序号	主要内容	考核要求	评分标准	配分	扣分	得分
3	安全文明生产	劳动保护用品穿戴整齐；电工工具佩带齐全；遵守操作规程；尊重老师，讲文明礼貌；任务实施结束要清理现场	1. 操作中，违反安全文明生产考核要求的任何一项扣2分，扣完为止 2. 当发现学生有重大事故隐患时，要立即予以制止，并每次扣安全文明生产总分5分	10		
		合　计				
	开始时间：		结束时间：			

考证要点

根据高级工国家职业资格考试相关要求，本任务内容的考核要点见表7-16。

表 7-16　考核要点

行为领域	鉴定范围	鉴 定 点	重要程度
理论知识	1. 低压电气知识 2. 电力拖动控制知识	1. 凸轮控制器的作用、基本结构、主要技术参数、选用依据、检修方法 2. 绕线式异步电动机凸轮控制器控制电路的组成及工作原理	★★
操作技能	低压电路安装、调试与故障检修	绕线式异步电动机凸轮控制器的安装、调试与检修	★★★

考证测试题

一、选择题（请将正确的答案序号填入括号内）

1. 凸轮控制器是利用凸轮来操作动触头动作的控制器，主要用于控制容量不大于30kW的中小型（　　）的起动、调速和换向。

A. 笼型异步电动机　　　　　　B. 绕线式异步电动机

C. 串励直流电动机　　　　　　D. 并励直流电动机

2. KTJ1 系列凸轮控制器的触头系统共有（　　）对触头。

A. 6　　　　　　B. 8　　　　　　C. 10　　　　　　D. 12

二、判断题（正确的打"√"，错误的打"×"）

1. 凸轮控制器是利用凸轮来操作动触头动作的控制器，主要用于控制容量不大于10kW的中小型绕线式异步电动机的起动、调速和换向。　　　　　　　　　　　　（　　）

2. KTJ1 系列凸轮控制器的触头系统共有12对触头，9对常开，3对常闭。　　（　　）

三、简答题

1. 如何安装、调整和检修凸轮控制器？

2. 凸轮控制器控制电路中，如何实现零位保护？

3. 简述绕线式异步电动机凸轮控制器控制电路的工作原理。

参 考 文 献

［1］ 冯志坚，邢贵宁．常用电力拖动控制电路安装与维修［M］．北京：机械工业出版社，2012．

［2］ 徐铁，田伟．电力拖动基本控制电路［M］．北京：机械工业出版社，2012．

［3］ 李敬梅．电力拖动控制电路与技能训练［M］．北京：中国劳动社会保障出版社，2007．

［4］ 杨杰忠．电气基本控制电路的安装与检修［M］．北京：清华大学出版社，2014．

［5］ 王兵．常用机床电气检修［M］．北京：中国劳动社会保障出版社，2006．